博士后文库
中国博士后科学基金资助出版

紫色土区坡地植被
水土保持效应及机理

郑江坤 等 著

科学出版社

北 京

内 容 简 介

随着一系列生态工程的实施,紫色土区的水土流失得到有效遏制,定量评价紫色土区生态工程的水土保持作用尤为重要。本书基于长时间的野外定位观测和室内分析,以酸性紫色土、中性紫色土、石灰性紫色土为研究亚类,分别探讨了典型牧草、植物篱、柏木低效林改造、苦竹林、巨桉和柳杉栽植、植被建设和滑坡后柏木林对紫色土坡地土壤水分物理性质、化学性质、微生物数量特征及其空间分布的影响,并在此基础上研究植被对降水的垂直分配过程及水化学循环机制,进而分析坡地植被下产流产沙规律,并探讨其携带养分的输移特征。

本书可供水土保持学、水文水资源学、自然地理学、环境科学等专业的科研人员,高等院校师生,以及从事生态工程、水土保持工程和环境工程的技术管理人员参考。

图书在版编目(CIP)数据

紫色土区坡地植被水土保持效应及机理/郑江坤等著. —北京:科学出版社, 2017.6

(博士后文库)

ISBN 978-7-03-053227-5

Ⅰ. ①紫… Ⅱ. ①郑… Ⅲ. ①紫色土–坡地–植被–水土保持–研究 Ⅳ. ①S157.1

中国版本图书馆 CIP 数据核字(2017)第 126369 号

责任编辑:彭胜潮 丁传标 / 责任校对:何艳萍
责任印制:张欣秀 / 封面设计:陈 敬

科学出版社 出版
北京东黄城根北街 16 号
邮政编码:100717
http://www.sciencep.com

北京教图印刷有限公司 印刷
科学出版社发行 各地新华书店经销
*
2017 年 6 月第 一 版 开本:B5 (720×1000)
2017 年 6 月第一次印刷 印张:16 1/2
字数:305 000
定价:118.00 元

(如有印装质量问题,我社负责调换)

本 书 作 者

郑江坤　胡红玲　涂利华

秦　伟　李贤伟　胡庭兴

《博士后文库》序言

1985 年，在李政道先生的倡议和邓小平同志的亲自关怀下，我国建立了博士后制度，同时设立了博士后科学基金。30 多年来，在党和国家的高度重视下，在社会各方面的关心和支持下，博士后制度为我国培养了一大批青年高层次创新人才。在这一过程中，博士后科学基金发挥了不可替代的独特作用。

博士后科学基金是中国特色博士后制度的重要组成部分，专门用于资助博士后研究人员开展创新探索。博士后科学基金的资助，对正处于独立科研生涯起步阶段的博士后研究人员来说，适逢其时，有利于培养他们独立的科研人格、在选题方面的竞争意识以及负责的精神，是他们独立从事科研工作的"第一桶金"。尽管博士后科学基金资助金额不大，但对博士后青年创新人才的培养和激励作用不可估量。四两拨千斤，博士后科学基金有效地推动了博士后研究人员迅速成长为高水平的研究人才，"小基金发挥了大作用"。

在博士后科学基金的资助下，博士后研究人员的优秀学术成果不断涌现。2013年，为提高博士后科学基金的资助效益，中国博士后科学基金会联合科学出版社开展了博士后优秀学术专著出版资助工作，通过专家评审遴选出优秀的博士后学术著作，收入《博士后文库》，由博士后科学基金资助、科学出版社出版。我们希望，借此打造专属于博士后学术创新的旗舰图书品牌，激励博士后研究人员潜心科研，扎实治学，提升博士后优秀学术成果的社会影响力。

2015 年，国务院办公厅印发了《关于改革完善博士后制度的意见》（国办发〔2015〕87 号），将"实施自然科学、人文社会科学优秀博士后论著出版支持计划"作为"十三五"期间博士后工作的重要内容和提升博士后研究人员培养质量的重要手段，这更加凸显了出版资助工作的意义。我相信，我们提供的这个出版资助平台将对博士后研究人员激发创新智慧、凝聚创新力量发挥独特的作用，促使博士后研究人员的创新成果更好地服务于创新驱动发展战略和创新型国家的建设。

祝愿广大博士后研究人员在博士后科学基金的资助下早日成长为栋梁之才，为实现中华民族伟大复兴的中国梦做出更大的贡献。

杨卫

中国博士后科学基金会理事长

序

　　水是生命之源，土是生存之本。随着人口增长和经济快速发展，水土流失以及引发的水污染问题得到广泛关注。紫色土土层浅薄、抗蚀性差，水土流失严重程度仅次于黄土。近年来，国家实施了天然林资源保护工程、长江流域重点防护林体系建设工程、退耕还林工程等林业生态工程；作为紫色土集中分布的四川省，其林草植被恢复效果显著，森林覆盖率已由 1978 年的 13%上升到 2015 年的 36%，水土流失也得到了有效遏制。

　　该书既有植被水土保持作用的理论性探讨，又介绍了坡地水土流失监测技术和方法，最为突出的是，该书结合多年的野外观测，应用大量翔实数据定量评价了植被的水土保持效应，并对机理进行了探讨。郑江坤博士一直从事生态水文和水土保持方面研究，其勤奋刻苦、一丝不苟的科研态度给我留下了深刻印象，到四川工作后，他在紫色土水土保持领域做了大量研究并取得了显著的成果。

　　该书以坡地水土保持为主线，以本土数据资料和作者的研究成果为基础，结合国内外森林水文学的研究前沿，较系统地阐述了紫色土区植被建设的水土保持效应，并就该区生态水文领域进行了积极的探索，可为我国紫色土区生态文明建设提供重要的理论指导和数据支撑。

　　该书的出版可为生态学、水文学、地理学、环境学等学科的教学科研工作者提供有益参考，也可为水土保持、林业等生态环境建设者提供科学依据。是以为序。

余新晓
2016 年 12 月于北京林业大学

前　言

　　水土保持是中国长期坚持的一项基本国策，是生态文明建设的重要基础。林草植被作为控制水土流失的主要措施，在保护水土资源中发挥着重要作用。

　　紫色土由侏罗纪、白垩纪时代形成的紫色或紫红色砂岩、页岩经过频繁的风化作用和侵蚀作用演变而来，富含钙质（碳酸钙）和磷、钾等营养元素（何毓蓉等，2003）。主要分布于中国亚热带地区，在南方诸省盆地中有零星分布，以四川盆地分布最为集中，按照土壤 pH 和碳酸钙含量，可划分为酸性紫色土（pH < 6.5）、中性紫色土（pH 为 6.5～7.5）和石灰性紫色土（pH > 7.5）3 个亚类。

　　针对紫色土区坡地水土流失问题，国家和地方开展了诸如天然林保护工程、退耕还林（还草）工程、长江中上游防护林体系建设工程等多项措施，并取得了显著成效。本书作者结合相关工程的实施，开展了一批重要的科研项目，在植被的水土保持效应方面积累了丰富的数据。近年来在水利部公益性行业科研专项经费项目（201501045）"西南紫色土区水土保持生态效应监测与评价技术研究"专题、国家林业局公益性行业科研专项经费项目（201104109）、国家自然科学基金项目（41601028）、中国博士后科学基金面上项目（2012M511938）和四川省高校"水土保持与荒漠化防治重点实验室"建设项目等资助下，取得了部分成果。本书紧紧围绕紫色土区的水土流失问题，基于国内外植被措施的水土保持机理论述和评价上，针对紫色土 3 个亚类，通过长期野外试验和定位监测，分别阐述了牧草、植物篱、苦竹林、柏木低效林改造、桤木和马尾松林、防护林建设，以及滑坡后的柏木林对降水的垂直分配、地表径流和亚表层径流形成、坡面侵蚀产沙规律、土壤理化性质空间分异等方面的影响。通过大量实测数据，应用生态水文学、森林土壤学、土壤侵蚀学、地统计学等学科理论和技术方法，揭示了林草植被保育土壤，涵养水源的功能和机理，为进一步促进植被在紫色土水土流失治理中的作用和实现森林生态效益核算提供了科学依据。

　　全书共分九章，第一章从林草植被对土壤理化性质、降水的垂直分配规律、坡地径流形成机制、土壤侵蚀机理、生物地球化学循环等方面阐述了国内外的研究进展，并对相关模型进行了介绍；第二章重点介绍了坡地水土流失影响因子的监测技术与方法；第三章探讨了 4 种典型牧草的水土保持作用；第四章详细阐述植物篱措施对径流小区土壤理化性质的影响，并探讨了植物篱措施的减流减沙特征；第五章探讨了苦竹林森林生态系统对降水的垂直分配过程及水化学循环机制；第六章分析了柏木低效林改造初期土壤物理性质、化学性质和微生物性质，继而分析了不同林分改造模式的水土保持作用；第七章酸性紫色土区桤木和马尾松林种植初期的水土保持效应；第八章从坡面和小集水区尺度上分析了植被建设的水土保持效应；第九章探讨了滑坡后表层土壤颗粒组成、土壤团聚体和土壤养分的相关性及其空间变异特征。郑江坤主要撰写第一章、第二章、第四章、第六章、第八章和第九章，并完成全书统稿；秦伟参与了专著的顶层设计及遂宁水土保持试验站数据协调工作，并参与撰写第一章、第二章、第四章和第八章；李贤伟参与撰写第六章；胡红玲、涂利华、胡庭兴共同撰写第三章、第五章和第七章。另外，郎登潇、王文武、陈冠陶、黄鑫、马星、李静苑、麦积山、廖峰、李顺、陈旭立、王勇、赵阳参与书稿内容撰写、图表制作和版式编排工作；在此对他们付出的劳动表示诚挚的感谢。

　　本书得到了中国博士后科学基金资助出版，在此表示衷心感谢！

　　限于作者的知识和能力，书中必有不妥之处，敬请读者批评指正。

郑江坤

2017 年 1 月于成都温江

目　　录

第一章　植被的水土保持作用

第一节　土壤理化性质研究进展

一、土壤颗粒组成及其分形维数

土壤是由形状大小各异的土壤颗粒组成的多孔介质，土壤颗粒组成影响土壤的疏水性和空气循环、结构性状和养分含量，决定其通气透水、调节水肥和温度等功能，进而影响土壤的理化性质和生物学过程（王德等，2007；宋孝玉等，2009；吕圣桥等，2011）。土壤颗粒组成和土壤侵蚀强度密切相关，土壤的粒径分布在某种程度上决定了土壤的结构和性质，常作为分析和预测土壤性质的重要指标（Tyler and Wheatcraft，1992；周先容和陈劲松，2006）。土壤颗粒组成的异化现象在一定程度上表征土壤质量退化的程度（文海燕等，2006；彭怡等，2010），土壤有机质、氮、磷、钾等的含量都与土壤颗粒组成密切相关（王洪杰等，2003）。通过土壤颗粒组成的研究，能够更充分地认识土壤演替过程和更科学地提出土壤改良方法、土壤耕作方式和植被恢复模式。

分形理论起始于 20 世纪 70 年代，美籍数学家曼德布罗特（Mandelbrot）在 1973 年首先提出分形概念，并于 1975 年创立了分形几何学，1982 年 *The Fractal Geometry of Nature* 出版标志着分形理论的初步形成（Mandelbrot，1982）。后又在此基础上形成了分形性质及其分形理论科学，逐渐盛行各研究领域。近年来分形理论的应用发展远远超过了理论发展，各种分形维数计算方法创新和优化，使得分形维数更加科学，计算更加简单，使用范围更加广泛。

1980 年年初，Arya 等（1981）将分形理论应用于土壤科学之中，并提出了描述土壤孔隙结构特征的经验公式。土壤的粒径分布关系是土壤最基本的物理属性，常被用来描述土壤质地和结构特征、预测和模拟土壤水力特性。Tyler 和 Wheatcraft（1992）利用土壤颗粒的粒径分布数据得出了一组粒径与孔隙度分形维数之间的关系，并用土壤颗粒粒径的质量分布来表征分形特征，从而大幅度地简化了参数的测定，增强了模型的实用性。其土壤粒径分形维数模型为

$$\left(\frac{R_i}{R_{\max}}\right)^{3-D} = \frac{W_i}{W_0} \tag{1-1}$$

式中，R_i、$R_{\max}$ 为第 i 粒级和最大粒级的平均直径；W_i、W_0 为 i 粒级土粒的质

量和各粒级质量总和；D 的范围应为 $0<D<3$；D 越大表明土壤质地越细；$D=0$ 时土壤由同种尺寸的颗粒组成。

杨培岭和罗远培（1993）改进了国外的分形维数计算方法，将粒径分布与对应的质量分布相联系，提出用粒径的质量分布表征土壤分形模型公式为

$$\lg\left[\frac{M(\delta < \overline{d}_i)}{M_\mathrm{T}}\right] = (3-D)\lg\left(\frac{\overline{d}_i}{d_{\max}}\right) \tag{1-2}$$

式中，$M(\delta < \overline{d}_i)$ 为土粒直径小于第 i 个粒级土粒的平均直径的累积质量；M_T 为土壤样品总质量；$\overline{d}_i$ 为两相邻粒级 d_i 与 d_i+1 间土粒平均直径；$d_{\max}$ 为最大粒级土粒平均直径；D 为土壤颗粒组成的分形维数。刘梦云等（2007）应用此模型研究了宁南山区不同土地利用类型土壤颗粒分形特征；庄淑莺（2007）对耕层土壤颗粒组成分形特征也进行了研究。目前，有关土壤颗粒组成分形研究的方法可分为 3 类，分别为质量分形、体积分形和数量分布表征的分形。李强等（2015）采用土壤颗粒质量分形研究了植烟土壤分形特征；慈恩等（2009）利用土壤颗粒体积分形对不同耕作年限水稻土土壤进行了分形特征研究；张季如等（2004）利用数量分布表征的分形方法得出了 6 种土样的土壤分形维数。

二、土壤团聚体

土壤团聚体指在有机或无机胶体等各种物质的黏合作用下由个体土粒形成的大小不同、性质各异的土壤结构的基本单位（崔晓阳等，2004），土壤团聚体作为土壤物质和能量的转化及代谢场所，其含量和分布状况必然影响土壤质量和肥力状况（林大仪，2004）。通常情况下我们所说的土壤团聚体可分为两种：第一种是非水稳定性团聚体，该类团聚体浸泡在水里则不能继续保持其原来的结构而快速分散；第二种是水稳定性团聚体，由有机质、钙、铁等阳离子胶结形成，在水力作用下不易分散破碎且能保持其原有结构（林大仪，2004）。

（一）土壤团聚体的形成及破坏机制

许多小粒径的土壤微团聚体通过各种胶结物的胶结作用而逐渐形成土壤团聚体，其中粒径大于 0.25mm 的大团聚体主要是微团聚体颗粒通过有机质和菌丝胶结而成，与有机胶结物质和土壤黏粒的相互作用有关，粒径小于 0.25mm 的微团聚体主要是由无机胶体通过阳离子桥胶结而成（梁斐斐，2013）。Edwards 和 Brenner（1967）表示多糖是引起土壤团聚作用的主要因素，并提出无机有机复合体为基础的土壤团聚体形成模式。Skidmore 和 Powers（1982）研究发现土壤团聚体是由 <0.25mm 的微团聚体胶结形成，而且各粒级团聚体的胶结剂和稳定

性都不相同。Six 等（2000）提出土壤大团聚体比小团聚体先形成、土壤小团聚体通过大团聚体内部的有机碳胶结作用而形成。

土壤团聚体破坏机制对于土壤新团聚体的形成、土壤稳定性等均有较大意义。土壤团聚体破坏机制主要有消散、黏粒膨胀和分散。Bissonnais 和 Arrouays（1997）发现土壤团聚体的破坏机制分为消散作用（土壤被湿润而崩解）、机械破碎（雨滴打击）和理化分散（土壤中的水力作用削弱胶粒之间的引力而导致的离散）。Emerson 和 Greenland（1990）认为土粒膨胀程度差异是引起消散作用的主要因素，而引起消散的主要原因是土粒间隙中的空气爆破。

（二）土壤团聚体稳定性及其影响因素

土壤团聚体稳定性是指团聚体在外力作用下仍能维持其稳定的状态，它反映了土壤对侵蚀和径流的敏感性。土壤团聚体稳定性主要包括团聚体机械稳定性、水稳定性和化学稳定性，这 3 种土壤稳定性均对土壤质量及土壤肥力有着不可忽视作用（Cerdà，2000；刘晓利等，2009）。多数研究表明土壤抗蚀和抗冲能力主要是通过土壤水稳性团聚体数量、分布状况和稳定性程度来反映，且在农业用地中 2～3mm 的土壤水稳定性团聚体是最良好的土壤结构（国家自然科学基金委员会，1996；史奕等，2005）。近年来，为了进一步反映土壤团聚体的稳定性状况，学者们主要提出了以下 4 种评价指标。

（1）平均重量直径（MWD）：各级团聚体综合指标，土壤中大团聚体含量越高则 MWD 值越大，进而说明其稳定性越好（赵世伟等，2005）：

$$\text{MWD} = \sum_{i=1}^{n}(\bar{R}_i w_i) / \sum_{i=1}^{n} w_i \tag{1-3}$$

（2）几何平均直径（GMD）：描述土壤团聚体粒径分布状况的重要参数，如果团聚体含量在大粒级水平上分布越多，则 GMD 的值越大，说明团聚体稳定性越好（周虎等，2007；祁迎春等，2011）：

$$\text{GMD} = \exp\left[\frac{\sum_{i=1}^{n} w_i \ln \bar{R}_i}{\sum_{i=1}^{n} w_i}\right] \tag{1-4}$$

式（1-3）和式（1-4）中，$\bar{R}_i$ 为某级团聚体平均直径；w_i 为粒级团聚体质量所占的比例。

（3）团聚体分形维数（D）：是描述土壤团聚体含量对土壤结构稳定性影响的指标，D 值越小，则土壤结构稳定性越好（谢贤健和张继，2012）。

（4）大于 0.25mm 土壤团聚体的含量（$R_{0.25}$）：>0.25mm 的团聚体是土壤团粒结构体，其值越大则说明团聚体稳定性越强，抗蚀能力越好（丁文峰和丁登山，

2002；张鹏等，2012)。

土壤团聚体稳定性的影响因素主要包括腐殖质、电解质、黏土矿物、铁铝化物、土壤生物等(姜灿烂，2009)。有机质是土壤各类团聚体形成不可或缺的重要物质。董雪等(2013)提出活性有机碳是影响土壤团聚体稳定性的最主要因子。朱冰冰等(2008)在子午岭林区土壤水稳性团聚体动态变化研究中发现，大于0.25mm的土壤团聚体数量和稳定性与有机质含量呈显著性正相关。Paul等(2013)研究表明，随黏粒含量增加土壤团聚体稳定性也随之变强。Duiker等(2003)和Paul等(2013)发现，土壤中主要金属元素的氢氧化物和氧化物与土壤团聚体稳定性的相关性显著，并且对土壤团聚体的作用要大于有机质。郑子成等(2009)提出川西不同土地利用方式下土壤团聚体均以大于 5 mm 和小于 0.25 mm 粒径为主，且土地利用方式对土壤团聚体稳定性的影响显著。宁丽丹等(2005)研究发现卧龙保护区中的针阔混交林和高山栎林的土壤团聚体稳定性较高。李娜等(2013)认为土壤团聚体和土壤微生物是相互依存的，微生物通过改造土壤结构、分解腐殖质等方式影响团聚体的形成及其稳定性。

三、土壤养分分析与评价

在 20 世纪 70 年代初，土壤质量由科学工作者们提出并应用于土壤学的相关文献中(Warkentin et al.，1977)，20 世纪末成为全球土壤学研究的热点(Warkentin et al.，1995；Lal et al.，1997)。早期 Parr 等(1992)对土壤质量的理解是：土壤长期持续的生产营养安全的作物，提高人类及动物健康，且不损坏自然环境与资源的功能。Doran 和 Parkin(1994)提出土壤质量是土壤在生态系统边界范围内维持作物生产能力，保持环境质量及促进动植物健康的能力。土壤养分作为土壤质量的直接反映，是土壤学研究的重点内容。土壤养分包括土壤常量营养元素(如有机质、氮、磷、钾)和微量元素(如铜、铁、锰和锌)。其中有机质提供植物养分、保水保肥；氮素是蛋白质的基本成分；磷素是植物细胞核的重要成分，是植物内生理代谢活动不可缺少的一种元素；钾是常量元素，在植物生理过程中具有调节或催化作用，能增强植物的抗寒、抗病、抗旱等功能。

近年来国内外对土壤养分进行了大量研究，主要包括土壤养分空间变异、不同施肥方式或耕作方式对土壤养分的影响、不同植被恢复模式对土壤养分的影响、土壤养分与土壤酶或微生物的关系等。Boerner 等(1998)研究了不同扰动程度的 3 个地块中土壤无机氮、有机碳、有效磷的空间格局，强调量化和认识空间格局可做为植被恢复和预测植被变化的先决条件。Messiga 等(2013)研究了不同土壤深度和土壤养分的关系，并提出氮肥是改变 0~5cm 层土壤化学性质的主要原因。郭晓敏等(2006)研究发现，毛竹林土壤养分随机变异小于结构性变异，

施肥时长对土壤养分空间均匀分布有调和作用。王树会等（2012）对云南种烟
12 个地州采集土样分析表明有机质和有效氮含量偏高，土壤有效钾含量较高，
但烟叶中钾的含量仍然偏低，为此提出了"控氮和补钾"的施肥措施，为当地
烟叶合理施肥提供了科学参考。王尚义等（2013）认为单纯的紫穗槐模式对土
壤有效磷的改良效果较好；紫穗槐-高羊茅-紫花苜蓿组合模式有利于土壤碱解氮
的积累；高羊茅-紫花苜蓿模式对有效钾和有机质的改良效果最佳。张桂玲（2011）
在土壤微生物和土壤酶对养分含量影响的研究中提出，土壤脲酶、磷酸酶、氨
化细菌、真菌和放线菌分别与土壤全氮、全钾、碱解氮、有效钾和有机质呈
显著正相关，与有效磷和全磷呈负相关。王树立等（2007）对镜泊湖 4 种森
林类型的土壤养分的分析表明，杨桦林土壤真菌数量和土壤养分含量均为最
大，人工红松（*Pinus koraiensis* Siebold et Zuccarini）林土壤真菌数量和土壤
养分含量均最低。汤文光等（2015）研究表明，长期翻耕和旋耕能提高土壤
养分含量，但将降低土壤养分库容；长期免耕的土壤养分含量较低，但养分
库容相对较高。

我国土壤质量退化日益严重，主要表现为土壤沙化、土壤盐碱化、土壤板结
和土壤污染等方面。然而我国是一个农业大国，农业发展关乎国计民生，关系着
国家的经济发展和社会的稳定。因此，必须采取行之有效的防治措施，定量和定
性分析土壤养分，为土壤的可持续利用提供理论依据。

四、土壤的空间变异特征

土壤具有随空间和时间连续变化的特点，空间异质性较高，这种空间变异性
是指一个质地均一的区域内，同一时间不同点的土壤特性具有较为明显的差异性
（Huggett，1998；杨玉玲等，2001；张淑娟等，2003）。土壤空间变异主要是由结
构性和随机性引起，结构性因素主要包括土壤母质、群落结构、气候、地形和土
壤类型等，这类因素将导致土壤产生较强的相关性，而随机性因素导致土壤空间
相关性减弱，这类因素主要包括耕作制度、种植模式和施肥方式等（王政权和王
庆成，2000）。土壤空间变异性在土壤的形成、结构和功能研究中具有重要参考价
值，已成为土壤学研究的一个热点（Cambardella et al.，1994）。

地统计学理论最早由 Matheron 于 1960 年创立，是以区域化变量理论为基础，
半方差函数为基本工具的一种数学方法，既存在随机性又存在结构性（杨玉玲等，
2001；周慧珍等，1996）。应用地统计探究土壤空间变异性规律起始于 20 世纪 70
年代（Burgess and Webster，1980），随后有关土壤物理性质的空间异质性的研究
成果相继被报道（Alemi et al.，1998），80 年代已成为土壤学研究的一个重要手段
（雷志栋等，1985）。随着科学技术的发展，很多学者结合 GIS 技术探究了土壤养

分的空间分布。在地统计学的发展过程中，1978 年 Campbell 首次对土壤中砂粒含量和 pH 进行了空间变异分析，随后 Burgess 和 Webster（1980）在土壤科学中率先将地统计学引入进行科学研究。Kravchenko 和 Hao（2008）在农田尺度下研究不同管理措施对表层土壤易矿化碳的影响。Facchinelli 等（2001）结合多元分析和地统计学方法研究了意大利皮埃蒙特区土壤重金属的空间变异特征。目前地统计学已经成为了土壤研究必不可少的方法之一。

我国关于土壤空间异质性研究起步较晚，直到 20 世纪 90 年代我国才开始研究土壤养分的空间异质性，并取得丰硕的研究成果。薛涛（2010）采样地统计方法完成禾水小流域土壤团聚体空间变异分析及各粒级团聚体空间分布插值图。江厚龙等（2012）研究了典型烟田中土壤颗粒组成的空间异质性，发现该烟田主要为壤土，仅在西南角有黏壤土分布。张川等（2014）对喀斯特坡面表层土壤水分物理性质的空间变异研究发现，土壤容重和含水量沿坡面向下分别出现递减和递增的规律。刘国顺等（2013）结合地统计学和 GIS，分析了烟田土壤养分空间异质性，并绘制出土壤养分空间分布图。吴昊（2015）在秦岭山脉中的混交林中分析了 7 项土壤养分指标的空间变异性，并提出地形的高异质性是造成林地中土壤养分空间异质的主要原因。刘璐等（2010）研究表明，植被、地形及微生境的高异质性是导致土壤养分空间变异的主要因素。地统计学不仅定量描述了土壤性质的空间异质性，而且推动了精准农业的发展。

第二节　植被对土壤理化性质的影响

一、植物篱措施对土壤理化性质的影响

复合农林系统中，植物篱被认为是有效减少坡面土壤侵蚀、改良土壤的重要技术手段（Pattanayak and Mercer，1998；Baudry et al.，2000；唐政洪等，2001；何建林等，2010）。植物篱带形成的篱坎能降低坡面坡度，使坡地自然梯化，缩短坡长，增加水分入渗，减少径流的形成，有效防止水土流失的发生（尹迪信等，2001；朱远达等，2003），机械拦阻作用是植物篱减少径流量和泥沙流失量的主要原因（Hayes et al.，1992；许峰等，2002a）。坡耕地等高植物篱-农作系统在减少土壤侵蚀、控制面源污染、增加系统产出和降低投资等方面都有非常好的效果（涂仕华等，2005）。植物篱的控蚀作用使坡地养分流失减少，同时植物篱剪枝还田和枯落物的分解，能一定程度上增加土壤养分（许峰等，2000）。

国内外在等高植物篱改善坡地生态，减轻土壤侵蚀方面的研究较多（Lal，1989；Pellek，1992；Dabney et al.，1995）。很多学者发现植物篱能不同程度地影

响土壤团聚体稳定性、土壤抗冲抗蚀性、土壤肥力、土壤养分的分布及土壤微生物特性（林超文等，2007；吕文星等，2011；郭甜等，2011）。蒲玉琳等（2013）认为植物篱措施能够提高紫色土区坡耕地大于 0.25 mm 土壤水稳性团聚体含量，并能显著改善坡耕地的土壤抗蚀能力。彭熙等（2009）发现不同种类植物篱措施均有显著的减流减沙效果。马廷等（2006）利用 CA 模型提出植物篱会显著减少坡耕地坡面土壤流失量。土壤容重、含水率及养分是影响作物生长的重要指标，也是土壤侵蚀的重要参数（王勇等，2010；马云等，2010；田野宏等，2011）。研究不同植物篱及坡度对紫色土坡耕地表层土壤理化性质的影响，可为紫色土区水土流失防治及面源污染控制提供依据。

二、滑坡后森林土壤理化性质的变化特征

地震是一种突发性的构造运动，并常常诱发滑坡、崩塌、泥石流等次生地质灾害，造成水土流失、土地退化和生态环境恶化等新的环境问题。滑坡是指山体斜坡上某一部分岩土在重力作用下，沿着一定的软弱结构面（带）产生剪切位移而整体向斜坡下方移动的作用和现象（郝党论，2012）。滑坡将会造成大量的土壤流失和植被摧毁，改变土壤养分空间格局和土壤通气透水等理化性质，导致坡面土壤质量严重下降、植被资源衰退等一系列生态环境问题（麦积山等，2015）。Cheng 等（2012）在汶川震后滑坡体对土壤物理性质和植被生长影响研究中发现，滑坡体表层土壤饱和水含量、毛管持水含量、田间持水量、总孔隙度和毛管孔隙度均低于对照样地，然而土壤容重大于对照样地，表明滑坡体土壤变得夯实和干燥。Walker 等（2009）提出滑坡体表层土壤的通气、透水、容重等物理性质与植被覆盖区有显著差异。震后滑坡体对植被的生长具有阻碍作用，这主要由土壤水热条件和土壤微生物的改变引起（Pupin et al.，2009）。

2008 年"5·12"汶川地震是我国西南地区近百年来发生的最具破坏性的自然灾害之一，大约诱发了 2 万处各种类型的滑坡等次生地质灾害（许冲等，2010）。这次地震的断裂带是我国重要的动植物分布过渡区和大量古老种与特有种的"避难所"，是全球生物多样性热点地区之一，仅国家和省级自然保护区、国家森林公园和自然遗产地就多达 30 余处（樊杰，2009）。仅汶川大地震就造成四川省的森林覆盖率减少了大约 330000 hm^2（0.5%）（Chen et al.，2009）。因此，加快地震灾区生态恢复对维系区域生态安全、构筑长江上游生态屏障具有重要作用。目前，对滑坡的研究多集中在形成机制、稳定性和监测预测等方面的研究（郑良飞等，2007；鲁杰和向先超，2014；许向宁等，2013），对滑坡体土壤性质的研究较少。Walker 和 Shiels（2008）提出，地震诱发的滑坡通过土壤水分、容重和孔隙度等非生物因子干扰植物地上部分和地下部分生长。张德罡等（2002）在砍伐与滑坡对东祁连山杜鹃灌丛草地土壤肥力的影响研究中提出，滑坡地段的土壤有机质和有效氮含量与其对照地段相比大幅度下降，全氮和全磷也有不同程度的下降，但土壤 pH 变化幅度不大。吴聪等（2012）研究发现，滑坡迹地表征土壤质量的指标（土壤质地、有机质和矿质元素含量等）总体上呈现下降规律，还提出生态气候类型差异对滑坡土壤理化性质的改变效应可能是一个长期的过程。王金牛等（2013）研究表明，滑坡体样地单位面积内的地表径流和土壤侵蚀量较对照样地明显增加。姬慧娟等（2014）提出了地震滑坡区，铺设生态毯能有效固定地震滑坡区的砾石泥沙，改善土壤的水热条件，进而增加根系、微生物的活动和植被有机体的积累，促进枯落物的分解，逐步提高土壤中的养分含量。

第三节　植被对降水垂直分配的影响

大气中的水汽以液态或固态的形式到达地面的过程，称为降水。其主要形式有降雨和降雪，以及雹、露、霜等。降水是流域水分的直接输入因子，也是各种径流成分在森林流域内分布传输的来源。降水特征（降水量、降水强度、降水历时、降水面积等）及其时空分布（季节，年、月、日动态与区域分布）直接决定着水分在森林流域内的传输和转化规律。降水在森林生态系统中经过林冠层截留、林下植被截留、树干茎流、枯落物持水、土壤入渗和储存等过程后形成径流。蒸散作为最重要的水分输出因子，其机制涉及土壤、植被和大气多层界面，而且各影响因子具有极大的时空变异性，对其定量化研究一直是森林水文学家关注的重点和难点。

一、森林蒸散量确定

森林蒸散是森林生态系统水分循环与能量平衡中最重要的因素之一，蒸散是决定森林水文效应的关键因素，其他的水文要素及其分布（如土壤水分、地面径流、地下渗漏等）均在不同程度上受到蒸散的影响。森林蒸散是土壤表面水分的蒸发和植物枝叶（林冠）蒸腾两种过程的总和（程根伟等，2004）。

蒸散量的大小由三个基本要素控制：①能量条件，即蒸散所需要消耗的汽化潜热；②蒸散面的水汽输送条件，即当蒸散面上的水汽达到饱和时，水的相变随之停止，这时蒸散面上的水汽扩散主要取决于风速、气温、空气湿度和植物气孔阻抗；③土壤供水和植物根系吸水条件，即土壤越干燥，导水能力越低，则向地表和根系的供水能力越低；植物生长越旺盛，根系及叶片越发育，在同样条件下吸水和蒸腾的作用越大。确定蒸散量的主要方法如下。

（一）野外实验法

野外实验法的手段有水面蒸发观测、蒸渗仪试验、气孔计蒸腾测量，以及活枝离体称重法等，由此取得水面、土壤和植被冠层的蒸（散）发量。但利用这些方法均是在小尺度上对蒸散的估测，存在观测结果外推问题。流域水量平衡法可用于推算流域的总蒸发量，其可靠程度取决于降水和渗漏的控制性，而这两种因素在野外复杂条件下都难以正确估算。

（二）气象及热力学理论公式

以热力学和空气动力学原理为基础的质量输送法、空气动力学法、能量平衡法、Penman 综合法、辐射-气温相关法等方法常被用来计算蒸散量。这些模式大多具有较强的物理基础，但又存在不同程度的近似和假设条件，估测结果的适应性和精度势必受到这些假设被满足程度的制约。

1. 基于能量的方法

基于能量的潜在蒸散发估算方法是以能量平衡原理为基础计算蒸散发能力（表1-1）。

2. 基于温度的方法

在气象资料有限的情况下，许多学者提出基于温度的潜在蒸散发估算方法（表1-2）。

表 1-1　基于能量的潜在蒸散发计算方法

方法来源	计算公式
Turc（1961）	$ET = 0.013 \times \dfrac{T}{T+15}(R_s + 50), RH < 50$
Makkink（1957）	$ET = 0.013 \times \dfrac{T}{T+15}(R_s + 50)(1 + \dfrac{50 - RH}{70}), RH < 50$
Jensen 和 Haise（1963）	$ET = \alpha \dfrac{\varDelta}{\varDelta + \lambda} \dfrac{R_s}{\lambda} - \beta, \alpha = 0.61, \beta = 0.12$
Hargreaves（1975）	$ET = C_t(T - T_x)\dfrac{R_s}{\lambda}, C_t = 0.025, T_x = -3$
Doorenbos 和 Pruitt（1977）	$ET = 0.0135(T + 17.8)\dfrac{R_s}{\lambda}$
Abtew（1996）	$ET = \alpha(\dfrac{\varDelta}{\varDelta + \gamma}) + b, \ b = 0.03$
Priestley 和 Taylor（1972）	$ET = \alpha \dfrac{R_s}{\lambda}, \ \alpha = 0.53 \qquad ET = \alpha \dfrac{\varDelta}{\varDelta + \gamma} \dfrac{R_n}{\lambda}, \alpha = 1.26$

注：ET 为蒸散量；R_s 为短波辐射；RH 为相对湿度；γ 为干湿表常数；$\varDelta$ 为饱和水气压曲线斜率；C_t 为温度常数；Doorenbos 和 Pruitt（1977）中的 $\alpha = 1.066 - 0.13 \times 10^{-2}RH + 0.45U_2 - 0.2 \times 10^{-3}RH \times U_2 - 0.315 \times 10^{-4}RH^2 - 0.11 \times 10^{-2}U_2^2$；$U_2$ 为2m处的风速；R_n 为净辐射（下同）。

表 1-2 基于温度的潜在蒸散发计算方法

方法来源	计算公式
Linacre（1977）	$ET = \dfrac{\dfrac{500T_{\mathrm{m}}}{100 - A} + 15(T_{\mathrm{a}} - T_{\mathrm{d}})}{80 - T_{\mathrm{a}}}$，$T_{\mathrm{m}} = T0.006h$
Kharrufa（1985）	$ET = 0.34\rho T_{\mathrm{a}}^{1.3}$
Blaney 和 Criddle（1959）	$ET = k\rho(0.46T + 8.13)$
Hamon（1961）	$ET = 0.55D^2 P_{\mathrm{t}}$，$P_{\mathrm{t}} = \dfrac{4.95e(0.062T_{\mathrm{a}})}{100}$
Thornthwaite 等（1948）	$ET = C\left(\dfrac{10T_{\mathrm{a}}}{I}\right)^a$，$I = \sum\limits_{1}^{12}\left(\dfrac{T_{\mathrm{a}}}{5}\right)^{1.514}$

注：T 为空气温度；k 为反应物影响经验系数；ρ 为白天小时数占全年白天小时数的百分比；T_{d} 为露点温度；h 为站点高程；T_{a} 为平均气温；A 为站点所在纬度；D 为白天时长；P_{t} 为饱和水汽密度（下同）。

3. 基于空气动力学的方法

基于空气动力学的潜在蒸散发估算方法是一个最为古老的估算自由水面蒸散发的方法，该方法主要考虑气压差和风速的影响（表 1-3）。1802 年道尔顿提出的第一个潜在蒸散发估算方法和 1948 年彭曼公式就是以空气动力学为基础的。

表 1-3 基于空气动力学的潜在蒸散发计算方法

方法来源	计算公式
Rohwer（1931）	$ET = 0.44(1 + 0.27U_2)(e_{\mathrm{s}} - e_{\mathrm{a}})$
Penman（1948）	$ET = 0.35\left(1 + 0.98\dfrac{0.98}{100U_2}\right)(e_{\mathrm{s}} - e_{\mathrm{a}})$

注：e_{s} 为计算温度时的饱和水汽压；e_{a} 为计算温度时的实际水汽压（下同）。

4. 综合法

基于能量平衡和质量传输理论，Penman 于 1948 年首次提出利用标准气象观测数据（包括辐射、温度、湿度和风速）计算开阔水面的蒸发量，并通过引入阻力因子将该公式应用于植被表面蒸散量计算（Penman，1948）。自彭曼公式发表以来，许多科研人员对其进行了大量的修订及改进工作，形成了多种形式的修正彭曼公式。联合国粮食农业组织推荐的彭曼蒙特斯是最广泛用于计算潜在蒸发散的公式之一（Allen et al.，1998；Chen et al.，2005）。

该方法计算参照作物的蒸散速率，假设作物株高为 0.12m，表面阻力为 70m/s，反射率为 0.23，非常类似于表面开阔、高度一致、生长旺盛、完全遮盖地面且水分充分适宜的绿色草地的蒸散量。公式如下：

$$ET = \frac{0.408\Delta(R_n - G) + \gamma\dfrac{900}{T_a + 273}U_2(e_s - e_a)}{\Delta + \gamma(1 + 0.34U_2)}$$　　　　　（1-5）

式中，G 为土壤热通量。

二、林冠层对降水的截留和传输

在森林生态系统中，大气降水通过森林林冠时，一部分被树冠的枝叶、树皮和花果所截留，而后又蒸发返回大气中；另一部分以林内降水的形式降落到地表，并以穿透水和茎流水两种主要形式不均匀地输入林地。也就是说林冠层是影响降水（包括雨、雪、雾、霜等）的第一作用层，使大气降水发生第一次分配（Friedland et al.，1991）。

（一）林冠截留

森林以其高耸的树干和繁茂的枝叶组成的林冠层是大气降水进入森林生态系的第一个活动层，它影响水文过程的初始环节及达到地表土壤的有效雨量，在林地水分循环和水量转化过程中发挥着巨大作用（程根伟等，2004）。林冠层是森林与外界进行物质和能量交换的界面，通过截留降水和遮荫等参与水分循环，是森林生态水文学研究生态系统水分传输过程的重要内容（马雪华，1993）。林冠截留研究历来是森林水文学和森林生态学等相关学科经久不衰的研究课题（刘家冈等，2000；Dunkerleyc，2000）。

林冠截留受降水特征、林分类型、林冠特征、雨前林冠的湿润程度、风速、地形等多种因素的影响（卢俊培，1982；王佑民，2000；巩合德等，2005a）。森林冠层具有较大的截留容量和附加截留量，减少了林地的有效降水量，延长降水产流历时。大量的研究证明，林冠截留量与降水量存在着极紧密的正相关关系，有的表现为对数关系（张卓文等，2004；冯佐乾等，2006），有的表现为指数关系（樊后保，1998），有的则以幂函数关系拟合较佳（常志勇等，2006；苏开君等，2007）。林冠截留作为输入森林生态系统水分调节的起点，得到国内外相关学者的重视和研究。Rutter（1971）和 Gash（1979）曾先后给出季节性降水截留模型。一般不同森林类型的截留率明显不同，林冠平均截留率为 21.6%，针叶林林冠截留率大于阔叶林（马雪华，1993；刘世荣等，1996），其中常绿阔叶林对暴雨的截留率为 5%～20%，对于少量的降水，截留率可高达 50%，甚至 100%，截留率变化范围为 10%～20%（Cheng et al.，2002），热带森林的林冠截留占年降水量的 11.4%～34.3%，变动系数为 6.86～55.05（周光益等，1995；陈步峰等，1998；祝志永和季勇华，2001）；亚热带杉木林、马尾松林和常绿阔叶林林冠截留分别占全年降水量的 8%～15%、10%～25%、12%～30%；暖温带落叶阔叶混交林、油松林、辽东栎林、落叶松林的林冠截留量分别占年降水量的 22.2%、15.36%、23.29%、14.13%（刘世荣等，1996；陈灵芝，1997）；温带针叶林的林冠截留占全年降水量的 20%～40%（闫俊华，1999）。由此可见，不同地域、不同森林生态系统的林冠截留功能存在较大波动性。和实验研究相比，林冠截留模型具有明显的优越性，具体模型如下：

1. 经验模型

经验模型一般是在实测数据的基础上，以概率论和数理统计为手段建立起来的统计或回归模型，这类模型以一元为主，描述截留量与降水量的关系，采用的函数形式视观测数据而定（表 1-4）。

表 1-4　常见的林冠截留的经验模型

模型形式	资料来源	模型形式	资料来源
$I = a(1 - e^{bP})$	Czarnowski 和 lszewski（1968）	$I = a \cdot e^{b/P}$	杨令宾等（1993）
$I = a + b \cdot \ln P$	Jackson（1975）	$I = a \cdot e^{bP}$	罗天祥（1995）
$I = P/(a + b \cdot P)$	阎顺国（1989）	$I = a + b \cdot P^2$	罗天祥（1995）
$I = a + b \cdot P$	邓世宗和韦炳贰（1990）	$I = 1/(a + b \cdot e^{-P})$	罗天祥（1995）
$I = a \cdot P^b$	邓世宗和韦炳贰（1990）	$I = a(1 - e^{bP})$	曾思齐等（1996）

注：I 为林冠截留量；P 为大气降水量；a、b 为经验系数。

此外，还有引入其他影响林冠截留的因子而建立的多元模型。曾德慧和范志平（1996）通过正交试验和回归分析建立了截留量与叶面积指数关系的模型：

$$I = 0.7074 - 0.4992R + 1.0645\text{LAI} \tag{1-6}$$

当 $P \leqslant 10\text{mm}$、$\text{LAI} \geqslant 5.08$ 时：

$$I = 0.9 + 0.45P \tag{1-7}$$

式中，P 为大气降水量；R 为降水强度；LAI 为叶面积指数。

曹群根（1991）应用多因子逐步分析方法，建立了截留量主导因子（降水量、林分叶面积指数、降水前一天日平均温度）预测方程：

$$I = -0.2301 + 0.0483P - 5.5001 \times 10^{-4}P + 0.0105T_1 - 1.0418 \times 10^{-5}T_1 \\ + 0.2217\text{LAI} - 1.2754 \times 10^{-2}\text{LAI} \tag{1-8}$$

式中，P 为大气降水量；T_1 为降水前一天日平均气温；LAI 为叶面积指数。

经验模型不需要复杂的理论推导和数学计算，形式简单。但模型参数有很大的局限性，只能适用于研究条件下的降水事件和林分状态，模型不能外延使用，更不易推广。另外，它只能说明或预测结果，不涉及截留过程，更不能作截留理论上的解释。

2. 理论模型

理论模型描述的是林冠截留要素随时间的变化过程。最大优点是较真实地反映了截留要素在时间和空间上的动态过程，推理过程严谨，有坚实的数量基础，克服了经验模型的弊端，可不受地区或树种局限而推广使用。但由于过分注重逻辑推导使模型比较复杂，求解困难且较难用于实际。另外，没有考虑降水期间的蒸发引起的附加截留，这对于小雨强、长历时的降水截留计算会产生较大误差。

1）光传播理论模型

光传播理论模型是根据林冠分配降水规律与光线在林冠中的辐射传播相似性，借鉴光传播模型发展起来的，模型比较完整地刻画了林冠截留降水的动态过程（刘贤赵和康绍忠，1998；刘家冈等，2000；张光灿等，2000）。其表达形式如下：

$$\frac{\partial R(z,t)}{\partial T} = -R(z,t)D(z,t)U(z)G(z) \tag{1-9}$$

$$\frac{\partial D(z,t)}{\partial T} = -R(z,t)D(z,t)G(z)/\alpha(z)+[1-D(z,t)] \tag{1-10}$$

$$R(0,t) = R_0(t) \quad (0 \leqslant t \leqslant \infty) \quad 边界条件 \tag{1-11}$$

$$D(z,0) = D_0(z) \quad (0 \leqslant z \leqslant H) \quad 初始条件 \tag{1-12}$$

式中，D 为林冠层干燥度（0~1）；U 为林冠的叶面积密度；G 为枝叶对地面的平均投影率；α 为枝叶平均吸附水率；z 为垂直坐标，在林冠底部 $z = H$，这里 H 是冠层厚度。林冠截留量 I 可表示为

$$I = \int_0^t [R_0 - R(H)]\mathrm{d}t \tag{1-13}$$

式中，R_0 为林冠上方雨强；$R(H)$ 为林冠下方雨强。该模型是一个微分方程组，没有解析解进行数值求解。一些专家学者给出了详细的数值解法求解过程，并对模型做了检验（张学培等，1997；刘贤赵和康绍忠，1998）。另外，该模型并没有考虑雨期蒸发问题，忽略了附加截留量对林冠截留量的影响，这对于长历时的降水会产生较大误差。

2）电路暂态理论模型

电路暂态理论模型是根据降水通过林冠的穿透过程、树干茎流过程与电感电容电阻串联电路暂态过程相似性，借用电路暂态方程建立了穿透降水与干流过程动态响应模型式（张光灿等，2000）。其表达形式如下：

$$R(t) = a\frac{\mathrm{d}^2 Q_1}{\mathrm{d}t^2} + b\frac{\mathrm{d}Q_1}{\mathrm{d}t} + cQ_1 \qquad (1\text{-}14)$$

$$R(t - \tau) = a\frac{\mathrm{d}^2 Q_2}{\mathrm{d}t^2} + b\frac{\mathrm{d}Q_2}{\mathrm{d}t} + cQ_2 \qquad (1\text{-}15)$$

式中，a，b，c 为经验系数；Q_1 为穿透流量；Q_2 为干流流量；τ 为出流时滞；t 为降水历时。用余项法求出林冠截留量 I 为

$$I = I_c + Q_1(t) + Q_2(t) \qquad (1\text{-}16)$$

式中，I_c 为截留强度。裴铁璠和郑远长（1996）给出了模型的解析解，并通过室内人工模拟降水和实际观测对模型做了检验，取得了满意效果。

3. 半经验半理论模型

半经验半理论模型是在对截留机制进行理论分析的基础上，建立起模型的基本形式，但是为了公式推导和应用上的方便做了一些假设和简化，其中还采用了经验性的参数。这类模型能够对林冠截持降水的现象做出一些物理解释，在应用时要根据不同地区和林分特征对经验参数进行必要的修正。

1）Rutter 微气象模型

该模型主要以 Horton（1940）提出的截留机制为理论基础，将截留量分解为"枝叶吸附容"和树体表面蒸发带来的"附加截留量"，再根据水量平衡原理，忽略树干茎流，建立次降水过程下的林冠水量平衡方程式，为此 Rutter（1971）推出了次降水截留模型：

$$\sum P = \sum T + \sum E \pm \Delta C \qquad (1\text{-}17)$$

$$I_c = \sum E \pm \Delta C \qquad (1\text{-}18)$$

式中，

$$E = \begin{cases} E_p \times C/S, & \Delta C \leqslant S \\ E_p, & \Delta C > S \end{cases} \qquad (1\text{-}19)$$

$$\Delta C = C_t - C_0 \qquad (1\text{-}20)$$

式中，I_c 为次降水截留量；T 为穿透降水强度；E 为冠层截留水的蒸发强度；ΔC 为林冠蓄水变量；E_p 为用 Penman-Monteith 公式计算的大气蒸发强度；C 为林冠蓄水量；S 为使树体表面湿润的最小林冠蓄水量；C_t、C_0 分别为 t 时刻和 t_0 时刻的林冠蓄水量。

Rutter 公式采用蒸发理论来处理附加截留问题，用 Penman-Monteith 公式来计算降水期间的蒸发量，克服了用经验公式估算附加截留量的弊端，但气象要素的

测定和计算比较烦琐，给实际应用带来不便。

2）Gash 模型

Gash 模型是在 Rutter 模型的基础上进一步简化而成（Gash，1979），将林冠截留过程分为三个阶段，即湿润期（从降水开始到林冠截留达到饱和）、饱和期（从林冠达到饱和到降水停止）和干燥期（从降水停止到林冠和树干完全干燥）。而且把枝叶吸附分为林冠吸附和树干吸附，在此之上，将一些较为简单的线性回归模型作为辅助，从而对 Rutter 模型进行适当的简化，从而得到相对应的降水截留模型。

其基本公式为

$$I = A + B + C + D + E \tag{1-21}$$

式中，

$$A = (1 + f - f_t) \sum_{j=1}^{m} P_j \tag{1-22}$$

$$B = n\left[(1 - f - f_t)P' - C_{\max}\right] \tag{1-23}$$

$$C = (\overline{E}/\overline{R}) \sum_{j=1}^{m} (P_j - P') \tag{1-24}$$

$$D = nS$$

$$E = qS_t + P_t \sum_{j=1}^{m+n-q} P_j \tag{1-25}$$

式中，A 为日雨量 $P < P'$ 时的截留损失量；P' 为冠层达到饱和时所必需的日雨量值；m 为 $P < P'$ 的日数；$f = P_d/P$ 为通过冠层间隙直接落到地面的雨量（P_d）占总降水量（P）的比例；f_t 为树枝和树干的截留率；B 为 $P \geqslant P'$ 时，在冠层未达到饱和的时段内的截留损失量；n 为 $P \geqslant P'$ 的日数；C 为 $P \geqslant P'$ 时，冠层在开始饱和至降水停止的时间段内的截留损失量；$C_{\max}$ 为冠层饱和储水量；$\overline{E}, \overline{R}$ 分别为平均小时蒸发量和降水量；D 为降水停止后，储存在冠层内水分的蒸发量；E 为树干、树枝造成的截留损失；q 为 $P \geqslant S_t/P_t$ 的降水日数；S_t 为树干、树枝的最大储存量。

Gash 模型适用于长期截留损失量的计算，需要把计算时期划分为若干时段，每个时段的长度取 28 天。把小时雨量大于 0.5mm 的时段分离出来，计算各小时的蒸发量 E，再求得其平均每小时的蒸发量 $\overline{E}$；类似于 $\overline{E}$，把满足小时雨量大于 0.5mm 的小时雨量加起来平均，求得时段内的平均每小时雨量 $\overline{R}$，再由前式求得冠层达到饱和时的总雨量 P'：

$$P' = (-\overline{R} \times C_{\max}/\overline{E}) \ln\left[1 - (\overline{E}/\overline{R})(1 - f - f_t)^{-1}\right] \tag{1-26}$$

Gash 模型逻辑分析比较严谨，物理意义明确，涵盖面广，不需要复杂的数学计算，实用性强，应用较为广泛（Gash，1980；董世仁等，1987；Navar，1994）。但该模型是专门针对计算某时段的截留量而建立的，因此用于计算次降水截留效果不理想，而且也不能够反映林冠截留降水的过程。

3）崔启武模型

设林冠截留降水增量 ΔI 与降水量 ΔP 增量呈正比，可得下式：

$$\Delta I = C(m, \Delta T)[1 - \theta(P)]\Delta P \tag{1-27}$$

式中，$C(m, \Delta T)$ 为林冠枝叶特征量 m（以叶面积指数或郁闭度等表示）和前次降水时间间隔 ΔT 的函数。

当 $\Delta T \to \infty$，$C(m, \Delta T) \to 1$；$\Delta T \to 0$ 时，$C(m, \Delta T) \to 0$；ΔT 为常数时；$C(m, \Delta T)$ 取决于林冠的几何结构，且 $0 \leqslant C(m, \Delta T) \leqslant 1$；$\theta(P)$ 为林冠透过降水量的函数，由降水前的零值增加到林冠充分截留降水达饱和时的最大值 1，$[1 - \theta(P)]$ 为截留降水量函数。

4. 适用于中国的林冠截留模型

王彦辉等（1998）在总结前人研究成果的基础上，结合观测提出适用于中国的林冠截留模型：

$$I_c = I_{cm}^* \left[1 - e^{(-FP_c / I_{cm}^*)} \right] + hP_c \tag{1-28}$$

式中，I_c 为次降水截留量；I_{cm}^* 为林冠投影面积上的水层厚度表示的林冠吸附降水容量；P_c 为次降水量；F 为林冠层郁闭度；h 为拟合参数。

（二）林下植被截留

林下植被是森林群落结构的重要组成部分，其水土保持作用越来越受到人们的重视（唐建维等，2003）。林下植被截留降水的大小主要取决于自身的发育状况，即枝叶量的多少。林内灌木草本层的生长发育受林冠层的制约，在不同林分中其生长状况差异很大，因此，它对降水截留的变化幅度也很大。刘向东等（1994）在六盘山区对山杨林、白桦林、辽东栎林灌木草本层的测定表明，其截留率分别为 2.3%～12.6%、1.8%～12.6%、4.5%～16.0%。郑粉莉等（2005）采用模拟降水试验，分析了草被地上和地下部分拦蓄径流和减少泥沙的效益，发现当草地地面覆盖达 90%时，草被拦蓄径流效益达 90%以上，且基本上无侵蚀发生，表明草被植被与森林植被一样，能有效防止土壤侵蚀。

灌木草本层对降水动能的削减可分为两部分：一部分是截留降水所减少的降水动能；另一部分为透过该层滴入地表土壤的降水减少的降水动能。赵金荣等（1994）采用人工吸水法测定了 37 种灌木的冠层截留表明，有 21 种灌木最大截留降水量在 0.3 mm 以上，并认为林下灌木层对减弱雨滴击溅地表动能、滞后地表径流起着重要作用。杨文利和樊后保（2008）认为灌木林在减弱降水侵蚀力作用中有特殊重要的作用，该研究中檵木林减缓降水侵蚀力为 22%～27%，远远大于乔木林。周跃等（1999）对滇西北高山峡谷区云南松林下草本层进行的击溅侵蚀研究表明，草丛可减少 67% 以上的溅蚀量。由上述可知，林下植被截留降水作用受林冠层郁闭度影响，变化幅度较大，但由于其高度较低，能明显减少降水的动能，是森林保持水土的重要补充层。

（三）树干茎流

当雨水穿过林冠时，常有很小部分雨水沿着树干流至树干根部附近，形成树干茎流。这部分雨水占总降水的比例很小，一般为 1%～5%，但树干茎流为树木的水分、养分供应创造良好的条件。茎流量的大小取决于降水量、林木胸径大小、树木的主侧枝夹角大小，以及树皮的粗糙程度等（王景升等，2002；陈永瑞等，2004）。马尾松树枝分枝角度小，树皮硬而光滑，干流率为 1.4%；杉木树枝的分枝角度大，树皮粗糙松软，吸水量大，干流率只有 0.98%～1.27%（马雪华等，1994）。而毛竹林的枝干光滑，其截留率虽较低，但其干流率却较高，4～9 月干流量可达 5.6～12.5mm，干流率为 4.3%～5.1%（王彦辉等，1994）。海南尖峰岭热带雨林中，树干光滑、枝叶集中的海南黄檀年干流量达 132.8mm，占林分总干流量的 34.9%；树皮粗糙、枝叶细小分散的黑格年干流量仅为 14.3mm，占林分总干流量的 3.75%（曾庆波，1994）。有研究表明，在相同降水条件下，刺槐林中郁闭度小的幼林干流量大，而郁闭度大的中龄林乃至成熟林干流量小；杉木林内径级小的树比径级大的树先出现干流，随着径级的增大和枝下高的增加干流量减少（王佑民等，1994；曾庆波，1994），这也可能是由于幼林的树皮光滑，而成林的树皮粗糙所致。一些学者分别对红松人工林（陈祥伟，1994）、栓皮栎（*Quercus variabilis* Blume）（宋轩等，2001）、油松林（杨澄和刘建军，1997）等进行了研究，得出树干茎流量随降水的增加而增加，但不呈线性相关。李凌浩和王其兵（1997）对武夷山的甜槠（*Castanopsis eyrei*）林的研究表明，树干茎流量和降水量呈显著的幂函数关系。树干茎流的模型如下。

1. 经验模型

经验模型是在实测资料的基础上，以概率论和数理统计为手段，对观测数据进行统计分析、拟合而建立的模型。常见的几种描述单次茎流量与降水量关系的经验模型见表 1-5。

经验模型不但明确地描述茎流量与降水量的定量关系，而且模型回归系数都具有明确的森林水文学意义，如描述茎流量与降水量关系的线性模型可较确切地反映出树干蓄水容量（a）、茎流率（b），以及产生茎流的降水量临界值（a/b）（周择福等，2004）。但经验模型的缺点是不能随意外延和推广使用。另外，它只能说明结果，不涉及茎流过程，更不能对茎流做出理论上的解释。

表 1-5　常见的经验模型

模型性质	模型形式	资料来源
抛物线模型	$P_s = a + bP_c + cP_c^2$	魏晓华和周晓峰（1989）
指数模型	$P_s = a\mathrm{e}^{bP_c}$	范世香等（1992）
幂函数模型	$P_s = aP^b$	李凌洁等（1997）
对数模型	$P_s = a + b \log P_c$	欧阳惠（2001）
线性模型	$P_s = a + bP_c$	宋轩等（2001）；袁春明等（2002）

注：P_s 为次茎流量；P_c 为次降水量；a、b、c 为经验系数。

2. 概念模型

概念模型是在茎流形成理念分析的基础上，结合经验模型建立起来的数学模型，描述的是茎流量与降水特征及林分特征因子的数量关系。

郭景唐和刘曙光（1988）等分析了油松人工林树冠结构与树干茎流的关系，将树枝特征函数引入到线性模型中，建立了描述单次茎流量与同期降水量和树枝特征函数关系的模型：

$$P_s = F + JP_c \tag{1-29}$$

式中，

$$J = a + b \cdot G \tag{1-30}$$

$$G = \sum_{i=1}^n g_i(R)S_i \tag{1-31}$$

式（1-29）～式（1-31）中，P_s 为次茎流量；P_c 为次降水量；a、b、F、J 为经验系数；G 为单株树的树枝特征函数值；$g_i(R)$ 和 S_i 分别为第 i 个枝条的树枝特征函数值和水平投影面积；n 为观测树的枝条数。

欧阳惠（2001）认为茎流与林分类型和林分生长状况有关，提出了林分类型特征系数和林分生长特征系数的概念，并假设林分生长特征系数是树干胸围（L）的函数（即树干胸围综合反映了树木生长状况，包括树高、枝叶数量等生长特性对树干茎流的影响）。其表达式为

$$P_s = k_1(m)L(\ln P_c + i) \tag{1-32}$$

式中,

$$k_1(m) = b/L\ln 10 \qquad (1\text{-}33)$$

式中,P_s 为次茎流量;P_c 为次降水量;$k_1(m)$ 为林分类型特征系数(描述各种林分类型的茎流特征值);L 为树木胸围(即树干在 1.3m 高度处的周长);i 为公式推导过程中的积分常数;b 为经验系数。

概念模型建立在茎流形成理论基础上,具有一定的理论基础,对树干茎流形成机理做出一些解释。但概念模型的建立或求解仍要借助实测资料分析或经验模型来完成,并没有摆脱经验模型的某些缺陷。因此也不能随意套用,也不能描述茎流的动态过程(周择福等,2004)。

3. 理论模型

理论模型是根据茎流形成的物理过程和理想化条件,借鉴某一理论,经过严谨的逻辑分析和数学推导,以微分方程为手段、以水分变率为基础建立起来的数学模型,描述的是茎流随降水的动态变化过程。理论模型主要有电路暂态理论模型和流体力学理论模型两种。

1)电路暂态理论模型

郑远长和裴铁璠(1996)认为单次降水通过林冠层形成树干茎流的过程与电学中电感电容电阻串联电路的暂态过程相似。借用电路暂态理论,采用系统论的方法,从连续方程出发,首先推导出单株树木在常雨强下茎流对降水的动态响应过程模型,然后扩展到变雨强下的茎流动态响应模型,并给出了模型的解析解,可以求出任一时刻的茎流量及茎流强度,并通过模拟结果与实验的比较证明模拟精度较高(裴铁璠和郑远长,1996)。常雨强下模型基本形式为

$$a\frac{d^2 P_s}{dt^2} + b\frac{dP_s}{dt} + cP_s = R(t-f) \qquad (1\text{-}34)$$

式中,P_s 为茎流量;R 为降水强度;t 为降水历时;f 为茎流对降水的出流时滞;a、b、c 为经验系数。

变雨强下的茎流模型(郑远长和裴铁璠,1996)为

$$Q_1(t) = I_n - Q_2(t) - Q_3(t) \qquad (1\text{-}35)$$

式中,$Q_1(t)$ 为某时刻降水强度;I_n 为某时刻前时段 n 的雨强;$Q_2(t)$ 某时刻穿透降水强度;$Q_3(t)$ 为某时刻林冠截留强度。

2)流体力学理论模型

裴铁璠等(1990)分析了茎流过程及其与主要影响因子的关系,借用流体力学理论的连续性方程和水深流动方程,基于理想化条件和假设,构造了树干茎流动态响应过程方程组模型,用"辗转迭代法"求出了模型数值解。通过实验与模拟结果

进行对比，证明模型刻画出了树干茎流的机理和规律。模型方程组的形式为

$$\frac{\partial H(x,t)}{\partial t} = F_1(x,t) - \frac{\partial F(x,t)}{\partial x} \tag{1-36}$$

$$F(x,t) = f[H(x,t)] \tag{1-37}$$

$$f[H(x,t)] = \begin{cases} 0 & H < H_0 \\ K(H-H_0)\sin\varphi & H > H_0 \end{cases} \tag{1-38}$$

$$F_1 = 2pRLAI\sin U\cos U \tag{1-39}$$

式中，H 为枝干表面水深；H_0 为枝干产生水流的阈值（即使枝干产生水流所需的最小水深）；x 为一维枝干上的位置坐标；t 为时间；F 为沿枝干表面的流量；F_1 为枝干单位表面上的净流入量；K 为流动系数；p 为比例系数；φ 为枝干与水平面倾角；U 为枝干夹角；LAI 为叶面积指数；R 为雨强；其中，H、F、F_1 都是坐标 x 和时间 t 的函数。

从上述模型分析可以看出，理论模型最大的优点是较真实地描述了茎流形成的机理和动态过程，有明确的理论依据、严谨的逻辑推理和坚实的数理基础。模型参数的物理（或水文）意义明确，克服了经验模型的弊端，对茎流研究有重要的理论价值。但这种模型偏重于理论推导过程，往往导致模型复杂，求解困难；同时，模型或多或少都要基于理想化条件和假设，也会降低模型精度（周择福等，2004）。

三、枯枝落叶层和土壤层对水分的吸持和渗透

林内降水通过植被林冠后，首先与枯落物接触，一部分被其吸持和蒸发，另一部分则在重力作用下以渗透水的形式流向地表，从而构成森林生态系统对降水的第二次分配。降水通过枯枝落叶层后，继续在重力作用下向下迁移运动，其中一部分被土壤吸存、植物根系吸收和蒸发消耗，另一部分以地表径流和土壤渗透水的方式输出，从而构成森林生态系统对降水的第三次分配（余新晓等，2004）。

（一）枯枝落叶层对水分的吸持和拦蓄

枯落物层由林分凋落的茎、叶、枝条、芽、鳞片、花、果实、树皮等及动物残体组成，是森林结构中重要的组成部分（王云琦等，2004），森林枯落物层作为森林生态系统中独特的结构层次，不仅对森林土壤发育和改良有重要意义，而且枯枝落叶层的结构疏松、具有良好的透水性和持水能力，在降水过程中起着缓冲器的作用（陈开伍，2000；鲍文等，2004；庞学勇等，2005）。枯落物层的水文功能常以其对降水的截留和持水量来确定，枯落物层的蓄水量取决于其在林地上的

积累量和它本身的持水能力，而这些又与森林的树种构成、林分发育、林分的水平及垂直结构、枯落物的分解状况等多种因素有关（周晓峰，1994；韦红波等，2002；赵鸿雁等，2003a；冯佐乾和李双元，2006；张建华等，2006；宫渊波等，2007）。大量研究表明，枯落物最大持水量大约为其自身质量的 2～4 倍（谢锦升等，2002；龚伟等，2006）。针叶林的凋落物吸持水量高于阔叶林（李海涛，1995）。Putuhena 和 Cordery（2000）提出随着辐射松（*Pinups radiata*）内凋落物的增加，持水量呈明显上升趋势。赵鸿雁等（1994）认为，山杨（*Populus davidiana*）凋落物的持水率可达自身干重的 256.9%，在两年的观测中，降水总量为 477.4 mm，枯枝落叶层的截留量为 90.0 mm，平均截留率为 18.9%。且在枯落物分解较彻底的情况下，具有孔隙多、细、小、吸水面大的特点（宋轩等，2001；林波等，2002；崔建国和镡娟，2008；王波等，2008）。

枯枝落叶层持水量的变化对林冠下大气和土壤之间水分和能量传输也有重要影响。枯枝落叶层具有较大的水分截持能力，从而影响到穿透降水对土壤水分的补充和植物的水分供应（Putuhena and Cordery，1996）。此外，枯枝落叶层具有比土壤更多更大的孔隙，因此其水分也更易蒸发。一般认为，不同类型森林枯枝落叶层吸持水分蒸发占林地总蒸发的 3%～21%（Black，1998）。Schaap 和 Bouten（1997）测定了枯枝落叶层的水分蒸发，模拟了其水分蒸发速率和凋落物表面到 1m 高大气温度的差异，取得了较好效果。枯枝落叶层吸持水分的重要意义还在于其对森林植被养分的供应上，Tietema 和 Wessel（1992）提出枯枝落叶层的氮化和矿化速率随其含水量的增加而提高。

多数研究采用室内浸泡法测定林下枯落物的持水量及吸水速率。将烘干后的枯落物原状放入土壤筛，再将装有枯落物的土壤筛置于盛有清水的容器中，水面高于土壤筛的上沿。分别测定其在 0.5 小时、1 小时、2 小时、4 小时、6 小时、8 小时、10 小时和 24 小时的质量变化，并通过换算按烘干质量来研究其不同浸水时间的持水量和吸水速率。

一般认为枯落物浸水 24 小时的持水量和持水率为最大持水量和最大持水率（程金花等，2002；王波等，2009），通常采用有效拦蓄量来估算枯落物对降水的实际拦蓄量（Bates et al.，2007）。通过测定饱和吸水后枯落物的质量，结合之前测定的枯落物自然状态质量及烘干质量等指标，可推算出枯落物的自然含水量、自然含水率、最大持水量、最大持水率、最大拦蓄率、有效拦蓄量等指标。主要计算公式如下：

$$W_0 = M_0 - M_d \tag{1-40}$$

$$R_0 = \frac{M_0 - M_d}{M_d} \times 100\% \tag{1-41}$$

$$W_{hmax} = M_{24} - M_d \qquad (1\text{-}42)$$

$$R_0 \frac{M_{24} - M_d}{M_d} \times 100\% \qquad (1\text{-}43)$$

$$R_{smax} = R_{hmax} = R_0 \qquad (1\text{-}44)$$

$$W_{sv} = (0.85 R_{hmax} - R_0) M_d \qquad (1\text{-}45)$$

式中，W_0 为枯落物自然含水量；W_{hmax} 为枯落物最大持水量；W_{sv} 为枯落物有效拦蓄量；M_0 为枯落物自然状态下的单位储量；M_d 为枯落物单位面积蓄积量；M_{24} 为枯落物吸水饱和单位质量；R_0、R_{hmax}、R_{smax} 分别为枯落物自然含水率、最大持水率、最大拦蓄率；0.85 为有效拦蓄系数。

（二）土壤层对水分的吸存和输出

林地土壤层是大气降水进入森林生态系统后的最后一个作用面，一方面径流能溶解携带部分土壤成分使其在输出系统时某些物质含量增加；另一方面，由于森林土壤结构复杂、疏松多孔、成分多样、微生物的分解作用强，使土壤的吸附过滤作用强，造成另一些物质在径流中的含量降低（徐义刚等，2001）。

入渗是指水分进入土壤形成土壤水的过程，属土壤水分运动的一部分，是"四水"（降水、地面水、土壤水和地下水）转化的中心环节（赵西宁和吴发启，2004；蒋定生，1997），并与地表产流、降水后土壤水分再分配、农田水分最优调控（赵西宁和吴发启，2004；刘贤赵和康绍忠，1999）、土壤侵蚀、养分随水分的迁移、农业面源污染等问题密切相关。一般而言，森林具有较高的土壤入渗率，良好的森林土壤稳定入渗率高达 8.0 cm/h 以上（Dunne，1978）。这是由于林地土壤具有较大的孔隙度，特别是非毛管孔隙度大，从而加大了土壤的入渗率（何东宁等，1991）。

下面分别从土壤入渗模型、土壤水分参数等方面来阐述土壤对水分的吸存和输出。

1. 土壤入渗模型

1）Green-Ampt 模型

Green 和 Ampt（1911）根据最简单的土壤物理模型，在假设饱和入渗理论的基础上，经过数学推导得出了一维土壤水分入渗方程：

$$i(t) = at^{-\frac{1}{2}} + i_c \qquad (1\text{-}46)$$

式中，$i(t)$ 为土壤入渗速率；$a = \sqrt{0.5 i_c \cdot h_s \cdot \delta}$；$h_s$ 为湿润锋面处有效或平均基质吸

力；δ 为水分饱和差；t 为入渗时间；i_c 为土壤稳渗速率。

2）Kostikov 模型

Kostikov 在 1932 年提出该公式：

$$i(t) = at^{-b} \tag{1-47}$$

式中，$i(t)$ 为土壤入渗速率；t 为入渗时间；a 和 b 为由试验资料拟合的参数。当 $t \to 0$ 时，$i(t) \to \infty$；当 $t \to \infty$ 时，$i(t) \to 0$。而当 $t \to \infty$ 时只有在水平吸渗情况下才出现，垂直入渗条件下，显然不符合实际。但在实际情况下，只要能确定出 t 的期限，使用该公式简便而准确。

3）Horton 模型

Horton（1940）从事入渗试验研究，得出一个他认为与他对渗透过程的物理概念理解相一致的方程：

$$i(t) = i_c \cdot t + \frac{1}{r}(i_0 - i_c)(1 - e^{-rt}) \tag{1-48}$$

式中，$i(t)$ 为土壤入渗速率；i_c 为土壤稳渗速率；t 为入渗时间；r 为经验参数；i_0 为土壤初始入渗率。r 的值决定着 $i(t)$ 从 i_0 减小到 i_c 的速度。这种纯经验性的公式虽然缺乏物理基础，但由于其应用方便，至今在许多试验研究仍然沿用。

4）Philip 模型

Philip（1957）对 Richards 方程进行了系统的研究，提出了方程的解析解，并在此基础上得出了 Philip 简化公式：

$$i(t) = i_c + s / zt^{1/2} \tag{1-49}$$

式中，$i(t)$ 为土壤入渗速率；i_c 为土壤稳渗速率；t 为入渗时间；z 为土壤含水量；s 为吸渗率，$s = \int_{\theta_i}^{\theta_0} \partial_1(\theta) \mathrm{d}\theta$，其中 θ_i 为土壤初始含水量，θ_0 为土壤饱和含水量。

Philip 公式是在半无限均质土壤、初始含水率分布均匀、有积水条件下求得的，因此，该式仅适于均质土壤一维垂直入渗的情况，对于非均质土壤，还需进一步研究和完善。再者自然界的入渗主要是降水条件下的入渗，与积水入渗具有很大的差异，因而将其直接用于入渗计算不够确切。陈丽华（1995）、孙立达和朱金兆（1995）均提出林地土壤入渗过程的模拟以 Philip 模型为主。

5）方正三模型

方正三（1958）在 Kostiakov 模型的基础上，对大量野外实测资料进行分析，提出了入渗模型：

$$i(t) = k + k_1 / t^{\alpha} \tag{1-50}$$

式中，$i(t)$ 为土壤入渗速率；t 为入渗时间；k、k_1、α 分别为与土壤质地、含水率及降水强度有关的参数。

6）Holtan 模型

Holtan（1961）入渗模型表示的是入渗率与表层土壤蓄水量之间的关系，模型为

$$i(t) = b + a(w - i)^n \tag{1-51}$$

式中，a、b、n 为与土壤及作物种植条件有关的经验参数；w 为表层厚度为 d 的表层土壤在入渗开始时的容许储水量。Holtan 模型表示的是入渗率与表层土壤储水容量之间的关系。就模型本身而言，只适于 $0 \leqslant i \leqslant w$ 的情况，当 $i \leqslant w$ 时，应补充 $i(t) = b$ 的条件。普遍认为，Holtan 入渗模型难以精确描述一个点的入渗，但可用它粗略地估算流域的降水入渗（赵西宁，2004）。

7）Smith 模型

Smith（1972）根据土壤水分运动的基本方程，对不同质地各类土壤，进行了大量的降水入渗数值模拟计算，提出了一种入渗模型：

$$i(t) = \begin{cases} R & t \leqslant t_p \\ i_c + A(t - t_0)^{-\alpha} & t > t_p \end{cases} \tag{1-52}$$

式中，$i(t)$ 为土壤入渗速率；R 为降水强度；i_c 为土壤稳渗速率；t 为入渗时间；t_p 为开始积水时间；A、t_0 和 α 为与土壤质地、初始含水量及降水强度有关的参数。

8）蒋定生模型

蒋定生和黄国俊（1986）在分析 Kostiakov 和 Horton 入渗模型的基础上，结合黄土高原大量的野外测试资料，提出了描述黄土高原土壤在积水条件下的入渗公式：

$$i(t) = i_c + (i_1 - i_c) / t^\alpha \tag{1-53}$$

式中，$i(t)$ 为土壤入渗速率；i_c 为土壤稳渗速率；i_1 为 1 分钟末的入渗速率；t 为入渗时间；α 为指数。当 $t = 1$ 时，$i(t) = i_1$；当 $t \to \infty$ 时，$i(t) = i_c$，因而该式的物理意义比较明确。但该公式是在积水条件下求得的，与实际降水条件还有一定的差异。

2. 土壤水分参数

研究土壤水分运动问题，首先要确定土壤非饱和导水率 $K(\theta)$、土壤饱和导水率 K_s 等土壤水分参数。

1）土壤非饱和导水率

采用土壤水分再分布实验（CGA）必须具备两个基本条件：一是要有一个已知通量的计算边界；二是能通过计算始末段的土壤剖面含水分布。目前，应用气象方法或能量方法均可以较好地解决这两个问题。CGA 的实验基础是土壤水分再分布过程。假定实验为一维垂直流问题，则其基本方程为（程根伟等，2004）：

$$\frac{\partial \theta}{\partial t} = \frac{\partial q}{\partial z} \tag{1-54}$$

式中，θ，t，q，z 分别为土壤含水量、时间、水分通量和土壤深度。在 Δt 范围内积分，得

$$\int_{z_i}^{z_{i+1}} \frac{\partial \theta}{\partial t} \mathrm{d}z = -\int_{q_i}^{q_{i+1}} \mathrm{d}q = q_i - q_{i+1} \tag{1-55}$$

$$q_{i+1} = q_i - \left\{ \int_{z_i}^{z_{i+1}} \frac{\partial \theta}{\partial t} \mathrm{d}z \right. \tag{1-56}$$

式中，q_i、q_{i+1} 分别为在 Δt 时段内断面 i 和 $i+1$ 处的平均通量。如果 q_i 已知，只要测得 θ_t 和 $\theta_{t+\Delta t}$ 就可以求算出 q_{i+1}。实验初始条件为土壤表层平均通量 $q_0 = 0$；$\int_{z_i}^{z_{i+1}} \frac{\partial \theta}{\partial t} \mathrm{d}z$ 为在 Δz 土层深度范围内，Δt 时段内的土壤水分变化的速率。由此可以求得 q_1，依次递推，就可以逐层求得 q_2，q_3，$\cdots$，q_i，q_{i+1}，$\cdots$，进而由达西定律得到土壤非饱和导水率的计算公式：

$$K(\theta) = \frac{q}{\frac{\partial s}{\partial z} - 1} \tag{1-57}$$

式中，$\frac{\partial s}{\partial z}$ 为土壤吸水力 S 的垂向梯度。

2）土壤饱和导水率

土壤饱和导水率是一个很重要的土壤水分运动参数，在一定程度上可作为衡量各种土壤渗透性的指标。室内定水头垂直入渗的测定值实际上是土壤的稳定入渗值，但因为其接近土壤的饱和导水率，通常就被用来代替土壤的饱和导水率。程根伟等（2004）对贡嘎山暗针叶林土壤水分入渗速率的研究中发现，土壤的饱和导水率随土层深度 z 呈现出一种近似负指数形式的递减规律：

$$K_s = 3.55 \mathrm{e}^{-0.007z} \quad r^2 = 0.96 \tag{1-58}$$

3）土壤水分特征曲线

土壤水分特征曲线不仅可以衡量土壤水分的能量水平，而且还可以推算土壤

中孔隙的分布和容量。由于土壤水力传导函数，以及土壤水分扩散率的函数都可以由土壤水分特征函数获得，因此确定土壤水分特征曲线是用土壤水分运动方程模拟水分运动的前提。土壤水分特征曲线的确定一般是通过实验室测定的一系列土壤体积含水量及其对应的土壤水势，拟合出具有连续变化的土壤水势-含水量关系而得到的。

在土壤渗透水的研究方面，自 20 世纪 60 年代以来，研究方法大多采用同位素示踪法，并逐步形成了同位素水文学这一专门学科。同位素方法为研究地下水提供了一种新的有效手段，它有助于从宏观上和微观上阐明水文过程的机理。目前，同位素方法在水文地质的各个领域得到了广泛应用，并取得了良好效应。对于土壤水研究中应用最多的是碳、氮、氢、氧等环境同位素。Gehrels 等（1998）应用 ^{18}O 研究了草地、荒野和森林等植被条件下土壤水的运移机制，揭示了不同植被条件下土壤水迁移的季节变化特征；Robertson 和 Gazis（2006）测定了降水和土壤水的氧同位素组成，证实了 ^{18}O 的值与季节性的水文学变化有关。同位素方法在土壤水研究中的应用，丰富了土壤水的研究内容，为进一步揭示土壤水的特征及其运动规律提供了有效的手段。

当土壤的入渗速率小于降水速率时，不能及时下渗的那部分降水便形成地表径流而流出生态系统。影响地表径流量的因子包括植被状况、凋落物厚度，土壤结构、坡面坡度、降水特性等（李贵祥等，2006；马宁等，2009；兰景涛等，2009）。潘维伟和谌小勇（1989）采用小集水区技术对杉木人工林生态系统的各个水文学过程及水量平衡进行了长期定位观测研究，结果表明，杉木林径流输出占系统降水输水量的 18.5%，其中地表径流仅占降水量的 1.0%，多年平均地表径流为9.27mm，径流系数为 0.9%。同样，曾庆波（1994）和刘煊章（1993）对海南岛尖峰岭热带半落叶季雨林水循环及水量平衡进行了多年研究，得出径流量占降水量的 3.01%，而地表径流量仅占降水的 0.62% 的结论。从众多研究结果来看，地表径流只占径流的很小一部分，但由于其具有较高的养分浓度，进而能影响到土壤养分平衡，一直以来受到生态学家的广泛重视。

第四节　植被对坡地径流过程的影响

产流机制旨在揭示降水产生径流的物理条件（芮孝芳，1996）。Horton（1935）很早就提出降水产流受控于两个条件：降水强度超过地面下渗能力的"筛子"作用和包气带土壤含水量超过其田间持水量的"门槛"作用。但随着壤中径流和饱和地面径流的形成机制及回归流概念的提出（Dunne，1978），Horton 产流机制受到较大挑战。超渗产流和蓄满产流，以及两者的结合是基于均质包气带的产流方式，但实际坡地的包气带并不是完全均质的，故存在土壤介质非均质性驱动的优先流（徐绍辉和张佳宝，1999）。近年来国内外很多学者对坡地径流形成过程及机制进行了研究。Tani（1997）研究得出土壤浅薄森林陡坡的产流方式主要为侧向流；Carey 和 Woo（2001）提出多孔有机层是亚表层坡地径流的重要通道。Uchida 等（2005）通过日本和美国 4 个坡地产流的试验得出侧向管状流和降水之间呈非线性变化，但和总产流却呈显著线性相关。Koch 等（2013）通过研究高纬度永冻区的径流过程随季节变化的规律发现，浅层侧向流和深层优先流随季节交替转变为产流的主要形式。付智勇等（2011）通过野外模拟降水实验，提出土层厚度是坡地水文过程决定性因素之一，直接影响土壤剖面降水水分保存和分配（Prats et al.，2014）。另外，地表覆被也会显著影响产流过程（Beckers and Alila，2004；Muñoz-Villers and McDonnel，2012）。

森林作为陆地生态系统的主体，能够有效影响地表反射率、地表温度、下垫面的粗糙度和土壤-植被-大气连续体间的水分交换，在多层次上影响降水、蒸发和径流（Eagleson，2008；Vose et al.，2011）。马雪华（1987）通过米亚罗地区高山冷杉林的林冠截留、枯落物层持水、植被蒸散量，以及径流量的观测，阐明了该区森林植被调节水分的作用。林冠层是森林植被对大气降水的第一个作用层，涉及林冠湿润、冠层截留和林冠蒸发等过程（周国逸，1997；Bathurst et al.，2011）。时忠杰等（2005）研究宁夏六盘山林区森林水文效应时发现，冠层截留率存在明显的季节变化，6 月的截留率最高。冠层穿透雨遇到林下植被也会发生同样的截留现象，大气降水经过截留后降到地表，部分被枯落物层（第二个作用层）附着吸收（刘世荣等，1996；张志强等，2003）。郑江坤等（2014）提出川中丘陵区针叶林枯落物层的持水能力较阔叶林强，且枯落物中未分解部分的持水量最大。土壤层作为森林生态系统的第三个水文作用层，主要通过侧向和垂直两个方向水分运动影响径流的形成、转化与消耗过程（程根伟等，2004；王金叶等，2008；Hümann et al.，2011）。森林植被的根系及土壤中动物、微生物活动可明显增加土壤中的孔隙度，提高土壤入渗能力（Noguchi et al.，1997；余新晓等，2003；Freppaz et al.，2014）。植物根系死亡后形成较大的孔隙，由于这些孔隙内壁粗糙程度大，其传输水分的速率也大，直接影响着土壤中管流的形成（张洪江等，2003）。土壤性质、降水特征、地形因子也是影响土壤水分运动的关键因子（Azooz and Arshad，1996；Fouli et al.，2013；Huang et al.，2013）。

同位素技术能够示踪水分在森林各层间的运动转化过程，故而在研究森林水文过程中具有明显优势（宋献方等，2002；徐庆等，2008；余新晓等，2013；Evaristo et al.，2015）。宋献方等（2007）研究发现降水入渗到土壤层后，在土壤水非饱和区受蒸发的影响，环境同位素发生相应变化，而土壤水越过零蒸发面到达饱和区后，土壤水将逃离蒸发的影响而补给地下水。王仕琴等（2009）通过分析华北平原非均质土壤的入渗规律发现，表层土壤基本以活塞流方式向下运动，而下层土壤水分运动的形式主要为优先流。谢小立等（2012）提出南方红壤坡地的壤中流主要来自土壤中的相对饱和层，油茶林的壤中流较荒草地大，且产流过程较平缓。由于时间序列上的降水和土壤水同位素组成提供了土壤水混合和滞留时间的信息，从而可以揭示土壤水运动的一系列信息（Meriano et al.，2011；Zhao et al.，2013a）。一般认为，地表径流来源于本次降水，而利用同位素技术却发现降水并不是径流的唯一组成，前期水分如土壤水和地下水是径流的重要组成，在某些地区甚至占主导地位（Lee and Krothe，2001；顾慰祖等，2010）。Vogel 等（2010）结合 $\delta^{18}O$ 同位素和理查德公式研究了山坡土壤优先流的产生机制，并提出"新水"和"旧水"随季节有较大变化。Klaus 等（2013）通过同位素示踪技术对坡地尺度灌溉产流进行了试验，得出大孔隙流是径流的主要形式。由于氢氧同位素在流域尺度上存在明显的时空差异性，较难满足水源分割模型的假设（顾慰祖，1996）。而在坡地尺度上，降水和土壤前期水分的氢氧同位素空间异质性较小，更能够满足氢氧同位素技术分割水源的前提假设，故而得到了国内外水文学者的重视（顾慰祖等，2010；Zhao et al.，2013b；McDonnell，2013）。一些学者利用稳定同位素技术对植物土壤水分利用机制（聂云鹏等，2011；Goldsmith et al.，2012；贾国栋等，2013）、植物耗水（Kendall and McDonnel，1998；林光辉，2013）、径流的水源构成（宋献方等，2002；Blume et al.，2007）等方面进行了探讨。

第五节　植被对土壤侵蚀过程的影响

一、土壤侵蚀及其影响因素

（一）土壤侵蚀机理

土壤侵蚀是指地表土壤（包括成土母质等）在侵蚀营力作用下所发生的分散及相对初始位置的移动（姚文艺等，2001；景可等，2005）。坡面土壤水蚀是降水径流和地表土壤间相互作用而产生土壤侵蚀的现象，包括降水击溅和径流冲刷引起的土壤颗粒分离、泥沙输移和沉积三大过程（段文标和刘少冲，2006）。

1. 雨滴击溅作用

雨滴对地面的击溅作用是次降水中最初发生的侵蚀现象，是造成土壤侵蚀的主要原因之一（余新晓等，2006）。溅蚀的结果使土壤分散或移动，堵塞地表孔隙，降低了土壤入渗速率，如果降水量大于入渗速率，就会出现地表径流。雨滴的击溅作用体现在能量。

1）雨滴（流水）能量

雨滴能量的计算公式如下：

$$E = \frac{M \cdot V_t^2}{2} \tag{1-59}$$

式中，E 为动能（erg）；M 为雨滴或流水的质量（g）；V_t 为雨滴的末速度或流速（cm/s）。

$$D_{50} = 0.188 \cdot I^{0.182} \tag{1-60}$$

式中，D_{50} 为雨滴直径的中值（cm）；I 为降水强度（cm/h）。

$$E = \frac{M \cdot (V_t / \cos\alpha)^2}{2} \tag{1-61}$$

式中，$V_t / \cos\alpha$ 为速度的矢量；α 为雨滴倾斜角度（°）。

$$\alpha = \tan^{-1}\left(\frac{V_h}{V_t}\right) \tag{1-62}$$

式中，V_h 为水平风速（cm/s）。

2）暴雨的能量

暴雨的能量按下式进行计算：

$$E = 210 + 89\log i \tag{1-63}$$

式中，E 为动能 $[(\text{Mt·m}) / (\text{hm}^2 \cdot \text{cm})]$；$i$ 为降水强度（cm/h）。

$$E_e = E\left[(1-F) + F \cdot \left(\frac{M_{th}}{M_o}\right)\left(\frac{V_{th}}{V_o}\right)^2\right] \tag{1-64}$$

式中，E_e 为降水的有效动能 $[(\text{Mt·m}) / (\text{hm}^2 \cdot \text{cm})]$；$M$ 为降水的质量（g）；V 为雨滴的速度（cm/s）；F 为冠层覆盖率；th 和 o 分别为穿透雨和总雨量。若林地高于 20m，则 $(V_{th}/V_o)^2 = 1.0$，式中的速率比可省去。

2. 坡面侵蚀

坡面产流产沙是降水因子、坡面因子及植被因子共同作用的结果（常福宣等，2002）。地表径流及其侵蚀量与降水量、降水强度、降水持续时间、植被状况、林地枯枝落叶量、土壤物理性质、土壤渗透性能、土壤的抗蚀性能及地形、坡度等密切相关（黄承标等，1991；李德生等，1993；刘世荣等，2003）。随着径流流速的增加，水流切入土坡的能力提高，从而形成细沟侵蚀，细沟侵蚀进一步发展为切沟侵蚀。黄秉维（1983）根据水力侵蚀机制指出：细沟水流侵蚀和搬运能力均远远大于雨滴打击和坡面片状水流所具有的侵蚀力及搬运力。Foster 等（1982）认为土壤侵蚀应分为细沟侵蚀和细沟间侵蚀两个部分，细沟侵蚀反映细沟中的纯侵蚀和纯沉积的过程，细沟间侵蚀反映了由雨滴和薄层水流引起的泥沙颗粒分散和搬运的过程。

1）土壤阻力

土壤阻力的计算公式为

$$\tau_{c} = C + \alpha_{n} \cdot \tan \varphi \qquad (1\text{-}65)$$

式中，τ_{c} 为抗剪强度（g/cm^2）；α_{n} 为有效正应力（g/cm^2）；C 和 φ 为经验参数，类似于土壤黏结力和内摩擦角。

2）细沟间侵蚀

细沟间侵蚀能力可按下式进行计算：

$$D_{i} = K_{i}I^2 \cdot C \cdot G \frac{R_{s}}{w} \qquad (1\text{-}66)$$

式中，D_i 为细沟间的土壤剥蚀 [$kg/(s\cdot m^2)$]；K_i 为细沟间侵蚀系数 [$(kg\cdot s)/m^4$]；I 为有效降水强度（m/s）；C 为细沟间侵蚀冠层的影响（0～1）；G 为地被物的影响（0～1）；R_s 细沟的间距（m）；w 为细沟的宽度（m）

在耕地中，砂土≥30%时：

$$K_{i} = 2.728 \times 10^5 + 9.21 \times 10^6 (\text{vfs}) \qquad (1\text{-}67)$$

砂土<30%时：

$$K_{i} = 6.054 \times 10^5 - 5.513 \times 10^6 (\text{clay}) \qquad (1\text{-}68)$$

式中，vfs 和 clay 分别为表土中的极细砂和黏土。

3）细沟侵蚀

细沟侵蚀能力的计算公式为

$$D_{c} = K_{r} \cdot (\tau - \tau_{c}) \qquad (1\text{-}69)$$

式中，D_c 为细沟流的剥蚀能力 [$kg/(m^2\cdot s)$]；K_r 为细沟侵蚀（s/m）；当 $\tau < \tau_{c}$ 时，没有细沟侵蚀。

在耕地中，砂土≥30%时：

$$K_{r} = 0.00197 + 0.030(\text{vfs}) + 0.03863e^{-184}(\text{OM}) \qquad (1\text{-}70)$$

$$\tau_{c} = 2.67 + 6.5(\text{clay}) - 5.8(\text{vfs}) \qquad (1\text{-}71)$$

式中，OM 为表土中有机质百分比。

砂土<30%时：

$$K_{r} = 0.0069 + 0.134 \cdot e^{-20}(\text{clay}) \qquad (1\text{-}72)$$

$$\tau_{c} = 3.5 \qquad (1\text{-}73)$$

在计算 K_r 时需要调整其他土壤因素。τ 的计算公式为

$$\tau = \gamma \cdot R \cdot s \tag{1-74}$$

式中，γ 为水的比重 [N/m³ 或 kg/（m²·s²）]；R 为细沟水力半径或水深（m）；s 为细沟水流梯度。

3. 径流携沙转移

径流会携带泥沙进行输移，总泥沙转移量可表示为

$$T_c = 138 \cdot Q \cdot q \cdot S^{1.55} \cdot C_t \tag{1-75}$$

式中，T_c 为总泥沙转移量（kg/s）；Q 为总流量（m³/s）；q 为洪峰流量（m³/s）；S 为斜坡的正弦；C_t 为反映土壤覆盖对流动液压力影响的因子，裸地时 C_t 取最大值 1.0，覆盖率为 8% 时 C_t 取 0.2。

T_c 也可用下式进行计算：

$$T_c = 138 \cdot V \cdot q \cdot d \cdot S^{1.55} \cdot C_t \tag{1-76}$$

式中，V 为流速（m/s）；d 为水深（m）。

4. 泥沙沉积

当径流携沙能力小于泥沙输移的阻力时，泥沙就会沉积，表达式可表示为

$$D_p = C_d \cdot (T_c - D) \tag{1-77}$$

式中，D_p 为沉积速度 [kg/（m²·s）]；C_d 为每沉降一单位宽度的一介反应系数；T_c 为输沙能力 [kg/（m·s）]；D 为泥沙通量 [kg/（m·s）]。

$$C_d = 0.5 \cdot \left(\frac{V_f}{Q}\right) \tag{1-78}$$

式中，V_f 为沉降速度（m/s）。

$$V_f = \frac{2 \cdot (\delta_p - \delta) \cdot g \cdot r^2}{g \cdot \mu} \tag{1-79}$$

式中，δ_p 为粒子密度（g/cm³）；δ 为液体密度（g/cm³）；g 为重力加速度（m/s²）；r 为粒子半径（cm）；μ 为液体的绝对黏度（Pa·s）。

（二）土壤侵蚀的影响因素

1. 降水因子

降水是水土流失的原动力，与坡面径流及产沙有密切关系（黄志刚等，2008）。降水因素包括降水量、降水强度及持续时间等，这些因素共同影响着坡面径流与产沙量，但对于不同的地区和环境，其主导作用的因子有所不同。孙阁等（1989）

认为地表产流与降水强度关系密切，而与降水总量关系不大。姜萍等（2007）的研究却表明地表径流量与降水量均呈显著的线性相关关系。陈奇伯（1997）提出长江三峡花岗岩区产流量与降水量最大时段的降水强度之间呈显著线性关系。

2. 坡度因子

坡度是影响坡地土壤侵蚀的重要因素之一，它对降水入渗时间、坡面的入渗产流特征都具有明显的影响（Julien and Simons，1985；Covers and Rauws，1986；张晴雯等，2004；张丽娟等，2007）。在产流情况下，坡度影响坡面表层土壤颗粒起动、侵蚀方式和径流的挟沙能力（刘秉正和李光录，1995；李光录等，1997；王百群和刘国彬，1999），随着坡度的增大，坡面的土壤侵蚀量随之增大。目前关于坡度对径流流速的影响有不同的结论，有研究指出在坡面上径流流速随坡度增加而增加，在不同状况的坡面上流速随坡度增加的幅度不同（Foster et al.，1984；Rauws，1988；Abrahams et al.，1996）。然而 Covers 和 Rauws（1986）、Nearing 等（1997）、张光辉等（2001）研究发现，在侵蚀细沟内，水流速度与坡度无关，随着坡度增大，水流速度有增大的趋势，但这种趋势被随之而来的泥沙阻力的增大所消除，结果水流速度仅是流量的函数，即坡度对坡面径流平均流速的影响并不显著。

3. 土壤因子

同时，土壤侵蚀量与表层土壤物理性质的关系也非常密切，主要是土壤容重、毛管孔隙、总孔隙度等土壤物理指标（姜培坤等，2002；王晶等，2005）。这些土壤物理特性通过调控土壤水分状况来影响地表径流的产生及其挟沙能力（Truman and Bradford，1990；Deuchras et al.，1999）。土壤表层结构良好，对降水的渗漏和通透性良好，降水就较难剥离土壤颗粒从而发生土壤侵蚀（刘玉民等，2005；赵护兵等，2006）。

4. 植被因子

植被根系的网固作用使得森林土壤的抗冲、抗蚀性能大大增强（饶良懿等，2008）。1877～1895 年德国土壤学家 Wollny 就开始设置土壤侵蚀小区试验观测植被和地面覆盖物对防止降水侵蚀和土壤结构恶化的影响；1909 年美国设置第一个对比流域实验探讨森林覆被变化对流域产水量的影响（Hibbert，1969；Swank et al.，1988；Stednick，1996）。

雨滴对地面的击溅作用是次降水中最初发生的侵蚀现象，是造成土壤侵蚀的主要原因之一，侵蚀量的大小与雨滴的动能和土壤特性有关（余新晓等，2004）。森林植被的地上部分及其地被物能够拦截降水，避免雨滴直接打击地表，大大降低雨滴的降落速度，有效削弱雨滴击溅地表的动能，从而控制了土壤侵蚀的发生（周跃等，1999；蔡强国等，1998）。雨强极大，直径大的雨滴撞击在枝叶表面时，雨滴动能使雨滴本身扩散，直径大的雨滴变成直径小的雨滴，进而有效地降低了降水动能（吴钦孝和赵鸿雁，2000；康文星等，2007）。

枯枝落叶的截留还使次降水实际产生径流的雨强减小，降低了土壤侵蚀的剧烈程度，削弱了暴雨可能引起的土壤侵蚀（赵鸿雁等，2003）。地表一旦被枯枝落叶覆盖后，雨滴就不能直接掉落到裸土表面，从而避免了雨滴直接击溅引起的侵蚀。赵鸿雁等（2001）对 30 年生人工油松（*Pinus tabulaeformis*）林枯枝落叶防止土壤溅蚀效应进行了研究，结果表明当油松林枯枝落叶厚度各为 1.0 cm 和 1.5 cm 时，土壤溅蚀量分别减少 79.6%和 94.0%；当枯枝落叶厚 2.0 cm 时，土壤溅蚀量为 0，说明枯枝落叶防止土壤溅蚀的作用明显。同时，森林枯落物覆盖地表能够直接增大地表粗糙程度（张洪江等，1994），增加地表径流的阻力系数（Dunkerley et al.，2001），降低坡面径流的流速，延缓径流产生，减小径流冲刷土壤的能力（赵鸿雁等，1994；张洪江等，1995；高志勤和傅懋毅，2005；何常清等，2006）。

根系-土壤层的作用主要表现在其透水和储水性能方面，在枯落物和根系共同作用下，土壤物理性状和结构明显改善。国内一般使用林地土壤非毛管空隙饱和含水量来计算林地储水作用。据研究，每公顷森林土壤能蓄水 641～678 t（何东宁等，1991）。

根系生长过程中的分泌物及枯落物和根系腐烂分解形成的腐殖质，提高了土壤有机质的含量，配合根系的穿插、挤压和缠绕，使土壤中有机质和大粒级水稳性团聚体增加，从而形成良好的土壤结构体，使土壤中有机质和大粒级水稳性团聚体增加，同时穿插在土体中的细小根系可防止土体在水中分散、破碎，在相同的土壤中，土壤根系含量越多，其抗侵蚀性能越强，则地表径流对土壤的冲刷程度越低（胡建忠，1992；张金池等，1994；史敏华等，1994；吴彦等，1997；刘建军，1998；李勇等，1998）。根系提高土壤抗冲性能的效应主要由小于等于 1 mm 的须根密度决定（李勇等，1990；蒋定生和李新华，1996；彭祥林，1997；陈云明等，2005；董慧霞等，2005；周利军等，2006）。

根系和有机质增加了土壤颗粒之间的黏结力和摩擦力，能抵消部分水流的剪切力，从而提高土壤的稳定性。在保护坡面稳定性方面，深根性的乔木较浅根性的草本发挥着更大作用；较大的根系穿过地表把表层土壤和基层锚在一起，细根、真菌菌丝体和分解的有机质对表层土壤稳定性团聚体的形成有较大贡献。这些主根和侧根编织成位于树木附近的立体土壤-根系网络，地表土壤由于土壤-根系网络的盘结固定变得更加稳定。土壤抗剪切力与根系集中度（单位体积土壤的根系生物量）、根系面积比率（土壤中根系的表面积）、根系拉力强度（大多数树种的值为 10～50 MPa）等密切相关。

二、林草措施对土壤侵蚀的作用

（一）植物篱措施对土壤侵蚀的作用

学者们通过试验证明了不同植物篱对坡面产沙过程的影响。许峰等（2002b）通过模拟降水试验，得出香根草（*Vetiveria zizanioides*）植物篱能减少 82.2%的侵蚀量；蔡强国和刘纪根（2003）通过小区天然降水观测和人工模拟降水试验，认为其主要通过根部阻挡水流速度，降低水流挟沙能力，减少细沟形成，从而减少土壤侵蚀；夏汉平等（1997）研究表明，在坡度为 15°~42°的坡耕地上，香根草植物篱可减少土壤侵蚀 90%。袁久芹等（2014）提出香根草植物篱具有明显的减流减沙效益。紫色土坡耕地水土流失较为严重，而植物篱是一种有效控制坡耕地水土流失的生物措施（谌芸等，2013）。

（二）低效林改造对土壤侵蚀的影响

杨玉盛等（2000）提出林地清理、采伐、整地、林农复合经营、幼林抚育、间伐等森林经营措施对林地土壤侵蚀都有显著影响，其根源是影响了地表植被的覆盖面积和密度。一般认为，凡是降低地表覆盖与土壤稳定性的措施，都会加剧土壤侵蚀，且干扰程度与侵蚀量呈正相关。

1. 人工林窗与开窗补阔

英国植物生态学家 Watt 于 1947 年首次提出林窗概念，认为林窗是由林冠乔木死亡等形成不连续的林中隙地（夏冰等，1997）。林窗作为一种林中干扰现象，对森林的更新与循环起到重要作用。林窗的出现引起林冠与林窗下许多因子不同，如光、温、水、气、热，进而使物种多样性与小气候发生变化。

人工砍伐形成林窗的初期，由于高大乔木的消失，林冠层截留会显著减小。不同地区、不同生态系统由于所受影响因子的作用不同，其林冠截留率不同。卫正新等（1997）研究油松林和刺槐林发现其截留量分别占总降水量的 14.3%和6.99%，茎流量分别占 3.13%和 6.96%，从而总结出林冠截留部分特征。林冠层也会直接减少雨水的动能，减少对地表土壤的直接冲刷而引起土粒的分离（王艳红等，2009；周跃等，1999；蔡强国等，1998），李振新等（2004）提出灌木林下的降水动能一般小于林外降水动能，而乔木林下的降水动能由于垂直加速则显著高于林外动能。除林冠截留外，"开窗"初期还会引起地表枯落物的减少，进而影响到土壤团粒结构、土壤入渗率及土壤抗蚀性（汪有科，1991；汪有科和吴钦孝，1993）。

除此之外，林窗的出现将会引起根系的减少，土壤酶活性与微生物的变化等，也将引起土壤抗蚀性的变化。

2. 皆伐、整地造林与森林幼苗抚育

皆伐对土壤的破坏不仅限于表面扰动，在陡坡上则显著影响土壤结构，以致产生重力侵蚀，如滑坡、崩塌和岩屑崩落等（赵秀海，1995）。土体稳定性除与皆伐有关外，还与母岩、坡度等因素有关。在俄勒冈喀斯喀特山脉的安德鲁氏森林所发生的重力侵蚀中，83%发生于坡度大于24°的地方；母岩为熔岩时，皆伐不易引起滑坡；母岩为火山碎屑岩时，皆伐使滑塌侵蚀达到皆伐前的 2.8 倍（Dyrness，1969）。

在皆伐的荒弃林地上进行重新整地并栽植幼苗是一种常见的改造模式，针对的是大面积且生产率极端低下的森林。整地可以改善土壤的理化性质，减少杂草的竞争，而一旦使用不当，就会产生严重的水土流失。张先仪（1986）在株洲坡度 13°～14°红壤上连续 5 年的实验发现，全面整地的幼龄林的年径流量与泥沙量最大，第 4 年径流量分别是水平带垦的 22 倍，穴状整地的 16 倍；泥沙量则分别达到 12.8 倍和 57 倍。抚育幼苗应选择时机，如遇雨季连续暴雨，将会带来严重的水土流失。阳含熙等（1962）对湖南江华一处两年生杉木幼林地调查发现，当年第 2 次幼林抚育（8 月，除草松土）后不久恰遇大雨，山坡中部每 100 m^2 冲走表土约为 0.370 m^3，而该坡下部冲刷更为严重，每 100 m^2 冲走 2.39 m^3 表土。据报道，不同抚育方式的土壤侵蚀量为穴状抚育＞块状抚育＞不抚育（马祥庆和林景露，2000）。

3. 择伐与抚育间伐

择伐与间伐的作用效果一样，同样是增大了林间空隙，给森林更新循环带来利处。但因郁闭度减小，枯落物减少，同样会影响水土流失。杉木林间伐 3 年后，年径流量为 10～30 t/hm^2，土壤侵蚀量为 0.015～0.035 t/hm^2，水土流失轻微。表明适度的间伐对水土流失影响很小（张先仪，1992）。

4. 农林复合模式

合理的农林复合经营在控制土壤侵蚀，改良土壤肥力，提高土地生产力等方面起着重要的作用（杨曾奖等，2001）。农林复合模式中林灌草复合模式之所以比纯林模式、灌草模式抗蚀性高，一是套种模式中施肥和松动改善了土壤质量，使得植被覆盖率大大增加，为提高抗蚀性提供了可能；杉木幼林间作黄豆和花生的养分流失量（有机质和速效 N，P，K）分别比对照区少 50%～70.6%（卢秀琴等，2000）；二是林灌草模式垂直面上具有三层截留雨水、降低雨水动能的能力；林冠层截留和对降水的抵抗作用削减了雨滴动能，使得雨滴直接冲刷土壤表层的能力减弱，从而减少了土壤侵蚀（周跃等，1999；蔡强国等，1998；王艳红等，2009），杨文利等（2008）认为灌木林（檵木）在减弱降水侵蚀力方面比乔木林（杉木和马尾松）更优。灌木草本层截留作用降低了降水动能，只占原总动能的 85%～

99.7%，平均减少了5.7%；通过缓冲作用而减弱的降水动能占总动能的44.4%（韦红波等，2002）；三是林灌草均能吸附雨水，尤以草本层为甚，杨曾奖等（2001）对不同套种模式的水土保持效益进行观测发现，套种的灌木和草本植物吸附截留降水效果明显，灌木与草本层的平均持水率分别达到47.03%、54.04%；四是多层次的植被具有更强的根系穿透和交织作用，疏松了土层，使得土壤蓄水能力加强；王剑敏等（2011）提出须根相对丰富的植被能提高表层土体的抗剪强度，根系抗拉力和抗剪力均与根径呈幂函数正相关关系，并认为细根比粗根更有利于土壤加固和抗剪强度的提高。植物根系对土壤的抗剪强度随林龄的增大而增大，随土层深度的增加而降低（解明曙等，1990；汪有科和吴钦孝，1993）。

（三）林地变化对土壤侵蚀的影响机制

林草植被提供了很多环境功能，其中水文功能通过影响侵蚀过程进而有效控制土壤侵蚀和泥沙输移，因而被认为是一种高效、经济、持久、维护费用较低的控制土壤侵蚀措施。土壤侵蚀起始于降水和径流能量的剥离作用，而植被在抵消能量和增加土壤的抗蚀方面作用显著。林冠层通过截持降水最终减小了雨滴的最终速度，林冠截留的程度取决于冠层密度和高度，林冠层较早接触降水并对其进行了部分截持，充当了地表的保护盾作用，其中冠层密度较冠层高度的作用更为显著。

1. 林地土壤侵蚀速率的确定

地表的枯落物层通过保护土壤和阻止径流等减少了雨滴和地表径流的动能。林地对坡面径流的阻延作用主要反映在坡面粗糙系数的变化上，因为粗糙系数的大小能决定坡面流速的大小和坡面汇流时间的长短。

土壤侵蚀速率是指单位面积和单位径流深所产生的土壤流失量。其方程式为

$$S = S_0 \exp(-kL) \tag{1-80}$$

式中，S 为土壤侵蚀速率 $t/(mm \cdot hm^2)$；S_0 为初始土壤侵蚀速率；L 为单位面积覆盖物蓄积量（t/hm^2）；k 为参数。覆盖物包括枯落物及矮生草本植物，即 Reid 和 Love（1951）提出的活物质与枯落物之和。

地表径流流速及流量是导致水力侵蚀发生发展的根本动力。在地表径流下，径流的挟沙能力与径流流速的5次方呈正比，可移动泥沙质量与径流速度的6次方呈正比（Chang，2006）。具体公式如下：

$$P = AV^5 / ghw \tag{1-81}$$

$$M = CV^6 \tag{1-82}$$

式中，P 为径流的含沙浓度；M 为泥沙质量；A 为系数；C 为流速系数；V 为径流

速度；h 为径流深；g 为重力加速度；w 泥沙的水力黏度。

径流流速除受流量影响外，还受到曼宁公式中的粗糙系数作用。

曼宁公式和谢才公式：

$$V = \frac{1}{n} q^{2/3} a^{0.5} \tag{1-83}$$

$$V = C\sqrt{Ri} \tag{1-84}$$

式中，V 为径流速度（m/s）；q 为径流深；a 为坡度；n 为曼宁糙率系数；C 为谢才系数；R 为水力半径；i 为底坡比降。

2. 林地对土壤侵蚀减少的叠加效应

森林对土壤侵蚀减少的叠加效应，包括对土壤理化性质的改善和对土壤冲刷的减少，后者主要取决于径流速度、径流动能的大小（吴钦孝等，2005）。建立的径流挟沙能力的数学表达式如下：

$$P_s = \alpha \frac{v^3}{gqw} \tag{1-85}$$

式中，P_s 为径流的挟沙浓度（m³/km）；v 为径流速度（m/s）；g 为重力加速度（m/s²）；q 为径流深（mm）；w 为沉降速度（m/s）；α 为由实测资料确定的常数（kg/m³）。

另外，叠加效应也体现在对土壤抗冲、抗蚀性能的提高。由枯枝落叶层减小径流速度的效应，推导出其对径流挟沙能力减小效应为

$$\Delta p_s = \frac{\alpha}{gqw} \left[0.031 \left(\frac{\Delta t \cdot q}{L} \right)^{0.759} \left(\frac{\Delta t \cdot q}{l} \right)^{0.839} \alpha^{0.839} \right]^3 \tag{1-86}$$

式中，Δp_s 为径流挟沙浓度减小效应（kg/m³）；Δ 为次降水事件中森林对净雨的损失率（mm）；t 为有、无枯枝落叶层覆盖坡面时径流流过坡长为 x 处所需时间的差（s）；L 为坡长（m）；l 为枯枝落叶层厚度（cm）。

3. 林草植被对侵蚀产沙的作用机制

林草植被控制侵蚀产沙主要体现在减少穿透雨量、减少土壤湿度、增加枯落物层和土壤有机质等方面。这些因子导致土壤入渗率增加和地表径流的挟沙能力降低。通过对肯尼亚 63 个国家站点不同大小级别的集水区 1948～1968 年的悬移质输沙量的调查，发现森林植被覆盖率高的集水区侵蚀产沙量最低，根据土地利用构成特点把集水区划分为四种类型：林地、林地＞农地、农地＞林地、牧草为主。通过统计模型建立了土壤侵蚀模数和年径流量之间的关系（Chang，2006）。

林地：

$$S = 2.670 \cdot Q^{0.38} \tag{1-87}$$

林地＞农地：

$$S = 0.042 \cdot Q^{1.18} \tag{1-88}$$

农地＞林地：

$$S = 0038 \cdot Q^{1.141} \tag{1-89}$$

牧草为主：

$$S = 0.002 \cdot Q^{2.74} \tag{1-90}$$

式中，S 为年产沙量 [t/（km²·a）]；Q 为年均径流深（mm）。

在以牧草为主的集水区中，植被覆盖和土壤结构较大程度被破坏，土壤紧实度和容重增加，入渗率减少，导致地表径流较为集中，形成股流，从而明显增加了用于剥离和搬运泥沙的径流能量，年产沙量也随之增加。

第六节　植被对生物地球化学循环的影响

水土流失与坡地水分溶质迁移是水土环境保护领域的研究热点，国内外学者围绕坡地产流、入渗和土壤水分溶质的迁移过程进行了大量的研究（Zhang et al.，1997；李裕元等，2001；Wang et al.，2002；Zhang et al.，2003）。土壤养分损失是一个非常复杂的物理化学过程，受降水类型、降水强度、持续时间、地形、土壤的物理和化学状况及植被等众多因素影响（Gburek and Sharpley，1998；Daniel et al.，1998；Correll，1998）。大量研究表明，不同的降水过程和下垫面情况会使土壤养分流失数量差异很大（Burwell et al.，1975）。总的来说，土壤溶质一般以两种方式进入径流：①溶解态形式，其存在于土壤溶液中，随着溶液间的交换进入地表径流；②吸附态形式，溶质被吸附在土壤颗粒上，通过解吸和侵蚀泥沙进入地表径流（王全九等，1993；Wang et al.，2002）。

降水过程中流失的泥沙多来自土壤表层，且多为细粒和复粒，具有较大的比表面积，对养分元素的吸附能力较强，易携带养分（Nelson，1999）。大量研究表明流失泥沙中的养分含量显著高于雨前表土的养分含量，也远高于径流中养分含量，具有富集养分的特征（黄丽等，1998；周俊等，2000；蔡崇法等，2001；马琨等，2002；傅涛等，2002；张丽娟等，2007）。但在南方部分退耕还林区域，植被迅速覆盖地表，土壤不易被扰动，泥沙侵蚀量迅速减少，并很快控制在允许范围内，通过泥沙带走土壤养分已非土壤养分流失的唯一途径（白红英等，1991；王洪杰等，2002）。在降水强度较大的情况下，土壤养分以泥沙形式随径流迁移；而当降水强度较小时，随径流迁移的可溶态养分流失量占流失养分总量的比例较高（傅涛等，2003）。同时，当径流所携带的泥沙在水体底部沉积后，泥沙结合态养分还会以不同速率逐渐向水体释放，转化为生物有效养分，最终成为水体富营养化的潜在威胁。

张兴昌和邵明安（2000a）认为，植被覆盖可有效减少土壤全氮流失，由于土壤全氮多为有机氮且与土壤颗粒结合紧密，因此植被在防止土壤颗粒流失的同时，相应地减少了土壤全氮的流失，且减少作用随覆盖度的增大而增加；而土壤矿质氮的流失则随覆盖度的增加而加剧。许峰等（2000）认为灌草植被可通过缓冲水流、拦截泥沙和增加水分入渗等方式起到减少养分流失的作用。何园球等（2002）在红壤丘岗区的研究表明，不同林地养分径流损失随植被生长而减少，养分径流损失量依次为自然草被＞马尾松林＞针阔混交林＞阔叶林。以下分别从林外降水与林内降水、凋落物渗透水、地表径流和土壤渗透水等方面阐述森林植被对生物地球化学循环的影响。

一、林外降水与林内降水

雨水透过树木冠层后，通过冠层交换，雨水对植物体表面渗出物的淋洗和枝叶对雨水中离子的吸收，以及对枝叶表面粉沉、微粒、尘埃等固体沉降物的冲洗，其化学成分含量被强烈地改变（Potter et al.，1991）。而这种化学成分的改变主要取决于降水类型、降水化学和森林结构、森林类型等（Friedland et al.，1991）。具体来说，主要有以下几个方面：①降水期间雨水中化学元素向林冠的输入；②林冠对截留雨水的蒸散；③雨水对植物组织渗出物的淋溶；④雨水对未降水期间林冠上沉积物的冲洗；⑤枝叶、体表等对雨水中的离子、固体颗粒或气体的吸附或吸收（李凌浩等，1994）。林冠截留对降水的这一分配过程不仅从量上将大气降水分为林冠截留和林内降水，而且显著改变了林内降水的化学特征，从而直接影响到整个森林生态系统的水分和养分循环（范世香等，2003；巩合德等，2005b）。因此，森林生态系统对养分的再分配过程一直都被作为分析其功能状况的一项重要信息（王登芝等，2006）。

Tamm（1951）对瑞典南部针叶林区大气降水的化学成分进行了分析，并计算了该地区大气降水中 K、Ca、Mg、Na 元素的年输入量。在美国，此项研究开展较晚，但规模较大，20 世纪 60 年代以来先后对华盛顿、俄勒冈、新罕布什尔、明尼苏达等地区各种针叶林与阔叶林区大气降水的养分输入量进行了广泛研究，此外，在加纳、巴西、南非、前苏联地区、欧洲的挪威、丹麦、德国，以及日本等国家均有类似的研究（Cole and Gessel，1968；Fisher，1968；Reiners，1972；Nelda and Noemi，2006）。Parker（1983）对全世界各地降水化学资料进行了整理，提出降水中化学元素含量的顺序为 S＞Na＞Cl＞N＞Ca＞K＞Mg＞P，大气降水对林冠层的淋溶，使得林内降水的化学元素含量都有所增加，但增加的幅度各不相同，顺序为：Na＞Cl＞S＞Ca＞K＞N＞Mg＞P。

与国外相比，我国在森林降水化学性质研究方面起步较晚。大约从 20 世纪 50 年代我国开始关注森林对水质的影响。不过起初国内着重研究森林对河流悬移泥沙含量的影响。直到 70～80 年代，中国科学院南京土壤研究所、中国林业科学院及其他一些科研院所开始了森林对水质影响的研究。中南林业科技大学、厦门大学在森林植被对大气降水、水体中污染物的净化方面做过一些研究（张卓文等，2004）。自 80 年代中期以来，森林与水质的研究渐渐成为热点。我国最早研究降水化学性质的是鲁如坤和史陶均（1979），但并没有涉及林内降水相关化学特征。直到 80 年代，关于森林降水的化学特性的相关报道才逐渐开始。但到目前为止，我国对森林降水化学特性的研究还是集中在养分元素的输入输出方面，对重金属、有机碳，以及林内多层次降水化学特征研究较少。纵览我国各森林生态系统林层对降水化学组成的影响，均认为降水中的养分元素经林层进入林地的雨水中，养分含量一般均有所增加（樊后保等，1995；1996；王青春等，2000；刘菊秀等，2000；刘世海等，2002；周梅等，2003；刘菊秀等，2003；于小军等，2003；蔡玉林等，2003；陈书军等，2004；吕旭晨等，2004；巩合德等，2005b；王登芝，2005；王登芝等，2006；黄乐艳等，2007；杨永川等，2007）。

目前，我国对森林降水化学性质的研究主要集中在人工纯林，对混交林（针叶混交林、阔叶混交林和针阔混交林）研究得较少（蔡玉林等，2003；罗艳，2004；王登芝，2005），这主要是因为混交林的异质性较强，尤其是对树干茎流的研究，由于林分比例难以准确评估，在样品收集过程中，确定标准木的比例就显得相当困难。

二、凋落物渗透水

徐义刚等（2001）将枯枝落叶层的渗透水中携带的化学物质量作为土壤接受的外部输入，并认为森林凋落物对降水的化学组成有很大的影响，经过枯枝落叶层的雨水中大部分离子的浓度均有大幅度的增加。其中 SO_4^{2-}、NH_4^+、Al^{3+}、Ca^{2+} 和 Mg^{2+} 的浓度均是穿透雨的 2 倍以上，NO_3^- 的富集倍数可达 4～8 倍。周湘莉等（1989）的研究发现，杉木林凋落物几乎全部截留林冠淋溶的 Zn 和 Cd；谭芳林等（1999）认为，在锐齿栎林（Quercus aliena）中，穿透雨水经过其林下枯落物层时，Zn、Cu、Cd 的质量浓度和携带量均小于穿透雨中，尽管 Pb 的质量浓度有所提高，但携带量却还是减少。同时，刘煊章等（1995）在杉木林生态系统也发现枯枝落叶层对 Pb、Cd 等污染物质有较强的截留过滤作用。邓艳等（2009）在广西岩溶生态系统上研究了不同植被凋落物对土壤理化性质及岩溶效应的影响，虽然研究方法上并未涉及凋落物渗透水，但不可否认，这一系列的影响正是通过凋落物渗透水的下渗来实现的。Gundersen 等（1998）认为土壤 DOC 通量与凋落物数量有关，与立地的 N 水平无关，在研究了全欧洲几个森林地被物质的基础上，提出了 C 的供应和周转速率决定了地被物层的 DOC 渗漏量的定论。在田间实验研究同样发现，DOC 渗漏和 CO_2 矿化与地被物层有机物质数量呈正相关，这与 Tipping 等（1999）的结果一致。

目前，国内外正面描述凋落物渗透水化学特性的报道较少，有限的枯枝落叶层对降水水质影响的研究很难得出普遍的规律性结论，而对凋落物分解养分释放的研究成果较为丰富。凋落物分解所释放的养分元素，很大一部分是随着渗透水而向下迁移的，这也能从一个侧面反映出凋落物的水化学特性。不仅如此，大量的研究者习惯于将凋落物分解置于全球气候变化的背景下，以期解释全球气候变化对森林生态系统凋落物分解的某种内在联系（王其兵等，2000；刘勇等，2008；樊后保等，2008；李仁洪，2009）。

三、地表径流

一直以来，氮素在生态系统中的迁出动态是径流养分研究的重点，很多相关报道都涉及氮素因子。20 世纪 90 年代以来，人们对环境和气候越来越关注，使得这方面的研究不断发展深入，以小流域的研究报道占据较大比例，关于碳素迁移的研究也日益成为热点。Geoderma（1976）对不同坡度、不同植被覆盖、不同管理措施下的有机碳、N 和 P 流失量进行了比较，指出坡度和管理措施与养分元素流失呈极显著相关。Roberts 等（1984）对英国的普利茅斯和威尔士的草地和森林集水区氮素收支情况进行了比较；而 Leite（1985）对巴西的可可（*Theobroma cacao*）种植坡面上多种营养元素（N、P、K、Na、Ca、Mg 和 Fe）的流失情况进行了观测和评价。Pinol 和 Avila（1992）在西班牙的东北部常绿阔叶林中，选择了三条不受干扰的河流，其中两条位于 Prades Missif，一条位于 Wetter Montseny，经过 24 年的研究发现，在 Prades Missif 的两条径流中，NO^{3-} 的含量具有显著的季节性变化，但在 Wetter Montseny 的径流中，只有与矿物质风化作用有关的离子（Na^+、Ca^{2+}、Mg^{2+}、HCO^{3-}）展现出强烈的季节性。Mattsson 等（2008）在芬兰、丹麦、威尔士和里昂的研究发现，所有集水区出现一致规律：径流输出的 DOC 浓度明显与植被覆盖情况、水文学特征、土壤条件和人类活动有关，在所有的径流水中，均表现出 DOC>DON>DOP。

我国近代的森林水文研究开始于 20 世纪 20 年代，原金陵大学美籍学者罗德民博士和李德毅先生等在山东、山西等地研究了不同森林植被对雨季径流和水土保持效应的影响，拉开了中国近代森林水文研究的帷幕（刘世荣等，1996）。在森林对河流水质影响方面的研究则是从 50 年代开始的，70 年代后才逐渐开展了森林生态系统对大气降水养分元素输入输出影响的研究。卢俊培和刘其汉（1984）

在海南岛尖峰岭半落叶林季雨林区，通过对河川径流的化学特征研究得到：林外径流的化学量比林内大 260～340 倍。90 年代以后，在海南岛尖峰岭（蒋有绪，1996；卢俊培，1993；曾庆波等，1996）、湖南会同（刘煊章，1993）、东北帽儿山（魏晓华等，1990）、内蒙古根河（周梅，2003）、川西南（张学权等，2005）等地均有报道。陈步峰和林明献（1999）在海南岛尖峰岭热带山地雨林集水区对岩石、土壤及水化学含量进行了检测，表明在降水-径流水循环中，雨林系统对降水中 COD、NH_4^+-N、酚、Zn、Cu、Fe、Cd 储滤强度分别达到 44.4%、23.7%、40.2%、8.9%、57.0%、27.7%、88.3%，证明热带山地雨林生态系统具有显著的水化学储滤净化的生态效应。张志达等（2000）对台北不同地类径流的水质指标研究结果表明，林地径流中水电生化需氧量、悬浮物、总氮量和总磷量的质量浓度分别为 0.4mg/L、6.8mg/L、0.24mg/L、0.01mg/L，远小于草地、茶园和果园径流中的水。

当降水经过森林生态系统时，某些化学元素会因为凋落物和土壤通过吸附、吸收等方式而降低输出含量，体现森林生态系统在净化水质方面的特殊作用；研究不仅用来评价森林生态系统健康状况，还能为污染控制、水质净化等提供理论依据。

四、土壤渗透水

从国内外的研究来看，单独进行土壤渗透水水化学方面的研究较少，一般都从流域尺度上将地表径流、土壤渗透水及地下水等作为一个研究主体，主要考虑的是降水通过整个森林生态系统后被过滤、净化等一系列物理化学过程，分析的是森林生态系统对其水化学、水温、泥沙含量、病原体等的影响。虽然这在一定程度上反映了输出森林生态系统径流水的某些特性，但缺乏对整个森林生态系统水文过程养分元素平衡和各层次对输出养分贡献值方面的考虑。

Fernandez 等（2008）通过美国安德鲁斯成熟针叶林的长期野外试验，发现添加木屑碎物会增加 DOC 浓度，这意味随着木屑碎物增加，土壤保持 DOC 速率增加。凋落物数量增加和有机物含量升高可能导致 DOC 浓度增加，然而，这些效应未被确定。罗艳等（2004）对鼎湖山三种主要水文过程中总有机碳浓度进行了一个雨季观测后发现，3 种林型 TOC 浓度变化趋势相似，均为树干茎流＞穿透水＞根系层土壤渗透水＞母质层土壤渗透水＞溪水。这说明森林土壤降低渗透水的 TOC 含量效果显著。徐义刚等（2001）对广州市森林土壤水化学元素收支平衡研究后，发现 Ca、Mg、K 等元素在土壤中处于富集阶段，且不同土壤层对水中各主要组分的吸附程度不同。

第二章 坡地水土流失监测技术与方法

第一节 气象因子观测

在林草植被生长过程中，气象条件对其影响很大，因此气象观测越来越受重视。但在实际工作中，基层人员对一些概念不够清楚，仪器选用和使用不当，观测操作不规范等造成观测数据误差大，不能真实反映林草植被生长发育的气象条件。以下就主要气象因子的观测进行介绍。

一、光照强度的观测

光照是林草植被生长发育最重要的环境因子之一。最常用的光照强度测定方法有两种：一是把照度计的感光部分与太阳光线垂直；二是把感光部分水平放置。这两种方法在同一季节、地点、时间测得的光照强度数据差值可达数倍。正确的测定方法应该是第二种，以照度计的感光部分水平放置于行间，其高度视研究需要决定。这样测得的数据，反映了太阳高度角的年、日变化特点，能较客观地反映当时林草植被的受光情况。

二、气温的观测

各种物质由于其物理性质的不同，在太阳照射下，它们的温度各不相同。空气对太阳的短波辐射直接吸收极少，主要是吸收地面的长波辐射而增温。因此，太阳照射下的温度表读数不能代表空气温度，只能表示温度表中水银或酒精等测温液的温度。将阿斯曼通风干湿表挂在林草植被中太阳直射到的位置，其温度比百叶箱中测得的气温高 2℃。因此，进行温度测量时不能把温度表的感温部分置于太阳照射下，一般应用反射性能强的薄片做成防辐射罩，把测温部分遮挡起来，防止太阳的直接辐射（但不能影响测温部分的空气流通），以减小误差。关于气温测量高度的选择，农业气象因子中温度主要是研究不同作物的适宜生长温度及其适应范围。但不同高度的空气温度是不同的，特别是在林草植被中，温度的垂直变化很大。近地面层和 1.5m 高处，夜间最低气温最大差值可达 3.3℃，白天最高气温最大差值可达到 17.1℃。正确的做法是采用作物高度的 2/3 处为测温点，这一高度基本上是作物生命力最活跃的部分，所测得的数据也最有代表性。

气温、地温的观测，一是把温度表东西向水平放置，观测人员在温度表的北边读数，如因环境限制，观测位置应以不遮挡太阳直接照射为原则；二是气温表的感温部分要有防太阳直接辐射装置，高度应按需要设置，眼睛必须与温度表中的水银或酒精柱的观测点垂直；三是不要太靠近温度表，更不可把温度表拿入手中观测；四是最高、最低气温和地温的观测时间可在每日北京时间 20:00 进行，观测结束后必须对最高、最低温度表进行调整。日平均气温是各种积温的计算基础，它是一日中北京时间 2:00、8:00、14:00、20:00 观测温度的平均值；如没有 2:00 的观测值，可由当日的最低气温与前一日 20:00 温度的平均值代替。不考虑作物的生物学上下限温度，把逐日平均气温相加所得的总数，就是总积温；高于作物生物学下限温度的日平均气温叫活动温度，某一段时间内活动温度的累积总数就是活动积温；日平均气温减去作物生物学下限温度所得即为有效温度。某段时间内有效温度的累积总数称有效积温（王建勋，2006）。

三、地表温度的观测

地表温度是土壤表面的温度，又称 0cm 地温。此温度表的放置一是要放平；二是测温部分一半埋在土中一半暴露在空气中；三是感应部分朝东。夏天，离地表几厘米高处的温度可比地表面温度低 10℃左右。因此，能否规范地设置地面温度表对数据的准确性关系极大。另外，仪器使用要规范，把插入式地温表当作地面温度表使用是不可取的，因插入式地温表测温球部外面都是用铁皮或铜皮包住的，在阳光照射下，铁或铜比热小，故测得的地表温度比地面最高温度还要高出 4℃左右，测地面温度必须选用玻璃套管式地面温度计。

四、降水的观测

气象部门把从云里降下来的雨水（液体）和雪、冰雹（固体）统称为降水。降水量的单位是毫米。它是按从天空降下的雨或雪、雹等融化后未经蒸发、渗透、流失而积聚在地面上的深浅来计算的。如果是雪等固体降水，需把它们融化成水后再测量降水量（可事先加定量温水融化，再从总水量中扣除）。

最常见的测量仪器是雨量筒，雨量筒是一个直径 20 cm 的金属圆筒，分为上下两节，下节高 35 cm，总高 58 cm，里面装有一个储水瓶。把储水瓶中的水倒进特制的量杯，可得当日降水量（即水深）。此外自记雨量器可以测量各个时段中降水强度，因而得到了广泛应用。除用雨量筒进行观测外，还可采用天气雷达、卫星云图等间接方法来估算降水。

由于林冠的疏密、间隙分布不均匀，林内穿透雨在不同地点差异很大。因此，为求得可靠的平均值，林内穿透雨测定必须有足够的重复。可以用铁丝和塑料袋自制直径为 20cm 的简易雨量采集器（图 2-1），在各样地每个样方的四个角上布设这种雨量采集器进行观测（程根伟等，2004）。每次降水结束后，立即观测一场降水的林内降水量（P_t），取每个样方四角上的林内降水量的平均值，作为此样方内的林内降水量，雨量筒应直接布设在林地地面上（Bonell，1998）。

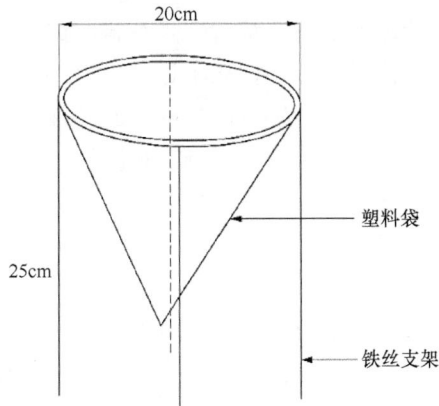

图 2-1　简易雨量采集器示意图

第二节　现代地形测量

土壤侵蚀和沉积在地形上表现出细微变化，传统土壤侵蚀调查借助地形图在野外目视判读勾绘侵蚀图斑，只能实现定性或半定量的评价。现代地形测量技术能够甄别出微地形，解决了传统方法费时费力、精度低的缺点（Elliot，1999）。数字高程模型（DEM）的出现推动了现代地形演化研究，利用 DEM 进行土壤侵蚀监测主要分两类：①直接利用数字高程模型计算土壤侵蚀量或沉积量；②利用 DEM 提取地貌特征值（坡度、坡长、坡向等），结合相关模型和水沙统计资料分析土壤侵蚀或沉积（Thomas et al.，1990）。

一、光电测量技术

（一）三维激光扫描

三维激光扫描仪可在不接触被测目标，不对流域坡面产生人为干扰的情况下获取目标若干点数据，进行高精度的三维逆向模拟，重建目标的全景三维数据或模型。基本原理是由激光脉冲二极管周期性发射出激光脉冲经旋转棱镜射向目标，电子扫描探测器接收并记录反射回来的激光脉冲，光学编码器记录整个过程的时间差和激光脉冲角度，微电脑根据距离和角度计算采集点三维信息。目标范围内连续扫描便形成"点云"数据，经后处理软件对"点云"处理，转换成绝对坐标系中的模型并以多种格式输出。土壤侵蚀监测指对两个时相的目标扫描数据进行配准和叠加处理，分析计算土壤侵蚀和沉积量。

（二）光电侵蚀针系统

光电侵蚀针是在一个透明的聚丙烯管中依次排列的一组光电池感应可见光。入射子激光发出的光生载流子在外加偏压下进入外电路后，将光信号转变为电信号，形成可测光电流，根据探针传感器产生的电压与探针暴露长度正比例关系推算侵蚀深度。光电侵蚀针可自动监测土壤侵蚀和沉积过程，连续记录地貌变化。

二、遥感监测技术

（一）差分 GPS

全球定位系统（GPS）的实时动态测量技术采用实时处理两个测站载波相位观测量的差分方法，实时三维定位，精度可达到厘米级。基本原理是：两台 GPS 接收机分别作为基准站和流动站并同时保持对 5 颗以上卫星的跟踪。基准站接收机将所有可见卫星观测值通过无线电实时发送给流动站接收机。流动站根据相对定位原理处理本机和来自基准站接收机的卫星观测数据，计算用户站的三维坐标。利用 GPS 获取目标多时相 DEM 并将其配准到同一坐标系，对比可获取目标的土壤侵蚀量或沉积量。高精度 GPS 在切沟侵蚀监测中全天候不受任何天气的影响，全球覆盖（高达 98%）。

（二）摄影测量

摄影测量技术发展到当代，经历了模拟摄影测量、解析摄影测量和数字摄影测量 3 个发展阶段。特别是数字摄影测量的出现，融合了摄影测量和数字影像的基本原理，应用计算机技术、数字影像处理、影像匹配、模式识别等技术，将摄取对象以数字方式表达。GPS 辅助动态精密定位，实现空中自动三角测量，提高了摄影测量的效率和精度，即利用安装在飞行器上和设在地面的多个基准站的 GPS 获取航摄仪曝光时刻摄站的三维坐标，将其视为附加摄影测量观测值引入摄影测量区域网平差中，以空中控制代替地面控制来进行区域网平差。所摄影像是客观物体或目标的真实反映，信息丰富、形象直观，适用于大范围地形测绘，成图快、效率高，产品形式多样。

（三）差分雷达干涉测量

合成孔径雷达（SAR）以飞机或者卫星为搭载平台，通过接收微波被地面反射的信息来判断地表的起伏和特征。SAR 同时还记录反射电磁波的相位信息。合成孔径雷达干涉测量技术（InSAR）是将 SAR 单视复数（SLC）影像中的相位信息提取出来，进行相位干涉处理得到目标点三维信息。由于 InSAR 是相干成像系统，对每一地面像点都同时记录了雷达波的振幅和相位信息。差分雷达干涉测量利用重复轨道观测获取干涉相位，通过差分处理去除两次观测的共有量，得到形变相位，反算地形变化量。差分雷达干涉测量具有一定的穿透能力，能克服不良天气的影响，对地形变化监测精度可以达到厘米级或者更高，具有连续空间覆盖特征。

（四）低空无人飞行器遥感系统

低空无人飞行器遥感是随计算机、GPS 和飞行控制技术发展而兴起的一种遥感测量系统，集飞行器控制技术、遥感传感技术、通信技术、GPS 差分定位技术于一体，以无人飞行器为飞行平台，高分辨率数字遥感设备为机载传感器，获取低空高分辨率遥感数据。性能稳定、质量轻的无人驾驶飞行平台是该系统的基本硬件设施；遥感传感器和控制系统用于获取遥感影像，是系统的重要组成部分；飞行控制系统用于飞行器控制和携带设备管理，是系统的中枢神经；无线电遥测遥控系统则用于向地面发送飞行数据和遥感设备的状态参数，遥控系统则是地面人员向飞行器及设备发出任务命令的传输系统。无人飞行器低空遥感系统具有机动、快速、经济等优势，解决了传统航空摄影技术对机场和天气条件的依赖性、成本高、周期长等问题，在土壤侵蚀监测中具有广泛的应用前景。

第三节　植被调查及表征指标监测

一、植被调查及生物量估算

植物是生态系统中土壤养分循环的重要环节，它从土壤中吸收养分又通过其残体将所吸收的养分部分归还土壤。植物生物量作为生态系统获取能量能力的主要指标，直接影响土壤养分的收入和支出状况。因此，样区内植物群落的调查采样及其生物量的估算，是研究土壤养分循环必不可少的部分。植物群落的调查采样方法是以样方作为整个研究样区的代表，而样方的面积、形状和数量应根据样区内植物群落的类型、结构及功能等特征来确定。以研究土壤养分循环为目的调查植物群落时，样方的选择必须与土壤采样单元相对应。植物群落的样方面积因样区而异，大小范围一般为：林地为 5m×5m～50m×50m，其中灌木林为 5m×5m～20m×20m、乔木林为 20m×20m～50m×50m，草地为 1m×1m～3m×3m；农田可依作物类型而定，一般为 2m×2m～5m×5m。当然，样方形状不一定是正方形的，有人发现长方形样方可以反映群落更多的变异情况。样区内各植物群落调查的样方数一般为 10～20 个，其调查内容包括植物的丰富度、密度、频率、高度、生物量等，植物生物量通常采用分级采样法直接测定。在林地样方内，可按乔木生长状况分级进行每木检尺，再按生长级选伐样木，并测定干、枝、叶、根等各组分的生物量，以此测定值与胸径 D 的平方（D^2）乘以树高 H 建立相对关系式后，对全林的生物量进行估计。在灌木样方内，则选择 $10 \sim 20$ 株标准样株，并以 50cm 为一层，对地上部分齐地面分层采样，分别测定其基径（D）和株高（H），按径阶标准木法计算得到各器官生物量。对于灌丛和林下草本，通常齐地面将样方内植株整体割下求其生物量。对于农田作物生物量的测定，可通过样方换算所有植株的生物量，或通过经济产量换算出整个样区的生物量。植物地下生物量可用挖土块法测定，即在样方内挖 $3 \sim 5$ 个土壤剖面，再在各个剖面上取一定体积土块，以土块中洗出的根系来推算出地下部生物量。采集植物样品应结合其生物量测定同时进行，各类植物样品一般不少于 0.5kg。对乔木和灌木而言，可在整株树的不同区段混合采样，即将树木各区段的干材、干皮、树叶、树枝，以及不同粗度的根系分别混合后，再分别采集不同区段的样品。对灌丛、林下草本及一般农作物样品的采集，一般在所调查的样方内按梅花形机械布置 5 个 $1m^2$ 的小样方，分类采集地上部分和地下部分的样品。死地被物可分为未分解、半分解和已分解 3 个组分进行采集。将采集好的样品置于布袋内，附上注明植物名称、组织器官、采集地点、采样时间、采集人等内容的标签（王礼先，1995）。

二、林冠层观测

（一）林冠层叶面积指数测定

在试验区不同演替阶段的森林内选择有代表性的地段，设置观测样带，以固定的分辨率进行样方调查。用植物冠层分析仪（如美国产 CI-110 型冠层分析仪）测定各样地内每个样方的 LAI。植物冠层光电分析仪是通过放在植物冠层下面的鱼眼探头，从摄影光学器件获取高精度黑白鱼眼图像（图 2-2）。

利用配套的操作软件数字化并处理所获图像，计算出光线穿透系数或天空可见部分在整个图像中的分数值，进而求得林冠层的 LAI。此法可无损快速测定各植被的叶面积，而且不受叶形的限制，适宜于野外群落调查。

（二）气孔蒸腾测定

利用便携式光合作用仪（如 CI-301 或 LI-6400 型 CO_2 测量仪）及稳态气孔计，对不同林龄林分内不同树种、不同部位的叶片净光合速率、蒸腾速率和气孔导度（气孔阻抗的倒数）进行动态观测。便携式光合作用仪附带有适用于不同叶片的叶室，叶室内的稳恒空气条件使叶片无需离体的情况下即可进行测定。利用便携式光合作用仪可以实现对同一部位或同一叶片进行动态变化的连续测定，并同时记

图 2-2 林冠层黑白鱼眼图像

录有关环境参数（气温 、叶温、辐射与光合速率等），以便分析蒸腾作用与环境因素的关系。因为叶片的气孔阻抗值具有时空异质性，所以还需分别测定叶片正反两面的气孔阻抗值来求算（Beven and Germann，1981）。

三、地被层观测

（一）森林粗木质残体（CWD）分布与水文效应测定

在流域内选择几种林分，随机抽取 5～10 块样方（10m×10m）进行 CWD 蓄积量及分布调查。将 CWD 分为站杆和倒木两类。林地上的大侧枝、顶梢、倒木类型，风折木留下的残桩和站杆类型。对 CWD 进行每木调查，调查内容包括腐朽级、直径（大头、小头和中间）、长度等。起测标准为小头直径 2.5cm 或长度 1.5m。按五级分级制（表 2-1）对调查区的倒木和站杆分别进行分级，分类型、分级别各抽取 500g 左右的样品（3 次重复）用尼龙袋盛装后，采用浸水和林中自然条件晾干法对样品进行吸水、脱水试验，分析其水文效应（高甲荣等，2003）。根据西南峨眉冷杉（*Abies fabri*）林 CWD 的实际情况拟订标准如下（表 2-1）。

表 2-1 峨眉冷杉林 CWD 腐朽级分级方法

腐朽级	倒木	站杆
I	新产生的、尚未腐朽的倒木，树皮和侧枝完整，小枝尚在	新产生的尚未腐朽的枯立木，树皮和侧枝完整
II	开始腐朽，树皮大部分未脱落，侧枝较完整，小枝已无	开始腐朽，树皮开始脱落，侧枝尚在
III	大部分树皮和所有侧枝开始脱落，边材已腐	大部分树皮和全部侧枝脱落，顶梢出现腐烂、断落
IV	树皮已无或极少，芯材已腐	树皮已无或极少，顶梢出现破碎化掉落
V	树体处于高度腐朽状态，碎块或粉末状	立木处于高度腐朽状态，仅剩不足 2m 的残桩，且仅能维持站立状态，边芯材腐烂并呈碎块状剥落

（二）林中凋落物动态测定

林地凋落物采用直接收集测定法。收集器（litter trap）的大小为 1m×1m×0.1m，木板做框架，安装上网眼直径小于 2mm 的尼龙纱网，分别在典型林地内放置 4 个，每月回收一次凋落物。然后分树种区分出枯叶、枝干、落花和落果等不同成分，并将区分后的样品在 80℃条件下烘干至恒重后称量，然后换算成单位面积的平均蓄积量。根据逐次测定的数据可了解到凋落物量的时间动态变化及一定时间段内的总凋落量（杨立文和石清峰，1997）。

（三）苔藓枯落物层蓄积量的测定

每种森林类型中设置 3～6 个 10m×10m 的标准样地。在每块标准样地内的四个角和中部取 5 个 0.2m×0.2m 的标准样方整体采集取样后，分苔藓层、枯落物未分解层、半分解层、腐殖质层进行蓄积量的调查。

（四）苔藓枯落物层的水分特性测定

采集不同林分每个标准样方内的所有苔藓与枯落物，分苔藓层、枯落物未分解层、半分解层、腐殖质层收取称重后浸水 24 小时后再称重，然后在 80℃条件下烘干至恒重后称重，得苔藓和枯落物的自然含水量和最大持水量（向师庆和王保平，1991）。

取每个标准样方内的原状苔藓、枯落物及下面的土层，置于孔径 1mm、直径为 20cm 的土壤筛中，然后将土壤筛安放于虹吸式自计雨量筒上面，置于气象场，旁边设置一个空白雨量筒。观测苔藓与枯落物层对次降水的水分截留过程、实际截留量和截留率。

第四节　土壤层观测

一、土壤样品采集

（一）土样采集方案

采样方案包括选择样区、确定采样密度和采样单元等内容。通过查阅研究区域的相关资料，划出样区的大致范围，而后获得含有样区的大比例尺地形图及航片。利用这些地形图及航片，确定能代表完整地貌单元和生态群落结构的样区边界。若样区分散在多张地形图或航片上，须将这些地形图或航片拼接或剪切成一张含有完整采样样区的图片，以便实地采样。航片上水田的边界明显，可直接编号，旱地、果园和林地等的边界一般难以辨认，可事先在航片上画出网格后再编号（Davis，1999）。

（二）土样采集步骤

选定采样单元后，在实地找到航片上所选的田（地）块，采集土壤样品。由于航片拍摄与实地采样存在时间差距，航片所显示的土地利用方式不一定与实地情况完全吻合，可根据实地情况作适当调整。在各采样单元内，按一定线路随机多点采集土壤混合样品，每个采样单元的样点数视土壤差异和面积大小而定（一般不少于 15 点），每一点采集的土样厚度、深浅、宽窄应保持一致，每个土样 1kg 左右。以土壤养分循环为研究目的而采集的样品，一般采集耕层土壤（0～20cm）即可，若要了解土壤养分的垂直分布状况，可适当在采样单元内采集土壤剖面样品。在采样过程中，对各采样单元用精度合适的 GPS 定位，这既方便后期研究的重复采样，也有利于用 GIS 技术实现土壤养分信息在空间上的拓展。

（三）土壤根系调查

利用单株挖根法解析根系结构分布。以树干基部为中心，开挖 2m×2m 大小的土坑，每 20 cm 深度为一层，挖坑深度取决于根的分布深度。利用网格法计算各土层粗度小于 1 cm 的根系长度。然后分别计算各土层的根长密度（RLD，单位土壤容积中的总根长）。因为考虑到植物吸收水分主要是依靠细根，所以我们对根长统计中只包括了根径 1 cm 以下的根系。根系调查应选择具有代表性的树种，并有大、中、小不同胸径的树木，可利用刚伐过的树桩进行发掘，取得全部中细根进行测量和统计。同时，还要对不同直径根的含水量进行测量。

二、土壤理化性质测定

（一）土壤物理性质测定

土壤物理性质的测定项目有：土壤容重、土壤自然含水量、毛管孔隙度、非毛管孔隙度、总空隙度、土壤通气度、最大持水量、最小持水量和毛管持水量。各指标可采用国家标准——《森林土壤水分物理性质测定方法》（LY/T1215—1999）测定。

1. 土壤水分测定

时域反射仪（TDR）是目前测量土壤含水量的一种较好的仪器。它具有基本不破坏土壤结构、测量迅速准确的优点，特别适合在临时或半固定点观测土壤水分时使用。

时域反射仪是利用特高频电磁波在土壤中的传导特性来测量含水量的仪器。电磁波在介质中的传播速度 V（Bloeschl et al.，1995）可以用下式表示：

$$V = C / \sqrt{\varepsilon \cdot \mu} \qquad (2\text{-}1)$$

式中，C 为电磁波在真空中的传播速度；ε 为介质的介电常数；μ 为介质的磁性常数，对于土壤其数值为 1。

时域反射仪由测量仪器和探针探头两大部分组成，其中探针是安置在手柄上的两根不锈钢针，前端为尖针状，便于插入土壤中。使用时利用手柄，将探针全部插入土壤表层，再启动仪器测量。TDR 的测量探针就是将土壤作为介质的一种传输线，仪器在传输线的一端发射电磁波脉冲，脉冲到达传输线的另外一端后就被反射回来，仪器记录电磁波从发射到反射回来的时间间隔，就可得到电磁波在土壤中的传播速度，根据标定曲线，就可以推算出土壤的含水量。这种仪器的测量范围可达 0～100%，精度在 1%左右。

2. 土壤颗粒组成、团聚体、容重及孔隙度的测定

1) 土壤颗粒组成测定

比重计法测定土壤颗粒组成。

2) 土壤团聚体测定

风干性土壤团聚体测定：干筛法；水稳定性团聚体测定：湿筛法。

3) 土壤容重测定

环刀法测定土壤容重。

4) 土壤孔隙度测定

气压平衡法测定总孔隙度（陈世超等，2013）。

5) 土壤毛管孔隙度的测定

环刀法测定土壤毛管孔隙度：将饱和后的环刀样置于铝盒上，中间用滤纸隔开，放置 12 小时烘干至恒质量，并称重（刘艳丽等，2015），用总孔隙度减去毛管孔隙度可得非毛管孔隙度。

（二）土壤化学性质测定

土壤生化性质的测定项目有：土壤碳素、土壤常规养分等。各指标均采用 LY/T1215—1999 测定。

1. 土样制备

野外土样的采集：在各径流小区按对角线法分 0～20 cm 和 20～40 cm 两个层次采混合土样 2 kg，带回实验室，1 kg 风干制样，过 2 mm 和 0.25 mm 筛，以供土壤养分和 pH 的测定；1 kg 新鲜土样过 2 mm 筛，存于 4℃冰箱中备用，用于测定土壤水溶性 C、N 和微生物量 C、N。

2. 土壤碳素测定

采用重铬酸钾氧化-外加热法测定土壤有机质（soil organic matter，SOM）。

3. 土壤常规养分测定

采用半微量凯氏法测定全氮，碱解-扩散法测定水解性氮，酚二磺酸比色法测定硝态氮，氧化镁浸提-扩散法测定铵态氮，氢氧化钠碱熔-钼锑抗比色法测定全磷，双酸浸提法测定有效磷，氢氧化钠碱熔-火焰光度法测定全钾，乙酸铵浸提-火焰光度法测定有效钾，1mol/L 氯化钾浸提——pH 计法测定 pH。

（三）土壤酶和微生物测定

采用稀释平板法测定土壤中细菌、真菌及放线菌的分离和数量，采用比色法测定土壤脲酶及蔗糖酶的酶活性，采用磷酸苯二钠比色法测定磷酸酶的酶活性，采用滴定法测定过氧化氢酶的酶活性（姬慧娟等，2014）。

三、土壤水力指标测定

（一）土壤入渗测定

采用定水头原状土垂直维测定法（图 2-3）。用环刀（ϕ=15cm，$H=25$cm）实地取原状土柱，以固定水头向土柱供水观测入渗过程，待出水稳定后，由达西定律（Clark，1998）可知：

$$K_s = \frac{Q}{A_t} \cdot \frac{L}{\Delta H} \tag{2-2}$$

式中，K_s 为土壤饱和导水率；Q 为出流量；A_t 为原状土断面积；ΔH 为水头高差；L 为土样高度。

（二）土壤非饱和导水率测定

利用带土壤负压计的自制蒸渗仪系统（图 2-4），根据瞬时剖面土壤水分再分布实验（CGA）测定土壤非饱和导水率。实验测定前对土体充分灌水，尽量使其达到饱和土壤表层覆盖塑料膜，防止土壤水分蒸发。然后利用负压计定时观测同一土层的土壤含水量（θ_V）和土壤水势（φ）。利用负压计读数计算土壤基质势（ϕ）公式为

$$\phi = 12.6 \cdot (h + \Delta h) - H_0 \tag{2-3}$$

$$\phi(kPa) = [12.6(h + \Delta h) = H_0] \div 10.2 \tag{2-4}$$

（三）土壤水势测定

在原始林地坡面或林下蒸渗仪内都可以采用布设铝合金中子水分测量管（外径 5mm，壁厚 1.5mm）和负压计的方法来跟踪土壤水分和土壤水势的分布与动态

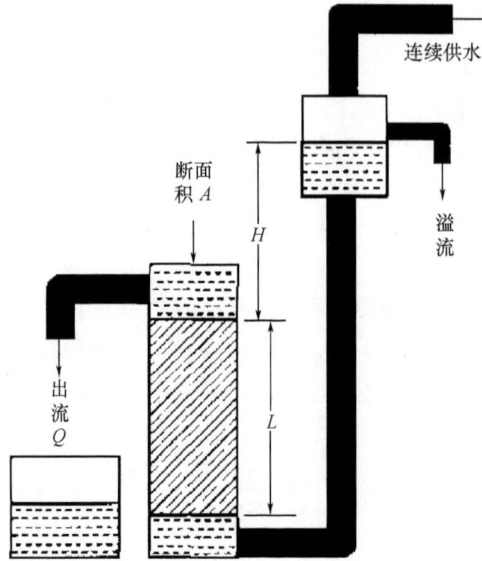

图 2-3 饱和导水率测定装置示意图

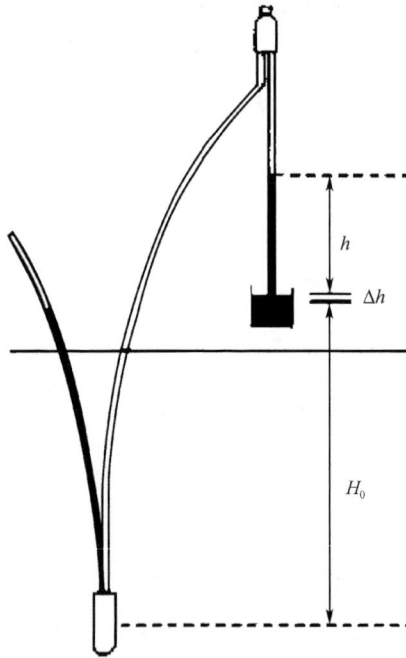

图 2-4 DLSII 型负压计示意图

h 水银柱上升的高度（cm）；Δh 水银柱上升后水银槽中水银面下降高度（cm）；
H_0 陶土管中心与水银槽水银面间的距离

变化。中子水分仪有一个可收放的 ^{60}Co 中子辐射源探头，在观测时放入观测铝管中的指定位置，利用水分中的氢原子对中子的特异性散射的原理，启动仪器就可以得到该位置代表土壤含水量的读数 R_s，这个读数通过与标准含水土壤比测后，就得到实际土壤含水量 θ_v。采用野外标定法得到中子水分仪在亚高山森林区土壤中的校正曲线方程（Burt and Swank，1992）为

$$\theta_v = 1.03R_s - 0.024 \tag{2-5}$$

第五节　径流输沙过程观测

一、径流过程观测

（一）测流堰观测

闭合流域中的所有径流成分都将从河流沟溪汇出，因此对径流的观测可以得到流域水分的输出总量和组成特征。径流测验需要建立河道测流断面并进行水位和流速观测。在较大的河流上，水文观测河段应选择比较顺直的天然河道来作水位和流速测量，建立稳定的水位流量关系函数，取得连续的河川径流过程；对小型河流沟溪的观测则需要建设标准的测流堰槽和地下水位井，观测流域径流过程、地下水位动态变化过程。还可以用森林地区的土壤蒸渗仪和径流观测场测定土壤蒸发和水分渗漏，模拟降水-产流过程（Bloeschl et al.，1995）。

天然河流沟溪径流测量是进行森林水文效应研究的基本条件，也是验证有关研究结果的主要标准，设计合理科学规范的水文测验体系是保证测量质量的首要条件。从森林水文研究的目的出发，试验流域的封闭性、大中小流域的配套性、水文气象数据的配套和同步性、小流域观测与径流场的对比性、地面径流与地下径流的配套性等原则和要求是非常重要的（Beven and Germann，1981）。观测试验的水量平衡，径流成分划分，流域尺度效应，地下岩层、地表土壤、地面有机覆盖层的水文作用，蒸散发及洪水枯水变化等径流形成机制都需设计合理的流域水文观测系统来验证。

（二）平坦 V 形堰

在山区森林环境下，中等流域河流的径流观测最好采用平坦 V 形堰（图 2-5），它的槽型通过口径大，过水能力强，而槽口呈三角形，适合枯水小流量测量，因此这种堰型具有测量方便，适合洪水和枯水这种水位大变幅的特点。该测流堰还有一个好处，就是其堰底比较平坦，有利于泥沙排除，也便于林区枯枝落叶的通过，因此在山区水文观测试验中得到广泛的采用（杨远东，1983）。

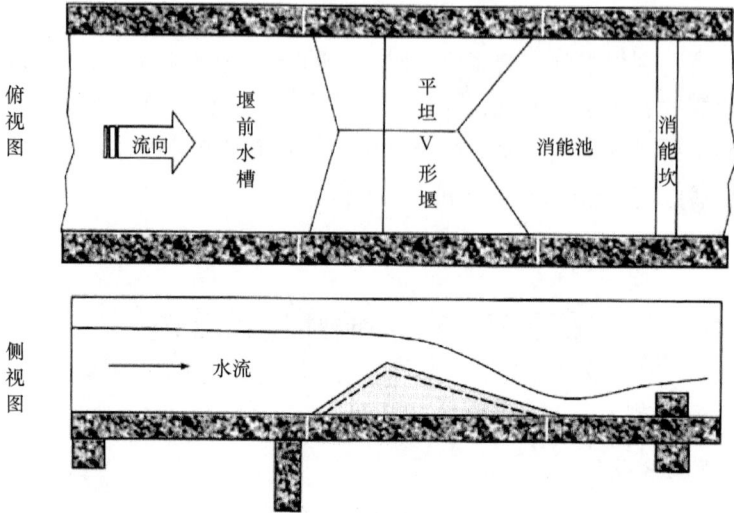

图 2-5 中小流域平坦 V 形堰

平坦 V 形堰的堰流公式（Thomas，1990）为

$$Q = 0.8 \cdot C_D \cdot C_v \cdot C_s \cdot g \cdot 0.5 \cdot fmh \cdot \frac{5}{2} \tag{2-6}$$

式中，g 为重力加速度；f 为淹没系数；m 为堰口横向坡度；h 为堰上水头；C_v 为行近流速系数，它是由断面形状参数决定的系数；C_D 为流量系数，由有效流量系数 C_d 计算得：

$$C_D = C_s(1 - K_h / h)^{5/2} \tag{2-7}$$

式中，K_h 为水头修正系数，可由表查得；C_s 为形状系数，当 $h < P_v$ 时，$C_s = 1$。否则：

$$C_D = 1 - (1 - P_v / h)^{5/2} \tag{2-8}$$

式中，P_v 为 V 形堰口高度。

（三）三角形薄壁堰

对于特小流域，由于径流量很小，测流水槽难以观测，一般都采用三角形薄壁堰作为量水装置，它的结构简单，对于中小水量都能够比较好地测量（图 2-6），其流量 Q 是通过堰前水头 h 来推算，其公式为

$$Q = \frac{8}{15} C_D \cdot \tan\frac{\theta}{2} \cdot \sqrt{2g} \cdot h^{5/2} \tag{2-9}$$

式中，Q 为过堰流量（m³/s）；C_D 为流量系数；h 为有效水头（m）；θ 为三角堰口

的开口角度，适用于堰口角度为 20°～100°。

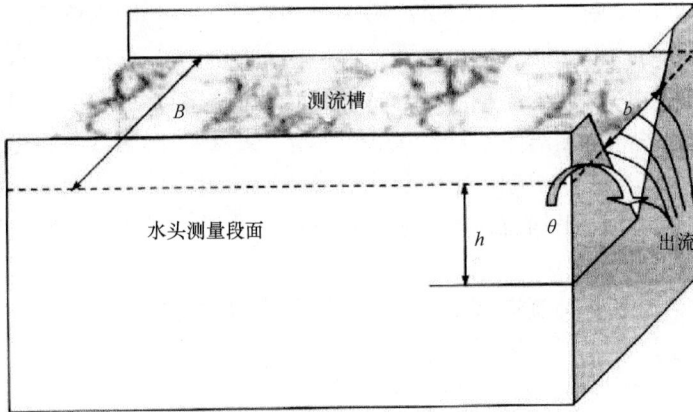

图 2-6 特小流域沟道 V 形薄壁测流堰
B 为堰槽宽；h 为溢流宽

当堰口角在 90°时，可以采用以下经验公式计算流量（Bonell，1993）：

$$Q = 1.343h^{2.47} \tag{2-10}$$

对于其他类型的堰口开度，流量系数 C_D 的数值为 0.6417～0.5855，平均可取 0.60，但最好按表 2-2 中的数字内插。

表 2-2 3 种特殊堰口角的流量系数（C_D）

h/m	tan(θ/2) = 1	tan(θ/2) = 0.5	tan(θ/2) = 0.25
0.06	0.603 2	0.611 4	0.641 7
0.07	0.599 4	0.608 4	0.635 2
0.08	0.596 4	0.606 0	0.629 8
0.09	0.593 7	0.604 0	0.627 6
0.10	0.591 7	0.602 1	0.621 9
0.12	0.588 5	0.598 9	0.616 2
0.14	0.586 8	0.596 4	0.611 9
0.17	0.585 3	0.593 8	0.607 0
0.20	0.584 9	0.591 8	0.603 7
0.25	0.584 6	0.589 8	0.600 2
0.33	0.585 0	0.588 0	0.596 8
0.38	0.585 5	0.587 2	0.594 8

（四）无堰测流方法

对于没有人工测流建筑的天然河道，由于河道断面不规则，水位和流量的关系比较复杂，难以用一个理论公式进行推算，这时必须通过对断面的水位和流速的测量，建立观测断面的水位流量经验关系，再通过连续的水位观测来推算过水流量。关键是需观测不同水位条件下（高、中、低水位，洪水和枯水时期）的断面流速，才能比较好地控制不同水情状态下的断面流态。对于小型河槽，可采用流速仪多垂线多点观测的办法，得到各种水位下的断面流速分布和总流量。对于较大河流，尤其是在洪水期，水流速度很高，可采用浮标法观测水面流速，然后通过水面流速与垂线平均流速的关系，推算断面流量，具体方法应该按照水文测验规范进行。

　　无论是采用哪一种测流堰型，都需要取得水位的连续观测记录。对于无人值守的森林水文站来说，比较好的是采用长期自记水位计，一般要求记录时间达到1个月以上，水位的分辨率达到 1mm。

　　（五）水样养分含量测定

　　将径流样品过滤后取其滤液，用钼酸铵分光光度法测定其中的总磷含量（GB13580.11—92）；火焰吸收分光光度法测定钾含量（GB13580.11—92）；纳氏试剂光度法测定 NH_4^+-N 含量（GB13580.11—92）；紫外分光光度法测定 NO_3^--N 含量（GB13580.8—92）；利用岛津公司生产的 TOC-VP 总有机碳分析仪（TOC-VcPH$^+$TNM^{-1}, Shimazu Inc., Japan）测定径流中水溶性总 N、水溶性总 C 和水溶性无机 C 含量，并计算每月、全年水溶性总 C 和水溶性有机 C 流失量（水溶性有机 C=水溶性总 C−水溶性无机 C）。

二、土壤侵蚀观测

　　研究土壤侵蚀以来，土壤侵蚀监测技术不断发展。1882 年德国土壤学家建立了微型径流观测小区，开拓了土壤侵蚀定量监测的历史。径流观测小区的出现和迅速发展，积累了大量的观测数据，为土壤侵蚀预报模型的提出奠定了基础。常规土壤侵蚀监测方法主要包括调查法、径流小区法、侵蚀针法、水文法等。常规方法野外工作量大、效率低、周期长，不能适应现代土壤侵蚀监测高时效性、自动化、系统化的发展趋势。随着现代认识和技术水平的发展，土壤侵蚀监测技术出现多学科的交叉结合，监测精度也由定性和半定量提升到定量和精确定量。先进的多元数据遥感监测、航拍技术、多孔径雷达技术、光电探测技术等开始融入土壤侵蚀监测领域。现代地形测量、核素示踪、沉积泥沙反演和现代原位监测等现代土壤侵蚀监测方法和技术，提升了土壤侵蚀监测为科学研究和实践服务的能力。基于地形演变的现代地形测量可提供各时空尺度高精度的监测数据；核素示踪成本较低、操作简单，能提供多年土壤侵蚀平均值；泥沙沉积反演可根据侵蚀泥沙的沉积特性反推流域土壤侵蚀；现代原位监测基于传感器和无线数据传输等现代技术的土壤侵蚀监测，是满足土壤侵蚀监测快速化、自动化和系统化发展的重要方向（Bonell，1998）。

三、同位素示踪技术

（一）氢氧同位素示踪技术

不同的蒸发凝结作用导致各水体间存在着天然的氢氧同位素差异，这种差异可被用来进行水源的示踪，进而可对水文过程的各个要素进行识别，定量阐述"四水"转化关系（Brooks et al.，2010；McDonnell，2014）。降水入渗补给是水循环的关键环节，受到多因素的影响。由于入渗补给过程很难直接观测，传统方法多采用经验公式或黑箱模型进行描述，不能探明具体水分运动路径及其与降水和土壤初始水分之间的关系（Gazis and Feng，2004）。而氢氧稳定同位素在这些方面具有独特的优势（Kendall and McDonnel，1998）。同位素水样采集、同位素样品真空抽提和上机测量、水分来源分析模型如下。

1. 同位素水样采集

为防止蒸发引起的同位素分馏效应，迅速将采集的样品放置塑料离心管或玻璃容器中，用 Parafilm 膜密封，带回实验室冷冻处理，直至同位素测定。

1）雨水的采集

林外降水：在林外气象站空旷地随机布设降水采集装置，每次降水在雨量筒上方安装圆形漏斗，在漏斗上放置乒乓球防止雨水蒸发。降水开始后间隔一定时间采集雨样，直至降水结束。穿透雨和树干茎流：在穿透雨和树干茎流自动监测设备下部采集水分，采样时间间隔同林外降水。

2）枯落物水样采集

降水前后在各林分样地内分上中下坡位收集的地表枯落物，称重后密封冷冻处理。

3）土壤水的采集

陶土管法：分别在土壤水监测探管附近埋设一组负压式土壤溶液采样器，根据研究目的设置不同埋深，以供土壤水的采集。

土钻法：利用土钻采集一定深度的土壤，装入特制的玻璃容器并用封口膜密封。

4）径流水样采集

地表径流和亚表层径流的水样采集可依据研究目标设置采样时间间隔和采样重复量。

2. 同位素样品真空抽提和上机测量

采用真空抽提装置抽取植物和土壤中的水分，再由液态水同位素分析仪测定氢氧同位素含量。测量步骤包括：样品预处理、开机前准备、开机测试和数据输出。

3. 水分来源分析模型

分别采用直观法和二水源分割模型进行水分来源分析。直观法通过对比土壤水、径流水与各水分来源的氢氧同位素含量，来区分判定各深度土壤水和径流水的水分来源；通过对比各水源的 δ^2H 和 $\delta^{18}O$ 点阵图，结合线性回归和 GMWL/LMWL，求得各水源 δ^2H 和 $\delta^{18}O$ 的平均值。二水源分割模型可用来计算事件降水（新水）和前期水分（旧水）对径流和雨后土壤水分的贡献比例，计算公式如下：

$$Q_t = Q_{new} + Q_{old} \qquad \delta_t Q_t = \delta_{new} Q_{new} + \delta_{old} Q_{old} \qquad (2\text{-}11)$$

式中，Q 为流量；δ 为同位素千分差值；下标 t、new、old 分别为径流或雨后土壤水、"新水""旧水"。

（二）^{137}Cs 示踪技术

在不改变原地貌条件下，利用人为施加的示踪元素，以及土壤中含有的某种元素或核素含量的分布规律来研究侵蚀产沙状况，其分析精度和量化程度较高，且能够反映出侵蚀和沉积过程的时空变化（巨莉，2013）。

20 世纪 60 年代起放射性核素开始应用在土壤侵蚀的相关研究中（Menzel，1960）。核素示踪法的基本原理是：放射性核素随降水或尘埃沉降到地表后立即被土壤颗粒强烈吸附，基本不被植物摄取且难以被水淋溶，其再分布主要伴随土壤颗粒和泥沙运移而发生，因此，通过在放射性核素含量和土壤侵蚀/堆积量之间建立相应的计算模型就可算出侵蚀/堆积地块的土壤侵蚀/堆积量，这样通过测定核素在地表水平断面和垂直剖面的赋存量和空间分布形态，就可以计算出不同地貌部位的土壤侵蚀/堆积速率。主要的放射性示踪核素包括 ^{137}Cs、$^{210}Pb_{ex}$、^{226}Ra、^{232}Th、^{32}Si、^{90}Sr 等，其中应用最广泛的是 ^{137}Cs（Walling et al.，2003；Zhang et al.，1999；汪阳春等，1991；杨浩等，2000；文安邦等，2005）。与传统方法比，^{137}Cs 示踪技术不受场地限制，简便迅速，可提供多年土壤侵蚀的平均值，能较好地反映某个区域的土壤侵蚀强度，是一种快速、经济、可靠的测定土壤侵蚀速率和查明流域泥沙来源的技术。

^{137}Cs 在自然界中原本不存在，它是核爆炸产生的人工放射性同位素，半衰期约为 30 年。当 ^{137}Cs 被释放进入平流层后，在全球范围均匀分布，而后进入对流层，随大气降水和降尘到达地表。^{137}Cs 随降水到达地表后即被表层土壤颗粒吸附，基本不被植物摄取和淋溶流失，只随土壤颗粒发生机械迁移，正是由于 ^{137}Cs 的这

一特性，土壤中 ^{137}Cs 的流失量与土壤的流失量密切相关，因此，^{137}Cs 可以用来追踪土壤的迁移状况。

　　自从 Rogowski 和 Tamura（1965）率先应用 ^{137}Cs 法研究土壤侵蚀，测定了径流量、土壤侵蚀量和 ^{137}Cs 流失量，发现了土壤侵蚀与 ^{137}Cs 流失量之间的指数关系后，^{137}Cs 已广泛应用于土壤侵蚀研究领域。20 世纪 80 年代中后期张信宝等首次将 ^{137}Cs 法引入国内，开始了中国土壤侵蚀的核素示踪法研究（张信宝等，1991；Zhang et al.，1989；Zhang et al.，1991）。经过近 40 年的发展，^{137}Cs 法研究区域遍布全国，研究内容呈现多样化，包括 ^{137}Cs 本底值、土壤侵蚀速率、流域侵蚀源地的相对来沙量和土壤侵蚀速率模型研究等方面，形成了我国的研究特色，特别是在侵蚀速率模型研究方面，在国际上产生了较大的影响（齐永青，2006）。目前 ^{137}Cs 示踪法在土壤侵蚀研究中已经发展得比较成熟，主要用于研究土壤蚀速率、泥沙沉积速率、定量分析土壤净流失量、土壤侵蚀评价，并建立了 ^{137}Cs 计算侵蚀量的大量模型。

　　利用 ^{137}Cs 示踪技术研究土壤侵蚀的主要技术流程如下（齐永青，2006）：

　　（1）在研究区域内采集具有代表性的侵蚀或堆积区域的土壤样品，选择研究地块内或邻近地区未受扰动、植被覆盖良好的地块，作为本底值样品，测得 ^{137}Cs 含量做为本区域本底值；

　　（2）样品经预处理后，用 γ 能谱仪，测试样品 ^{137}Cs 比活度；

　　（3）测定 ^{137}Cs 样品含量，计算土壤中残留 ^{137}Cs 含量和面积活度；

　　（4）比较研究区域各采样点和本底值地点 ^{137}Cs 面积活度，确定各采样点 ^{137}Cs 的累积量或流失量；

　　（5）建立基于点的 ^{137}Cs 流失/获得与土壤侵蚀/堆积速率的关系式，或者选择其他研究者建立的计算模型；

　　（6）计算研究地块各采样点土壤侵蚀/堆积速率；

　　（7）对各采样点侵蚀/堆积数据进行加权处理，获得地块侵蚀/堆积最终结果或侵蚀/堆积等值线图。

第三章 酸性紫色土区典型牧草的水土保持效应

第一节 试验区概况

试验区位于四川省雅安市四川农业大学张家坪教学实习基地，属中亚热带湿润气候，处于"华西雨屏区"的中心地带，是四川省多雨中心区之一。年均气温为 16.1℃，≥10℃年积温 5231℃，月平均最高温 29.9℃（7 月），月平均最低温 3.7℃（1 月），年均日照时数 1039.6 小时，日照长度为 1019.9 小时，全年太阳辐射总量为 3640.1 MJ/cm²。无霜期为 298 天，年均降水量 1772 mm。该区云雾多，日照时数少，雨量充沛，空气相对湿度大。土壤为中壤质和重壤质酸性、微酸性紫色土。一般土壤有机质和氮含量属中等水平，有效磷和有效钾属中低水平，铁、锰、铜、锌充足（伍钧等，2002）。

第二节 样地设置及试验方法

一、试验材料

选择该区退耕还林及农业产业结构调整中普遍种植的 4 种牧草，以裸地和玉米（*Zea mays*）地为对照，观测牧草及对照区的水土保持状况（谢财永，2010）。4 种牧草分别为扁穗牛鞭草（*Hemarthria compressa*）、鸭茅（*Dactylis glomerata*）、紫花苜蓿（*Medicago satiua*）、菊苣（*Cichorium intybus*）。

扁穗牛鞭草的须根粗壮，能形成紧密的草根网，可有效减少雨水侵蚀。扁穗牛鞭草茎匍匐，节上生根，并长出新的枝条，株丛密集，茎叶繁茂，抵御杂草能力强，覆盖地面大；郁闭后，杂草侵入少且对扁穗牛鞭草影响不大；可避免暴雨直接击打地面，减缓径流。鸭茅为多年生草本植物，须根发达，植株丛生，耐阴性较强；鸭茅对土壤要求不严，但湿润肥沃的黏壤土、砂壤土最适宜种植，适宜土壤为微酸性。紫花苜蓿的根系发达，直根系，主根粗长，侧根着生根瘤，株高约 1m，茎上多分枝，叶小。菊苣具有发达的根系，菊苣的叶在营养生长期丛生于短缩茎上，叶丛伸展有直立和平展之分（陈明，2001）。

二、径流小区设置

本试验建立了 6 个 10 m×5 m 坡面人工径流小区，各径流小区所处位置的地形、土壤类型完全一致，径流小区均设在同一坡面，小区平均坡度为 5°。扁穗牛鞭草生长迅速，全年进行了 3 次刈割。鸭茅因在夏季生长缓慢，此时刈割不利于其恢复，易造成水土流失，因此夏季未进行刈割。紫花苜蓿由于试验区降水量大，土壤及空气湿度大，生长不良，在夏季也未进行刈割。但上述 3 个草种的覆盖度均达到 100%。玉米生长正常。其中扁穗牛鞭草产量明显高于其他草种。各小区具体情况见表 3-1。

表 3-1　各径流小区牧草生长状况

小区号	植物	平均高/cm	刈割情况（鲜重）/kg			全年草产量 / （kg/hm²）	覆盖度 /%
			2004.5.20	2004.8.2	2004.10.18		
1	扁穗牛鞭草	75	188.8	131.5	38.5	71760	100
2	鸭茅	30			215.0	43000	100
3	紫花苜蓿	30			195.1	39020	100
4	裸地						
5	菊苣	60		95.3	55.2	31010	85
6	玉米	175					70

注：表中空白处没有观测值。

三、试验方法

（一）测定各径流小区的植被生长状况

测定这几种牧草的平均高及覆盖度。按照当地种植收割牧草的习惯刈割并测定其生物量。

（二）降水因子测定

在径流场附近安装 JDZ-1 型数字雨量计测定。

（三）年径流量及泥沙含量测定

在各径流小区内设置集水池。每次降水后将集水池中的泥水搅拌均匀，然后取样带回实验室澄清、过滤后测干土重。根据各水位仪的记录情况及集水池内的泥水总量、泥水样品干土重，分别计算出各小区的径流量和泥沙含量。各小区全年各次径流量及泥沙量之和即为年径流量和泥沙量。

（四）次降水过程径流量泥沙含量及养分含量测定

在雨量集中的季节，当各小区均产生地表径流时，从径流产生起以相同间隔时间取水样并记录各个时段的径流量。对取回的水样进行过滤、干燥、称量，得出各个时段径流中的泥沙含量。按照第二章的相应方法测定水样和泥沙样中的养分含量。

第三节　坡地地表径流与产沙变化

一、全年地表径流及产沙量比较

2004 年试验区降水总量为 1717.8 mm，在 6～11 月主要降水产流期内，试验地共观测到 125 次降水，其降水总量为 1396.8 mm，占全年降水量的 81.3%。7 月、8 月的降水总量为 652 mm，占全年降水量的 38.0%。6～11 月全部降水日数中，13.6% 的日降水量大于 20 mm。日降水量在 20 mm 以上的降水量占 6～11 月总降水量的 81.4%。由此可见试验区降水量多集中在夏季，尤其是 7 月、8 月，且降水量较大。而雨水的过分集中使土壤含水量常处于较高水平，导致在降水过程中易产生大的地表径流，造成水土流失。2004 年各小区全年地表径流及产沙量的情况见表 3-2。

从表 3-2 可知，各牧草和对照区地表径流深顺序是：农耕地＞裸地＞菊苣＝鸭茅＞紫花苜蓿＞扁穗牛鞭草。扁穗牛鞭草小区径流深为裸地的 66.4%，为农耕地的 58.1%；紫花苜蓿小区径流深为裸地的 75.0%，为农耕地的 65.6%。这是因为扁穗牛鞭草和紫花苜蓿的覆盖度较大，减缓了雨水流动速度使下渗土壤的雨水更多。而且扁穗牛鞭草和紫花苜蓿的根系均发达，能改善土壤的孔隙结构，有利于地表径流的下渗。而农耕地（玉米）为顺坡耕作，地被物较少，传统的耕作措施容易破坏土壤结构，导致径流深反而比裸地要大。各小区侵蚀模数顺序是裸地＞农耕地＞紫花苜蓿＞菊苣＞鸭茅＞扁穗牛鞭草。显而易见，由于各牧草对地表的覆盖及根系对土壤的改良使土壤侵蚀都有不同程度的减少。其中，扁穗牛鞭草的侵蚀模数仅为裸地的 15.7%，为农耕地的 31.8%；鸭茅的侵蚀模数为裸地的 19.2%，为农耕地的 39.1%；菊苣的侵蚀模数为裸地的 23.1%，为农耕 47.0%；紫花苜蓿的产沙量为裸地的 24.6%，为农耕地的 50.0%。各牧草小区的侵蚀模数明显小于裸地和农耕地，可见，良好的牧草覆盖能较好地阻止雨滴对地面的击溅侵蚀，同时又能较好地改善土壤结构，有利于地表径流下渗。

表 3-2　各径流小区 2004 年全年径流深及侵蚀模数

	扁穗牛鞭草	鸭茅	紫花苜蓿	裸地	菊苣	农耕地
径流深/mm	237.6	345.6	268.1	357.7	345.6	408.8
侵蚀模数/［t/（km²·a）］	121.44	149.14	191.10	775.96	179.36	381.84

表 3-2 表明植被覆盖度是影响产流产沙的重要因素，覆盖度较好的小区的径流深及产沙量均处于较低水平，因此在降水集中的季节保持牧草较高的覆盖度是

减少水土流失的重要途径之一，生产中应充分考虑，在降水集中的季节尽量少刈割牧草，或减小每次刈割的面积，并且让刈割地块尽可能分散。

二、次降水下产流产沙比较

由图 3-1 可知，2004 年 7 月 24 日的次降水（122.7 mm）中，各牧草小区泥沙量顺序为裸地＞农耕地＞鸭茅＞紫花苜蓿＞菊苣＞扁穗牛鞭草。扁穗牛鞭草小区泥沙量为裸地的 16.6%，为农耕地的 50.1%；菊苣小区泥沙量为裸地的 17.0%，为农耕地的 51.0%；紫花苜蓿小区泥沙量为裸地的 17.0%，为农耕地的 51.6%；鸭茅小区泥沙量为裸地的 16.6%，为农耕地的 50.1%。各小区径流量变化规律同泥沙量，其中扁穗牛鞭草小区径流量为裸地的 57.5%，为农耕地的 77.7%；菊苣小区径流量为裸地的 55.2%，为农耕地的 74.5%。次降水产沙量与年产沙量规律类似，表现为裸地小区的产沙量明显高于其他小区，牧草小区的产沙量又明显低于农耕地。各牧草的水土保持能力突出，尤以扁穗牛鞭草和菊苣最好。

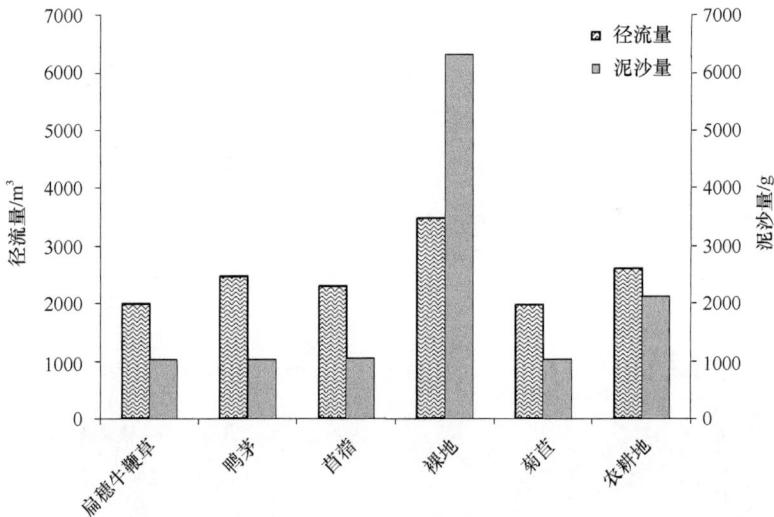

图 3-1 2004 年 7 月 24 日次降水的径流量与泥沙量

第四节 次降水下水土流失变化过程

此次降水于 2004 年 7 月 25 日 20: 00 开始，次日凌晨 2:00 左右停止，全程降水量为 40.2 mm。降水强度在 22: 05 和 23: 20（0.8 mm/min）时两次达到峰值。由于降水强度的第 1 个峰值出现较快，未测得径流变化过程，故以下主要对此次降水过程中 23: 00～23: 50 这一时段进行分析。该时段降水强度的变化情况如下：23：00～23：10 的降水强度接近于零，23：10 后降水强度逐渐增强，23：20 达到峰值，之后又逐渐减弱，23：50 降水强度约为 0.3 mm/min。

一、次降水中不同时段径流泥沙变化

此次降水过程中 23：00～23：50 这一时段各小区径流量及泥沙量变化（仅扁穗牛鞭草、菊苣、鸭茅及对照），各径流小区径流产生及结束的时间各不相同，径流量和泥沙含量也各不相同（图 3-2、图 3-3）。

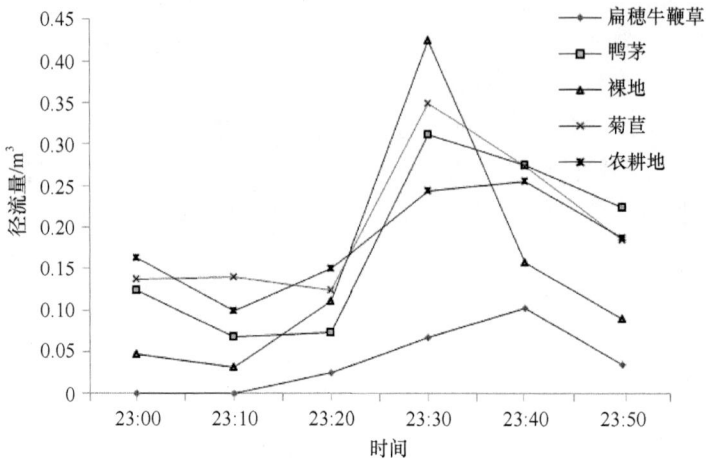

图 3-2　2004 年 7 月 25 日次降水过程中径流量变化

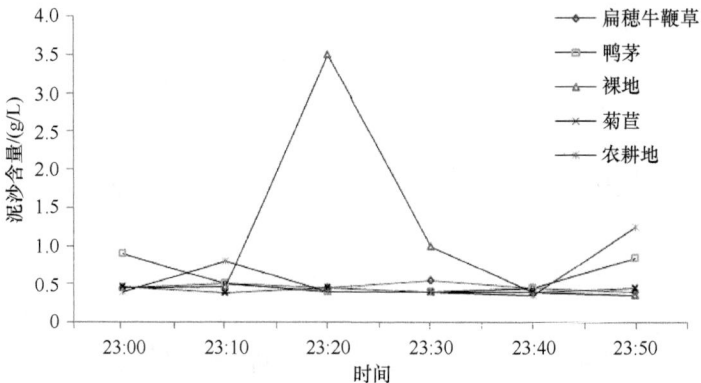

图 3-3　2004 年 7 月 25 日次降水过程中泥沙含量变化

由图 3-3 可以看出，降水强度是影响地表径流的决定因素之一，但因为土壤对降水的下渗作用，各小区径流量达峰值的时间比降水强度达峰值的时间约迟 10 分钟。扁穗牛鞭草在整个过程中的径流量都是最小的，径流量达峰值的时间较其他小区晚，约迟降水强度峰值 20 分钟（图 3-3）。各个小区径流量（间隔期 10 分钟）的变化趋势与降水强度的变化趋势相同。在降水过程中扁穗牛鞭草的径流量变化一直较平缓，表明扁穗牛鞭草在减缓地表径流方面比其他几个参试草种效果更加明显。其余各小区曲线起伏较大，菊苣、农耕地（玉米）的径流量受降水强度的影响也较大，裸地最为明显。

从图 3-3 可以看出，各小区径流中泥沙含量的变化因小区内有无植被而明显不同。在 23：20 时裸地地表径流中泥沙含量为 3.5 g/L，为扁穗牛鞭草的 9.8 倍，鸭茅的 7.9 倍，菊苣的 7.4 倍，农耕地的 5.1 倍。农耕地和各牧草小区的泥沙含量差异不大。结合图 3-2 和图 3-3 可以看出，有植被的小区径流量和产沙量低于无植被的小区，而产沙量则表现得更为明显。在有植被的小区中，扁穗牛鞭草的保水固土能力优于菊苣、鸭茅和农耕地（玉米）。

二、次降水不同时段径流中养分含量变化

表 3-3 为次降水过程（23：00～23：50）中各小区地表径流中 N，P，K 浓度变化情况。从表 3-3 可以看出，农耕地（玉米）小区地表径流中的 N 元素浓度显著高于其他小区。农耕地小区在玉米生长过程中曾多次施用含 N 化肥，而且含 N 化肥一般都易溶于水，因而在强降水过程中极易造成大量的 N 流失。比较各牧草与裸地小区地表径流中 N 的浓度可以看出，裸地的 N 元素流失明显比各牧草小区严重。与裸地相比 3 种牧草小区地表径流中 N 浓度都较小，且扁穗牛鞭草小区最小。

从各小区地表径流中 P 的浓度变化可看出：扁穗牛鞭草、农耕地、菊苣小区的径流中 P 浓度均较低，变化比较平缓。在所有小区中，裸地的地表径流中 P 含量在整个过程中一直是最低的。各径流小区中，裸地、菊苣小区地表径流中 K 浓度变化较大，鸭茅小区次之，玉米和扁穗牛鞭草小区最小；其中扁穗牛鞭草小区径流中 K 浓度在整个过程中一直为最低，且无明显起伏。

表 3-3 7 月 25 日次降水过程各径流小区地表径流 N、P、K 浓度变化

养分	径流小区	各时段养分浓度/（mg/L）					
		23：00	23：10	23：20	23：30	23：40	23：50
N	扁穗牛鞭草	0.1760	1.3190	0.3500	0.2310	0.1110	0.4050
	鸭茅	0.3830	1.1130	0.1330	0.1540	0.4700	1.0580
	菊苣	0.8190	1.1130	1.0580	0.7100	0.9490	1.0150
	玉米	7.1340	7.1780	6.5350	5.4900	5.2500	5.4350
	裸地	2.5390	2.1470	0.7100	0.6880	2.7570	3.1920

养分	径流小区	各时段养分浓度/（mg/L）					
		23：00	23：10	23：20	23：30	23：40	23：50
P	扁穗牛鞭草	0.3129	0.3107	0.2731	0.2797	0.2819	0.2687
	鸭茅	0.3902	0.3482	0.2201	0.2731	0.3858	0.4101
	菊苣	0.2753	0.2709	0.2355	0.2841	0.2576	0.2643
	玉米	0.2554	0.2355	0.2731	0.2775	0.2996	0.2753
	裸地	0.2377	0.2112	0.1604	0.1980	0.1980	0.1538
K	扁穗牛鞭草	0.6604	0.4365	0.3807	0.3301	0.3736	0.3368
	鸭茅	3.2953	2.4550	2.0693	1.7096	1.6173	1.7147
	菊苣	0.6843	0.3635	1.4113	0.7045	5.4257	2.6188
	玉米	0.9375	0.9575	1.0703	1.0301	0.8706	0.8552
	裸地	5.6484	1.2391	0.8154	1.1683	2.8904	1.5227

分析表明，扁穗牛鞭草小区地表径流中的 N、P、K 浓度在降水强度的变化情况下无明显起伏，而且保持较低水平，说明扁穗牛鞭草在防止养分流失方面也具有很强的能力。

第五节　结　　论

良好的植被覆盖能有效地减少水土流失，不同的植被类型对径流特征和产沙量有很大的影响。几种牧草小区中，扁穗牛鞭草小区产流产沙量最小；地表径流仅为裸地的 66.4%，为农耕地的 58.1%；产沙量为裸地的 15.7%，为农耕地的 31.8%。且扁穗牛鞭草在强降水情况下对降水有更强的调蓄能力。而华西雨屏区的降水集中于夏季且降水量较大，在该地区种植扁穗牛鞭草能更好地起到保水固土的作用。

在次降水（7 月 24 日）中扁穗牛鞭草小区径流量为裸地的 57.5%，为农耕地的 77.7%；产沙量为裸地的 16.6%，为农耕地 50.1%。扁穗牛鞭草小区的径流量和泥沙量在次降水（7 月 25 日）过程中受降水强度的影响较小，在各个时段均保持较低水平。同样，该小区地表径流中的 N，P，K 含量受降水强度的影响小，而且含量较低，这表明扁穗牛鞭草在防止养分流失方面也具有较强的能力。

本次试验中 4 个草种全年刈割总产草量分别为扁穗牛鞭草 71760 kg/ hm², 鸭茅 43000 kg/ hm²，紫花苜蓿 39020 kg/ hm²，菊苣 31010 kg/ hm²。扁穗牛鞭草产量高、叶片多、草质柔嫩、营养丰富，非常适合作为家畜的饲料。因此，一方面，在川西地区农业产业结构调整中发展高效牧业，扁穗牛鞭草是优选草种之一；另一方面，在坡耕地退耕还林初期林木郁闭成林前，在幼林地内种植扁穗牛鞭草，同时控制好刈割时间，能够达到以短养长，生态、经济双赢的效果。

第四章 石灰性紫色土区植物篱的水土保持效应

第一节 试验区概况

试验区位于遂宁水土保持试验站（30°21′51″N，105°28′37″E）。该站地处川中盆地中部，嘉陵江中、下游丘陵区，属涪江水系的一级支流琼江流域。最高海拔 330m，最低海拔 288m。属亚热带湿润季风气候区，气候温和，雨量充足，日照偏少。年平均气温为 18.2℃，多年平均降水量 933.3mm，其中 5~9 月降水量可占全年降水量的 72.6%。年均蒸发量 897.2mm，平均无霜期 296 天。母岩为侏罗系遂宁组岩层发育而成的紫色土，土壤松散，大多是砂岩、页岩、泥岩风化形成的幼年土，结构性差，土壤 pH 呈中性到微碱性，土壤抗冲刷和抗蚀能力均弱（何丙辉和刘立志，2007）。

第二节 样地设置与研究方法

一、样地选择及土样采集

研究者分别于 2013 年 7 月、2014 年 8 月、2014 年 9 月和 2015 年 7 月在遂宁水土保持试验站内进行土样采集与相关实验。采样区为布置于站内的 6 个坡向正南的径流小区，小区规格一致，均为长 20 m，宽 5 m。两种植物篱于 2010年 4 月定植，小区上、中、下坡各布设 1 组植物篱带，每组带宽 0.4~0.5 m，植株行距 0.2 m。除了 3 个植物篱径流小区外，再设置 2 个对照小区和 1 个撂荒地小区。试验期间，为避免误差，对 5 个径流小区采取相同的耕作方式，为保证数据的可比性，在各径流小区对应位置上进行土样采集，小区中植物篱及采样点布设情况见图 4-1。每个样点采集表层土壤（0~10 cm）原状土样带回实验室测定相关指标。

二、指标测试

土壤理化性质和土壤团聚体指标测试方法见第二章。土壤可蚀性 K 值的计算公式如下：

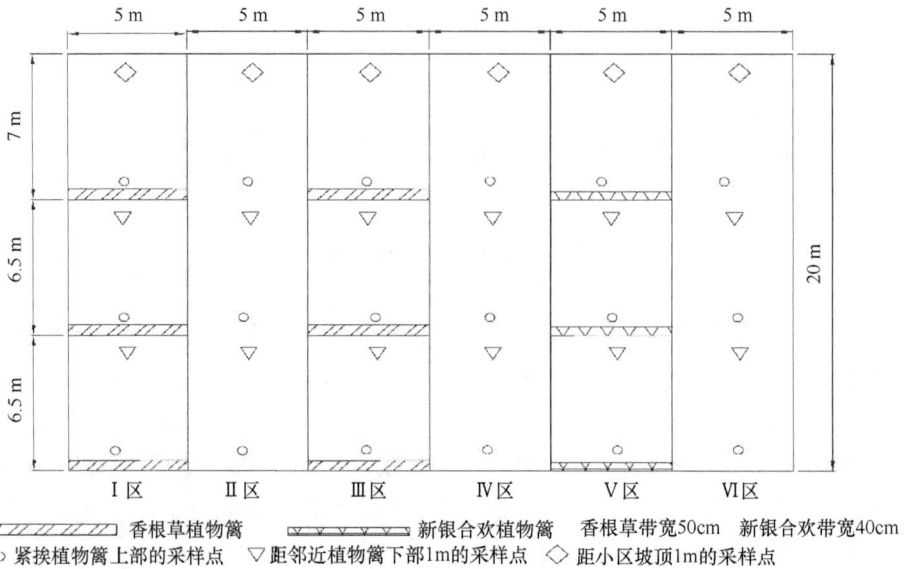

图 4-1　采样点示意

　　各径流小区坡向均为正南，农作物均为油菜（*Brassica campestris*）玉米连种，顺坡人工耕作；Ⅰ区为栽植香根草植物篱的15°坡耕地；Ⅱ区为无植物篱的15°坡耕地；Ⅲ区为栽植香根草植物篱的10°坡耕地；Ⅳ区为搁荒地10°；Ⅴ区为栽植新银合欢（*Leucaena leucocephala*）植物篱的10°坡耕地；Ⅵ区为无植物篱10°坡耕地；下同

$$K_{\text{epic}} = \left\{ 0.2 + 0.3 \exp\left[-0.0256 \text{SAN}\left(1.0 - \frac{\text{SIL}}{100} \right) \right] \right\} \times \left[\frac{\text{SIL}}{\text{CLA} + \text{SIL}} \right]^{\frac{1}{3}}$$
$$\times \left[1.0 - \frac{0.25C}{C + \exp(3.72 - 2.95C)} \right] \times \left[1.0 - \frac{0.7\text{SNI}}{\text{SNI} + \exp(-5.51 + 22.9\text{SNI})} \right] \quad (4\text{-}1)$$

式中，SAN 为砂粒（0.05～2.0mm）含量（%）；SIL 为粉粒（0.002～0.05mm）含量（%）；CLA 为黏粒（<0.002mm）含量（%）；C 为有机碳含量（%）；SNI=1−SAN/100。该模型中各指标值采用实测数据，K 值单位为美国制。

三、数据处理

　　植物篱的减流减沙特征分别用减流率和减沙率表示，其计算公式为

$$\eta_{\text{w}} = \Delta W / W \times 100\% \quad (4\text{-}2)$$

$$\eta_{\text{s}} = \Delta S / S \times 100\% \quad (4\text{-}3)$$

式中，η_{w} 为减流率（%）；ΔW 为对照小区与栽植植物篱小区径流的变化量（m³）；W 为对照小区产生的径流量（m³），此处径流量的计算值均以径流深代替；η_{s} 为减沙率（%）；ΔS 为对照小区与栽植植物篱小区冲刷泥沙的变化量（t/km²）；S 为

对照小区产生的冲刷量（t/km²）。利用 Microsoft Excel 2011 进行数据处理，利用 SPSS 20.0 对数据进行统计分析与显著性检验。

不同降水强度下植物篱产流产沙特征用径流系数及含沙量表示。降水强度等级划分采用国家气象局颁布的标准（表 4-1）。

表 4-1　降水等级强度划分标准

等级	小雨	中雨	大雨	暴雨	大暴雨	特大暴雨
12 小时降水量/mm	≤4.9	5.0～14.9	15.0～29.9	30.0～69.9	70.0～139.9	≥140.0
24 小时降水量/mm	0.1～9.9	10.0～24.9	25.0～49.9	50.0～99.9	100.0～249.9	≥250.0
48 小时降水量/mm	1.0～19.9	20.0～39.9	40.0～74.9	75.0～134.9	135.0～364.9	≥365.0

依据试验站历史数据，确定单场降水量＞10mm 为侵蚀性降水，在 2010～2015 年实测降水资料中筛选侵蚀性降水。以侵蚀性降水作为统计样本，选取降水量（P）、降水历时（T）、平均雨强（I）为特征变量，以径流小区Ⅰ～Ⅵ为研究对象，分析雨强、历时、降水量对径流量和冲刷量的影响。通过雨强、历时将所有降水分为 5 类，具体见表 4-2。

表 4-2　降水类型的划分

	雨型 A（14 场）	雨型 B（7 场）	雨型 C（7 场）	雨型 D（2 场）	雨型 E（2 场）
雨强/（mm/h）	小雨强 0～5	中雨强 5～10	中雨强 5～10	大雨强 ＞10	大雨强 ＞10
历时/小时	长历时 ＞10	长历时 ＞10	中历时 5～10	短历时 ＜5	中历时 5～10

使用单因素方差分析法和最小显著极差法（SSR）来对比植物篱小区和对照小区，以及植物篱两侧土壤理化性质。采用主成分分析法研究土壤抗蚀性指标体系，相关分析采用 SPSS20.0 软件。

第三节　植物篱对紫色土坡耕地土壤物理性质的影响

本节内容所用数据为 2013 年 7 月所采集的土样分析所得，首先分析了各径流小区土壤容重、孔隙度等物理性质，进而分析了土壤持水量变化规律。

一、植物篱对土壤容重及孔隙度的影响

（一）不同植物篱相同坡度下土壤容重和孔隙度分布特征

植物篱通过拦截土壤颗粒改变小区的土壤容重和孔隙度。由表 4-3 可知，从表层土壤容重的角度来分析，相比撂荒地，农耕地的容重均偏小，这可能因为农耕地经过人为翻地，土壤疏松，使得容重较撂荒地小；在相同坡度（10°）下，香

根草植物篱的土壤容重略大于新银合欢植物篱，且均大于对照小区的容重，但影响作用不显著。表明植物篱能够挟持部分土壤颗粒，特别是土壤砂粒，砂粒比例的增加会增加土壤的容重；香根草由于近地表的株丛密度大，能够较多挟持较大砂粒，故土壤容重也较大。总孔隙度则表现为，对照区最大，其次是植物篱小区，撂荒地则最小，这和容重的规律正好相反，说明土壤总孔隙度和土壤容重有明显的负相关关系；非毛管孔隙度、土壤通气度和总孔隙度的变化规律相同，且更加明显。土壤通气性即土壤气体交换的性能，主要指土壤与近地面大气之间的气体交换，其次是土体内部的气体交换。由于影响气体扩散的主要因素是通气孔隙的数量，所以土壤通气度常做为衡量通气性能好坏的指标。

表 4-3　不同实验小区土壤容重及孔隙度对比

小区编号	土壤容重/（g/cm³）			总孔隙度/%			毛管孔隙度/%			非毛管孔隙度/%			土壤通气度/%		
	AVG	SD	CV	AVG	SD	CV	AVG	SD	CV	AVG	SD	CV	AVG	SD	CV
I	1.31	0.15	0.12	53.67	6.62	0.12	32.75	1.92	0.06	20.92	7.51	0.36	29.50	8.78	0.30
II	1.42	0.16	0.11	51.67	6.85	0.13	36.08	3.17	0.09	15.58	7.33	0.47	26.53	10.38	0.39
III	1.42	0.13	0.09	52.17	3.47	0.07	36.08	1.77	0.05	16.08	4.08	0.25	24.87	4.05	0.16
IV	1.49	0.10	0.08	49.67	3.13	0.06	37.58	2.97	0.08	12.08	4.52	0.37	24.53	5.24	0.21
V	1.40	0.07	0.05	52.17	3.20	0.06	37.25	1.44	0.04	14.92	4.42	0.30	26.78	6.87	0.26
VI	1.39	0.08	0.06	54.25	2.77	0.05	36.08	1.99	0.06	18.17	4.43	0.24	32.03	4.03	0.13

注：AVG 为平均值，SD 为标准差，CV 为变异系数，下同。

（二）相同植物篱不同坡度下土壤容重和孔隙度分布特征

I 小区和 V 小区均设置有香根草植物篱，且设置方式相同，但小区的坡度不同。由表 4-3 可知，相较对照区，15°小区和 10°小区的土壤容重分别减少和增加了 7.7%和 2.2%，说明植物篱对 15°小区的土壤容重的影响大于 10°。土壤孔隙度和土壤通气度则表现为相反的变化规律，表明在植物篱小区，土壤孔隙度随坡度的增大而增大，这可能因为在坡度较大时，土壤越容易发生迁移流失，大量较细的颗粒流失后，土壤的砂粒所占比例增大，引起容重减小、土壤空隙度增大，特别是非毛管孔隙度和土壤通气度增加幅度更高。这和马云等（2010）在该区的研究结果相似。通过比较 15°小区和 10°小区各指标的变异系数发现，15°小区的变异系数均大于 10°小区，说明坡度和变异系数呈正相关关系，可能因为坡度越大，土壤侵蚀越不均匀，造成微地形的土壤物理性质差异较大。

（三）土壤容重及孔隙度的空间变化规律

通过比较香根草植物篱小区在不同坡度上沿底部向上的土壤容重变化发现（图 4-2），上部植物篱对其影响要大于下部植物篱，土壤容重在坡上呈现"M"状变化，具体表现在紧靠植物篱的上方土壤容重要明显大于下方，且基本为随海拔升高土壤容重升高。新银合欢植物篱小区土壤容重表现的不明显，尽管紧靠植物篱的上方土壤容重仍大于下方，但不明显，整体呈"√"状变化。撂荒地和香根草植物篱变化呈反序关系，随海拔基本呈降低趋势；15°对照小区和10°小区变化趋势同相应的香根草小区基本一致，但变化幅度小，特别是植物篱两侧的土壤容重变化幅度较小，说明植物篱在改变表层土壤颗粒组成，保持水土方面效果方面较为明显。

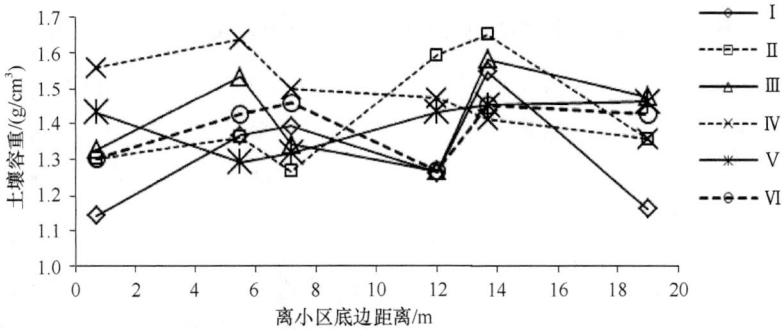

图4-2　植物篱小区土壤容重空间变化特征

通过比较植物篱措施对毛管孔隙度和非毛管孔隙度的影响可发现（图4-3），其对毛管孔隙度的影响较小，表现在小区坡面上的值变化不明显。而其对非毛管孔隙度的影响大，表现在植物篱上下侧土壤非毛管孔隙度变化幅度大，沿小区坡面整体表现为"W"形变化，而撂荒地的非毛管空隙沿小区从下到上则逐渐增大。这一方面是由于随着坡度增加，径流对土壤的侵蚀越为严重，造成较大的土壤颗粒流失增多，而小区上部由于坡长较短，侵蚀主要针对细微颗粒，而细小颗粒的

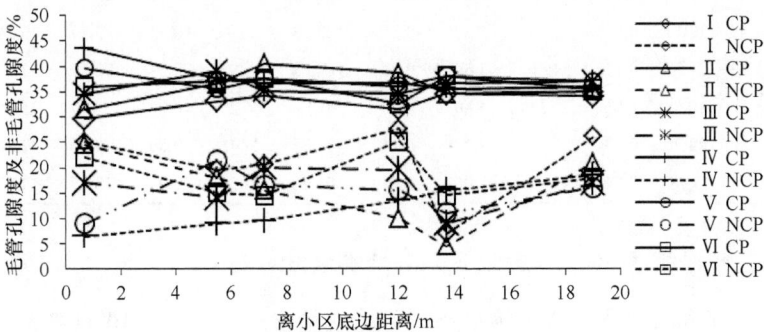

图4-3　植物篱小区土壤毛管孔隙度及非毛管孔隙度空间变化特征
CP 为毛管孔隙度；NCP 为非毛管孔隙度

流失则会造成非毛管孔隙度的上升。植物篱可以改变微地形,增加地表粗糙度,同时,根部减缓流速,可有效拦截包括细微颗粒等土壤颗粒的流失,故而在植物篱附近上方的土壤非毛管孔隙度较小(田野宏等,2011)。毛管孔隙度作为土壤物理性质的重要指标,其变化主要和土壤质地有关,因较小区域的土壤质地差异很小,故土壤毛管孔隙度沿坡面的变化不明显,但各小区总体变化表现为从小区底部到顶部毛管孔隙度趋于相同,这也说明植物篱措施对其有一定影响,但不显著。

二、植物篱对土壤持水量的影响

(一)不同植物篱相同坡度下土壤持水量分布特征

从土壤表层含水率角度分析,对于 10°小区来说,香根草植物篱小区的土壤质量含水率大于新银合欢植物篱小区,且均远大于对照组的土壤含水率。说明植物篱能够起到增加土壤含水率的作用,且香根草的效果较好。各小区的表层土壤持水量均明显表现为:最大持水量>毛管持水量>实际持水量,其中香根草植物篱小区毛管持水量略小于新银合欢植物篱小区,且均大于对照区;但土壤最大持水量则表现为新银合欢植物篱小区和香根草植物篱小区基本相等,且均小于对照区(表4-4)。说明植物篱对土壤毛管持水量的增加有积极影响,同时又降低了土壤最大持水量。毛管持水量又称最大毛管水量,是指当土壤毛管上升水达到最大量时的土壤含水量,和土壤质地、孔隙度关系密切;毛管持水量能够反映植物对地下水的有效利用率,这也体现了植物篱能够改善土壤物理结构,有效提高植物对水分的利用效率。

表4-4 不同实验小区土壤含水量及持水指标对比

小区编号	土壤质量含水量/ (g/kg)			表层土壤实际持水量/mm			表层土壤最大持水量/mm			表层土壤毛管持水量/mm		
	AVG	SD	CV	AVG	SD	CV	AVG	SD	CV	AVG	SD	CV
I	184.94	17.95	0.10	48.33	5.44	0.11	107.33	13.25	0.12	65.50	3.83	0.06
II	176.42	12.17	0.07	50.27	7.47	0.15	103.33	13.71	0.13	72.17	6.34	0.09
III	193.36	21.33	0.11	54.60	3.69	0.07	104.33	6.95	0.07	72.17	3.54	0.05
IV	168.77	10.58	0.06	50.27	4.80	0.10	99.33	6.25	0.06	75.17	5.95	0.08
V	181.41	23.96	0.13	50.77	7.73	0.15	104.33	6.41	0.06	74.50	2.88	0.04
VI	160.00	5.78	0.04	44.43	3.06	0.07	108.50	5.54	0.05	72.17	3.97	0.06

(二)相同植物篱不同坡度下土壤持水量分布特征

比较 10°和 15°香根草植物篱小区土壤质量含水量可知,10°植物篱小区大于15°植物篱小区,且均明显大于对照区,植物篱小区的变异系数也较大。这体现了坡度越大,土壤的保水能力就越低(表4-4)。

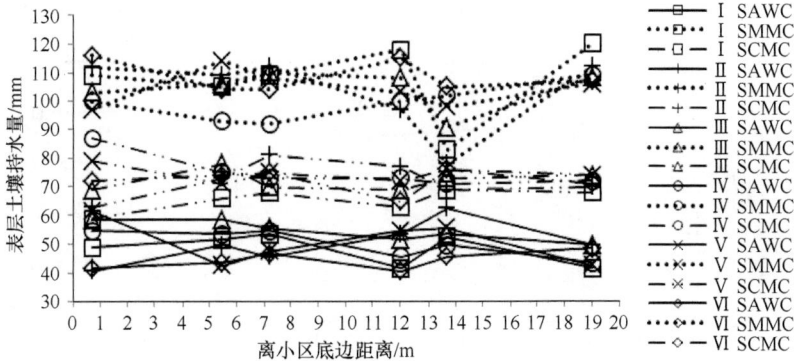

图 4-4　不同植物篱小区表层土壤持水量沿坡面变化特征

SAWC 为表层土壤实际持水量；SMMC 为表层土壤最大持水量；SCMC 为表层土壤毛管持水量

由图 4-4 可知，香根草植物篱 15°小区的表层土壤最大持水量和毛管持水量为 107.33mm 和 65.50mm，分别较 10°小区增加 3mm 和减少 6.67mm，较对照小区则分别增加 4mm 和 6.67mm，变异系数变化不明显，这说明对于相同植物篱，坡度和土壤表层毛管持水量呈负相关，和土壤表层最大持水量呈正相关。毛管持水量关系到土壤的有效持水量，坡度较大时，较多土壤颗粒，特别是粉粒和黏粒会流失掉，造成土壤中细微颗粒的含量减少，土壤毛管数量也会逐渐减少。但通过对比对照区，发现 15°植物篱小区对土壤持水量的影响较大，体现在较大的增加了土壤质量含水量和最大持水量，但显著减少了土壤毛管持水量。

（三）土壤持水量空间变化规律

由图 4-5 可看出，Ⅰ小区、Ⅲ小区作为香根草植物篱小区，总体上土壤质量含水量从坡面底部到顶部呈减少趋势，且植物篱上侧的值均大于下侧的值。新银合欢植物篱的土壤质量含水量变化趋势和香根草植物篱小区相似，但对应位置上的值小于香根草植物篱小区。撂荒地和对照区的土壤质量含水量沿小区没有明显的变化规律，呈不规则波动变化，其中 10°小区的对照区Ⅵ的变化幅度最小，坡度较缓和、地表组成较一致是其主要原因。植物篱对水分运移起到阻持作用，香根草植物篱因其株密度大，保持水土的作用较为明显，具体表现在植物篱上侧的土壤含水量明显高于下侧。

植物篱对表层土壤最大持水量的影响较明显，表现在植物篱上侧的值明显小于下侧，且小区上部的植物篱影响更为显著。而表层土壤实际持水率和毛管持水量均表现为植物篱上侧的值略大于下侧，但变化不明显。相应的对照区的值随小区坡面的变化不显著（图 4-5）。最大持水量体现了毛管孔隙度和非毛管孔隙度的

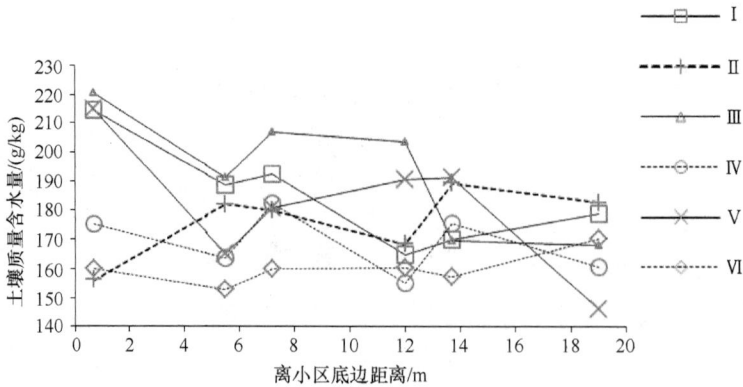

图 4-5　不同植物篱小区土壤质量含水量沿坡面变化特征

双重作用，植物篱通过拦截较细颗粒增加土壤中黏粒含量，从而增加了毛管持水量，而最大持水量和土壤较大颗粒关系密切，故最大持水量和毛管持水量呈相反的变化趋势（林超文等，2007）。

三、小结

（1）总孔隙度表现为对照区最大，其次是植物篱小区，其中香根草植物篱的值小于新银合欢植物篱，撂荒地则最小，这和容重的变化规律正好相反。相对于对照区，15°小区和 10°香根草植物篱小区的土壤容重分别减少和增加了 7.7%和 2.2%，而土壤空隙度和土壤通气度呈相反的变化规律。

（2）表层土壤持水量均明显表现为：最大持水量＞毛管持水量＞实际持水量，其中香根草植物篱小区毛管持水量略小于新银合欢植物篱小区，且均大于对照区；但土壤最大持水量则表现为新银合欢植物篱小区和香根草植物篱小区基本相等，且均小于对照区。香根草植物篱 15°小区的表层土壤最大持水量和毛管持水量为 107.33mm 和 65.50mm，分别较 10°小区增加 3mm 和减少 6.67mm，较对照小区则分别增加 4mm 和 6.67mm，变异系数变化不明显。

（3）总体上土壤质量含水量从坡面底部到顶部呈减少趋势，且在植物篱上侧的值均大于下侧的值。新银合欢植物篱的土壤质量含水量变化趋势和香根草植物篱小区相似，但对应位置上的值小于香根草植物篱小区。植物篱对表层土壤最大持水量的影响较明显，表现在植物篱上侧的值明显小于下侧，且小区上部的植物篱影响更为显著。表层土壤实际持水率和毛管持水量均表现为植物篱上侧的值稍大于下侧，但变化不明显。

第四节　植物篱措施对紫色土坡耕地土壤养分分布的影响

通过对比分析植物篱定植前和定植 3 年后各径流小区土壤养分的变化特征来

阐明植物篱的作用。定植前的土壤养分含量采用遂宁水土保持试验站提供的 2009 年数据，定植 3 年后的土壤养分含量采用 2013 年 7 月所采土样数据。

一、植物篱定植前土壤养分特征

种植植物篱之前的 2009 年，各小区的耕作方式相同，它们所呈现的土壤养分特征见表 4-5。各小区养分含量有一定的差异，坡度对土壤中氮、磷、钾均有显著影响而对有机质无显著性影响。其中有效钾在 10°小区的含量明显高于 15°小区，这是由于坡度越高水土流失强度越大，土壤中的有效钾随土壤流失越大。

表 4-5　种植植物篱前土壤养分含量

径流小区	有机质 / (g/kg)	全氮 / (g/kg)	碱解氮 / (mg/kg)	全磷 / (g/kg)	有效磷 / (mg/kg)	全钾 / (g/kg)	有效钾 / (mg/kg)
Ⅰ（15°）	10.77±1.92a	2.74±0.78b	136.68±15.57a	1.17±0.38b	2.37±1.34ab	0.61±0.05a	60.76±7.80a
Ⅱ（15°）	11.19±2.98a	1.72±0.43a	183.97±46.88ab	6.50±0.26a	1.36±0.76a	0.75±0.06b	64.14±12.26a
Ⅲ（10°）	12.96±3.38a	2.05±0.88ab	197.52±111.60ab	1.19±0.62b	2.52±0.99ab	0.75±0.09b	83.51±9.90b
Ⅴ（10°）	12.03±2.26a	2.10±0.64ab	180.62±29.73a	0.67±0.29a	2.50±0.54ab	0.54±0.06a	72.58±8.15ab
Ⅵ（10°）	11.23±2.51a	2.17±0.73ab	259.18±51.60b	1.37±0.24b	3.40±1.73b	0.61±0.03a	79.69±11.13b

注：表中数据为平均±标准差；同列不同字母表示差异显著（$P<0.05$）；下同。

二、植物篱定植 3 年后土壤养分特征

总体而言，植物篱措施对各小区土壤养分的分布特征有影响但不显著。以农耕地及搁荒地为对照，通过比较香根草植物篱小区和新银合欢植物篱小区的土壤养分分布特征来研究植物篱对养分分布特征的影响。

由表 4-6 可知，各小区土壤有机质（SOM）、土壤全氮（TN）、土壤全磷（TP）、土壤全钾（TK）、碱解氮（AN）、有效磷（AP）、土壤有效钾（AK）排序分别为Ⅵ小区>Ⅲ小区>Ⅴ小区>Ⅱ小区>Ⅳ小区>Ⅰ小区、Ⅰ小区>Ⅵ小区>Ⅳ小区>Ⅲ小区>Ⅱ小区>Ⅴ小区、Ⅲ小区>Ⅱ小区>Ⅴ小区>Ⅰ小区>Ⅵ小区>Ⅳ小区、Ⅰ小区>Ⅲ小区>Ⅱ小区>Ⅴ小区>Ⅵ小区>Ⅳ小区、Ⅴ小区>Ⅰ小区>Ⅱ小区>Ⅵ小区>Ⅲ小区>Ⅳ小区、Ⅰ小区>Ⅳ小区>Ⅴ小区>Ⅵ小区、Ⅳ小区>Ⅱ小区>Ⅰ小区>Ⅲ小区>Ⅵ小区>Ⅴ小区，除有效钾外，其他养分在各小区间没有显著性差异。其中，无植物篱的 10°坡耕地有机质含量最高，设有香根草植物篱的 15°坡耕地全氮、全钾含量最高，设有香根草植物篱的 10°坡耕地全磷和有效磷含量最高，设有新银合欢植物篱小区碱解氮含量最高，搁荒地的有效钾含量最高。鉴于每年各小区的施肥量和施肥方式均一致，作物收割后秸秆采用焚烧的方式还田。相比对照区，植物篱通过庞大的根系和枝叶拦截土粒，同时对秸秆焚烧后的灰烬也有明显的拦截作用，故而有植物篱小区的多数养

分指标大于对照区，但因定值时间短，相差还不显著。土壤有机质和有效钾含量最高的小区均为无植物篱小区，这和土壤前期养分含量有关，另外和试验过程中误差也有一定关系。

表 4-6　植物篱措施下土壤养分分布特征

径流小区	有机质 / (g/kg)	全氮 / (g/kg)	碱解氮 / (mg/kg)	全磷 / (g/kg)	有效磷 / (mg/kg)	全钾 / (g/kg)	有效钾 / (mg/kg)
I	15.78±3.37a	6.75±1.48a	92.06±122.09a	0.36±0.16a	5.31±1.38a	0.70±0.02a	431.10±230.35ab
II	23.42±10.32a	6.04±0.73a	40.49±10.66a	0.45±0.04a	5.14±1.31a	0.69±0.04a	475.39±65.15ab
III	31.17±29.89a	6.08±0.80a	33.39±15.59a	0.46±0.07a	5.80±2.05a	0.69±0.03a	465.55±129.90ab
IV	18.30±4.89a	6.45±0.72a	32.03±6.38a	0.31±0.24a	4.92±14.61a	0.67±0.06a	544.52±139.17b
V	28.06±34.03a	5.85±0.32a	92.45±177.38a	0.37±0.09a	4.54±0.61a	0.69±0.06a	436.58±31.05ab
VI	43.05±21.99a	6.74±1.58a	35.03±17.35a	0.32±0.11a	3.89±0.96a	0.67±0.04a	362.82±39.73a

三、植物篱定植 3 年后土壤养分的变化量

（一）植物篱对土壤有机质变化的影响

土壤有机质是土壤养分的重要来源，其质量和数量直接影响土壤潜在生产力，是衡量土壤肥力水平的基础。由表 4-7 可知，5 个小区的有机质含量变化值依次为 5.02g/kg、12.23g/kg、18.21g/kg、16.03g/kg、31.82g/kg，香根草和新银合欢植物篱改变了土壤的机械组成，从而使得有机质含量发生相应的变化。I 小区和 II 小区有机质含量变化值较小，这是由于 15° 小区土壤侵蚀量大于 10° 小区，随细颗粒流失的有机质较大，从而造成有机质的变化量较小。坡脚和坡顶有机质含量较高，坡腰较低。降水产生的地表径流携带大量细颗粒泥沙向坡脚流动，中下部土壤在水土流失过程中得到上部土壤细颗粒的补充，而顶部则是受人为耕作和施肥等影响，植物篱带前有土壤有机质富集，这不仅与植物基部茎叶拦截土壤细颗粒密切有关，还与其表层凋落物和发达根系的腐解及对土壤团聚体的改善密不可分（廖晓勇等，2006）。

（二）植物篱对土壤氮素变化的影响

土壤全氮含量是衡量土壤氮素供应状况的重要指标，主要决定于有机质的积累和分解作用的相对强度。由表 4-7 可知，5 个小区的全氮平均含量增量依次为 3.17g/kg、4.32g/kg、4.04g/kg、3.75g/kg、3.49g/kg，可见 II 小区的平均含量增量最大，说明植物篱对土壤全氮的作用较小。各小区碱解氮含量均减少，其中 VI 小区碱解氮含量减量最大，I 小区和 V 小区碱解氮含量减量较小，说明植物篱一定程度上减缓了土壤碱解氮的流失。

表 4-7　土壤养分变化量

径流小区	有机质 /（g/kg）	全氮 /（g/kg）	碱解氮 /（mg/kg）	全磷 /（g/kg）	有效磷 /（mg/kg）	全钾 /（g/kg）	有效钾 /（mg/kg）
I	5.02±4.76a	3.17±3.66a	−44.62±113.95b	0.81±0.47ab	2.94±2.22ab	0.09±0.04bc	370.35±227.35a
II	12.23±8.15a	4.32±1.01a	−143.48±50.31ab	−0.06±0.25c	1.86±2.57ab	−0.06±0.07a	411.26±69.92a
III	18.21±30.64a	4.04±1.03a	164.12±104.48ab	0.81±0.71ab	3.28±1.99b	−0.06±0.10a	382.03±125.60a
V	16.03±35.94a	3.75±0.70a	−88.17±187.25ab	0.31±0.30bc	2.03±0.76ab	0.16±0.10c	364.00±28.35a
VI	31.82±20.46a	3.49±2.96a	−224.15±46.90a	−1.05±0.24a	0.49±1.52a	0.06±0.06b	283.13±36.13a

注：表中数据为平均±标准差，同列不同字母表示差异显著（$P<0.05$），下同。

（三）植物篱对土壤磷素变化的影响

由于全磷流失主要依靠泥沙中最易流失的粉黏粒带动（李仲明等，1991），植物篱小区的全磷含量略有增加，而对照区全磷含量呈减少趋势，说明植物篱带对携带全磷的粉黏粒有一定拦挡作用。III小区和I小区全磷含量增值相当，表明香根草植物篱在这两种坡度下对土壤全磷的保持作用相当。新银合欢植物篱小区全磷增量小于香根草植物篱小区，说明新银合欢植物篱对土壤全磷的拦蓄能力较香根草植物篱差。

由表 4-7 可知，有效磷增量表现为III小区＞I小区＞V小区＞II小区＞VI小区，其中III小区的增量最大为 3.28mg/kg，可见植物篱能在一定程度上减少有效磷的流失，且受坡度的影响，其效果在小坡度更明显。土壤中有效磷的含量主要受土壤温度、酸度和水分等因素的影响。植物篱减少有效磷的损失不仅与其保持水土减少有效磷的损失有关，还与有机质含量对磷的有效性的提高密不可分（廖晓勇等，2006）。此外，香根草根系在生命活动中分泌的有机酸和呼吸产生的 CO_2 使土壤酸化，对有效磷的活化有一定作用，因此在一定程度上增加了有效磷的含量。

（四）植物篱对土壤钾素变化的影响

总体上，II小区和III小区全钾含量是减少的，但减量非常小，其他小区均是增加的，这是因为一方面农作物及植物篱的种植，使得坡面上土壤流失量减少；另一方面试验期间钾肥的施用在一定程度上补充了损耗。新银合欢植物篱小区全钾含量变化值最大，说明新银合欢植物篱对土壤全钾含量作用最明显。I小区全钾增量也较大，说明香根草植物篱对土壤全钾也有一定的固持能力。

有效钾指有机无机复合体和溶解于土壤溶液中的钾素，以有机无机复合体为主（朱远达等，2003）。各小区有效钾含量均是增加的，由表 4-7 可知，5 个小区的有效钾平均含量增值依次为 370.35mg/kg、411.26mg/kg、382.03mg/kg、364.00mg/kg、

283.13mg/kg，其中Ⅱ小区增量最大，这可能与采样和试验误差有关，植物篱小区的有效钾增量相差不大，明显高于Ⅵ小区，表明植物篱可一定程度上控制有效钾的流失。

四、小结

与传统顺坡种植农耕地及撂荒地相比，植物篱能维持并提高坡耕地土壤有机质及氮、磷、钾素养分含量。坡度越陡，植物篱对土壤有效磷、氮素、全钾保持能力越明显。就10°小区而言，香根草植物篱对土壤全磷和全钾含量作用较显著，而新银合欢植物篱对土壤碱解氮、磷素、全钾含量作用较显著。植物篱技术作为一种保护性耕作措施，能一定程度上改良坡耕资源。

第五节　紫色土坡耕地植物篱两侧表层土壤理化性质变化

2010年4月进行植物篱定植，本节所采用的土壤物理指标数据来自2013年7月，土壤养分指标则来自2014年9月。

一、植物篱两侧土壤颗粒组成及团聚体的变化特征

总体来看，10°坡耕地砂粒含量少于15°坡耕地，而粉粒及黏粒含量多于15°坡耕地（表4-8）。各径流小区在2014年实施植物篱措施后不同部位土壤颗粒组成情况见图4-6。从图4-6可知，在不同坡度条件，两种植物篱措施对植物篱两侧土壤颗粒组成均会产生显著影响。其中，相比对照组，植物篱两侧土壤的砂粒含量减少，粉粒及黏粒含量相对增加，这是由于植物篱措施会对坡面径流产生阻碍作用，从而减少了水分运动对表层土壤的冲刷作用，减缓了土壤细颗粒的流失。

表 4-8　各径流小区土壤理化性质

小区	I	II	III	V	VI
$R_{0.25}$/%	32.32	28.28	29.63	30.32	25.51
总孔隙度/%	51.33	46.67	52.17	52.33	48
黏粒（<0.002mm）/%	15.95	12.4	13.55	15.56	11.9
粉粒（0.05~0.002mm）/%	54.66	54.84	61.04	61.4	51.06
砂粒（2~0.05mm）/%	29.4	32.77	25.41	23.04	37.05
毛管孔隙度/%	31.58	36.08	33.42	31.92	37.58
非毛管孔隙度/%	19.75	10.58	18.75	20.42	10.42
SOM /（g/kg）	14.53	10.49	21.98	25.95	14.28
TN/（g/kg）	1.31	1.26	1.4	1.47	1.24
TP/（g/kg）	0.61	0.76	0.61	0.74	0.88
TK /（g/kg）	47.19	57.53	60.42	55.97	70.23

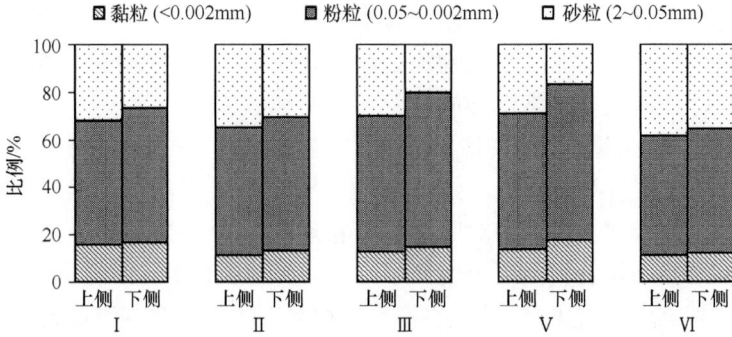

图 4-6　植物篱两侧土壤颗粒组成分布

从对照组可以看出，由于没有种植植物篱，坡面径流不断冲刷运移土壤粉粒与黏粒，导致土壤砂砾相对含量增多。对比两种植物篱发现，香根草植物篱两侧土壤的细颗粒增加量要略微高于新银合欢植物篱，但不显著。对比不同坡度条件土壤颗粒组成的变化情况发现，10°与15°坡耕地植物篱措施均会对土壤颗粒组成产生影响，但10°坡耕地在实施植物篱措施后土壤细颗粒增量要多于15°坡耕地，可见在10°坡耕地植物篱措施对土壤颗粒组成的影响要大于15°坡耕地，这是由于坡度越大，水流冲击作用越强，越容易造成细颗粒流失，且坡度越大对植物的生长越不利，因此15°植物篱措施对坡面径流冲刷的拦截作用要弱于10°坡耕地。对比植物篱两侧土壤颗粒组成变化发现，有植物篱措施小区植物篱下侧土壤细颗粒增加量要大于上侧土壤。

土壤砂粒含量在各小区情况见图 4-7。可以看出，在植物篱措施径流小区植物篱两侧土壤的砂粒含量差异显著，而没有布设植物篱措施的空白对照组的对应位

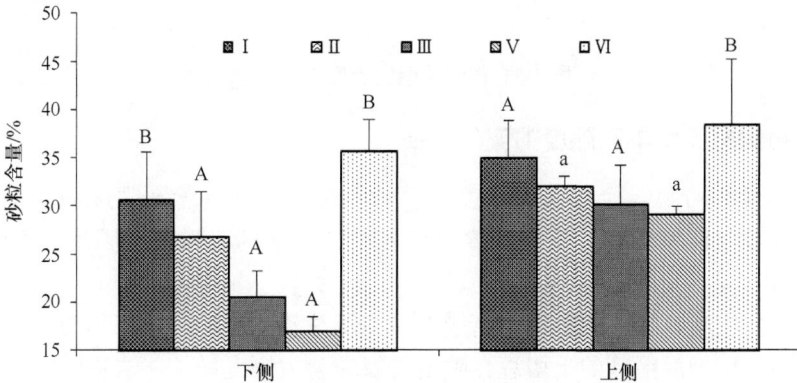

图 4-7　植物篱两侧土壤砂粒含量

同侧字母不同表示不同小区间差异显著（$P<0.05$），同小区字母不同表示上下侧差异显著（$P<0.05$），下同

置的砂粒含量差异不显著。具体表现为植物篱措施会导致植物篱上侧土壤砂粒含量显著多下侧土壤，这是由于植物篱会对冲刷径流产生阻碍作用，植物篱上侧土壤比下侧土壤受到更多的水流冲刷。

土壤 $R_{0.25}$ 是体现土壤团聚体水稳性的重要参数，其对土壤水分及养分的保持有重要作用。从表 4-8 可看出，15°坡耕地土壤 $R_{0.25}$ 含量高于 10°坡耕地。不同坡度条件两种植物篱措施及空白对照小区 4 年后 $R_{0.25}$ 分布情况见图 4-8，可见植物篱措施会显著影响植物篱两侧土壤 $R_{0.25}$ 含量。具体表现为两种植物篱措施均使植物篱两侧土壤 $R_{0.25}$ 含量增加，其中香根草植物篱小区土壤 $R_{0.25}$ 增量大于新银合欢；在相同植物篱措施条件 15°坡耕地土壤 $R_{0.25}$ 含量的增量要多于 10°坡耕地，可见植物篱措施在坡度更大的坡耕地对土壤团聚体水稳性的改善作用也更强。两种坡度条件下，种植后植物篱能明显增加 $R_{0.25}$ 含量。在相同坡度、相同植物篱措施条件下，植物篱下侧土壤的 $R_{0.25}$ 含量要高于上侧，这可能是由于植物篱下侧的植物根系活动及生物活动多于上侧，其对土壤团聚体水稳性有积极影响。

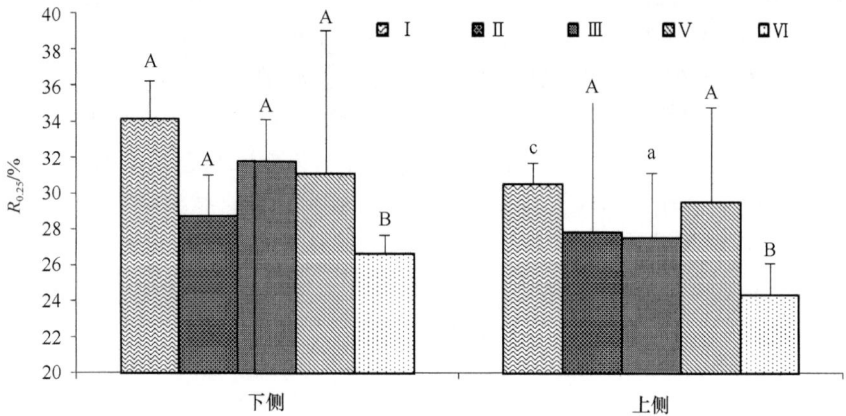

图 4-8　植物篱两侧土壤 $R_{0.25}$ 含量

二、植物篱两侧土壤孔隙度的变化特征

从图 4-9 可见，土壤总孔隙度、毛管孔隙度及非毛管孔隙度均表现为 10°坡耕地大于 15°坡耕地。不同坡度条件各径流小区的土壤总孔隙度分布情况见图 4-9（a）。

在不同坡度条件下两种植物篱措施对土壤总孔隙度均有显著影响。与对照组相比，两种植物篱措施的土壤总孔隙度均表现为大幅度增长，这是植物篱生长过程中根系活动使得土壤产生了更多孔隙，且其引起的更多的生物活动（如蚯蚓）亦会造成土壤孔隙。对比不同坡度植物篱措施后土壤孔隙度变化，发现 10°坡耕

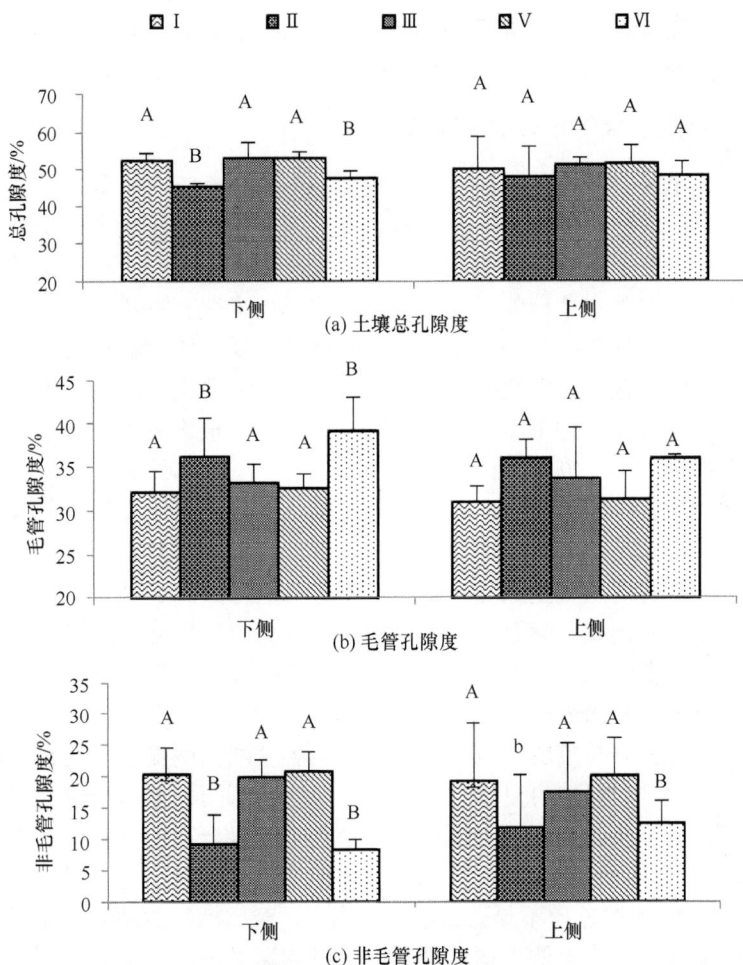

图 4-9　植物篱两侧土壤孔隙度含量

地土壤总孔隙度含量要略大于 15°坡耕地，这可能是由于坡度越大，其土壤坡面径流导致的水土流失越严重，从而根系及生物活动较少。在相同植物篱措施及坡度条件下，植物篱下侧的土壤总孔隙度增量要大于上侧土壤，但不显著，这可能是坡度的原因，地表及土壤径流运动方向往坡下运移，从而导致植被根系及生物活动方向多集中在植物篱下侧土壤。

　　不同坡度条件各径流小区的土壤毛管孔隙度及非毛管孔隙度分布情况见图4-9（b）及图 4-9（c）。可见，在不同坡度条件下两种植物篱措施对土壤毛管孔隙度及非毛管孔隙度均有显著影响。相比对照组，植物篱措施布设后的土壤毛管孔隙度会显著降低，非毛管孔隙度会显著增多，这是由于植物篱措施布设后篱下土壤根系及生物活动增多，造成了更多的非毛管孔隙，因此毛管孔隙度降低。对比不同植物篱措施，发现新银合欢植物篱措施土壤毛管孔隙度略高于香根草植物篱。不同坡度坡耕地植物篱两侧土壤非毛管孔隙及毛管孔隙度差异不显著。

三、植物篱两侧土壤养分的变化特征

对各径流小区实施植物篱措施后植物篱两侧表层土壤有机碳、全氮、全磷及全钾进行测定，对比植物篱措施及无植物篱措施对照组 4 年后的表层土壤养分含量。由图 4-10（a）可见，在植物篱措施后，植物篱两侧表层土壤有机碳含量显著高于对照组。其中香根草植物篱对植物篱两侧表层土壤有机质含量的提升作用要略强于新银合欢植物篱；10°坡耕地植物篱对两侧表层土壤有机质含量的增长量要高于 15°坡耕地，这是由于坡度大的土壤水土流失更严重，不利于土壤养分元素的储存。在相同坡度条件下相同植物篱措施布设后，植物篱下侧表层土壤的有机质含量增加量要多于上侧土壤。

土壤全氮分布见图 4-10（b）。可见有植物篱措施的表层土壤全氮含量显著高于无植物篱措施的对照组，其中两种植物篱下侧土壤全氮差异不显著，上侧土壤表现为香根草植物篱土壤全氮显著高于新银合欢植物篱。10°坡耕地植物篱对两侧土壤全氮的提升作用要显著强于 15°坡耕地，这是由于坡度大的耕地土壤侵蚀较严重，会造成更多的土壤全氮流失。在相同的坡度及植物篱措施条件下，植物篱上下两侧土壤全氮并未表现出显著差异。

土壤全磷含量分布见图 4-10（c）。可见，各植物篱两侧土壤全磷含量显著少于无植物篱措施对照组，可见植物篱措施会对植物篱两侧土壤全磷的储存有负面作用。其中香根草植物篱下侧土壤全磷含量高于新银合欢植物篱，上侧土壤差异不显著。香根草植物篱措施条件下，10°坡耕地植物篱下侧土壤全磷含量显著高于15°坡耕地，上侧土壤差异不显著。在同一小区，对比植物篱两侧土壤发现，下侧土壤全磷含量显著高于上侧土壤。这是由于植物篱措施对表层土壤水土流失有一定的拦截作用，从而减少了植物篱下侧土壤的全磷流失量。

土壤全钾含量分布见图 4-10（d）。可见，其与土壤全磷表现出相似的规律，即植物篱措施会对植物篱两侧表层土壤全钾的储存产生一定的负面作用。大坡度植物篱土壤全钾流失更为严重。植物篱上侧表层土壤的全钾流失比下侧土壤更为严重。因此，在今后的坡耕地施肥过程中，在植物篱措施后不能忽略对磷肥和钾肥的施加，同时适量减少氮肥的释放，以达到肥量平衡。

四、小结

植物篱是紫色土区坡耕地水土保持的重要措施，鉴于植物篱措施的生态作用，以及相关研究的局限性，通过研究不同坡度、不同植物篱种类及植物篱两侧的土壤，就植物篱对土壤理化性质的影响进行了分析，定量揭示了植物篱措施实施后

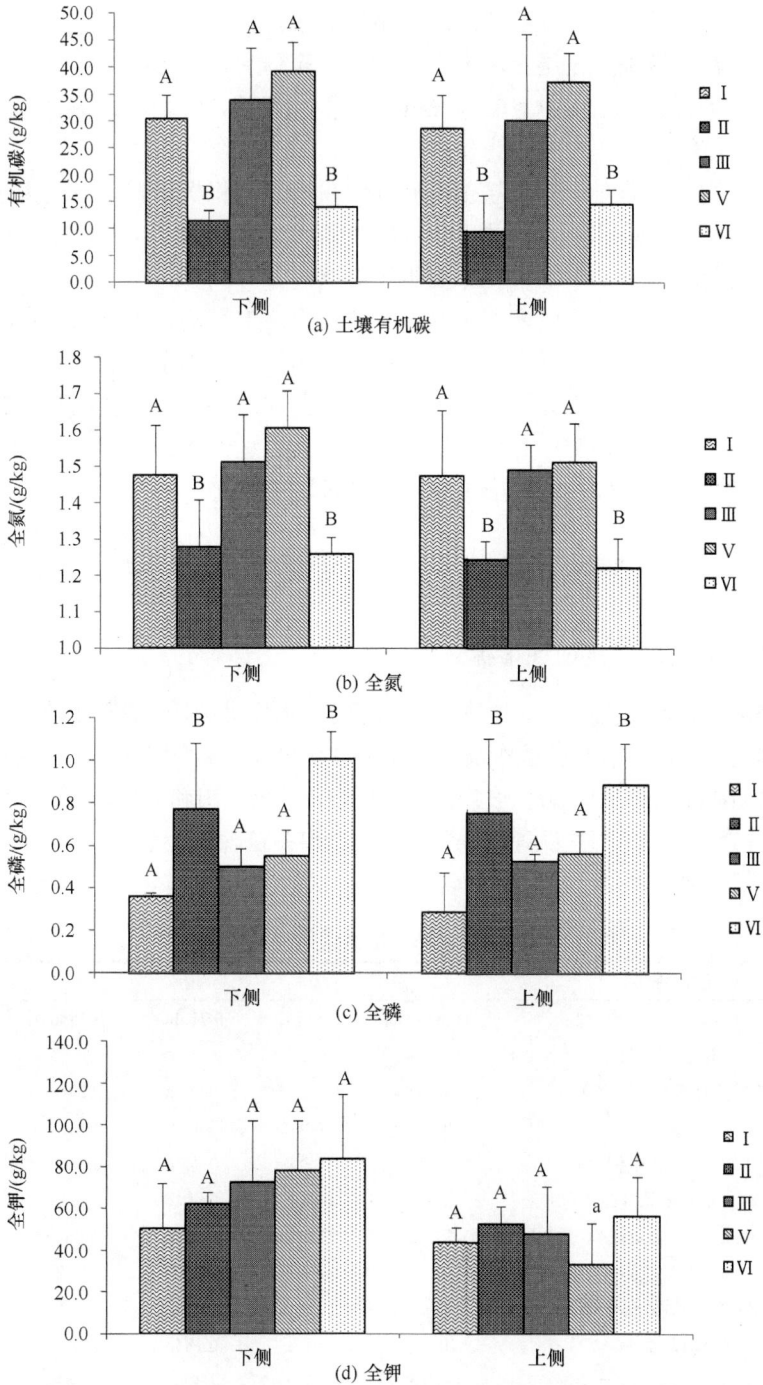

图 4-10　植物篱两侧土壤养分含量

表层土壤理化性质的特征及变化规律，小结如下。

（1）植物篱措施对表层土壤颗粒组成及团聚体有显著影响，植物篱措施后土壤细颗粒含量增多，土壤中＞0.25 mm 水稳性团聚体含量增多，这种规律在小坡度坡耕地及植物篱下侧土壤更为显著。

（2）植物篱措施对下侧表层土壤孔隙含量增加有积极影响，表现为植物篱措施条件下表层土壤总孔隙度及非毛管孔隙度高于无植物篱措施对照组，而有植物篱措施条件的坡耕地土壤毛管孔隙度少于对照组。

（3）植物篱措施对两侧表层土壤养分含量有一定影响，表现为布设植物篱措施的土壤有机碳、全氮含量高于无植物篱对照组，全磷、全钾低于无植物篱对照组，植物篱上侧土壤的养分流失更为严重。因此在坡耕地布设植物篱措施后，要注意适量补充磷肥及钾肥，并控制氮肥的施加，以达到肥量平衡，尤其在植物篱上侧的土壤及大坡度坡耕地更应注意磷肥及钾肥的补充。

第六节　植物篱对紫色土坡耕地土壤抗蚀性的影响

一、植物篱坡耕地的抗蚀性指标分析

植物篱作为紫色土区特别是坡耕地小区常用水保措施，能改善土壤理化性质状况和土壤结构，提高土壤的抗蚀能力。由表 4-9 可知，3 个植物篱小区的粉黏粒含量高于对照组小区，且在 10°坡耕地，有植物篱小区（Ⅲ和Ⅴ）显著高于对照组小区（Ⅵ），15°坡耕地，香根草植物篱小区（Ⅰ）细黏粒含量显著高于对照小区（Ⅱ）；说明植物篱能显著增加土壤粉黏粒含量，具体表现为Ⅴ＞Ⅲ＞Ⅰ＞Ⅱ＞Ⅵ。

表 4-9　坡耕地小区土壤抗蚀性指标

抗蚀性指标	Ⅰ	Ⅱ	Ⅲ	Ⅴ	Ⅵ
X_1（<0.05mm 粉黏粒含量）	0.689 abc	0.645 ab	0.715bc	0.758c	0.611a
X_2［<0.001 mm 胶粒（细黏粒）含量］	0.154b	0.123a	0.139ab	0.152b	0.116a
X_3 结构性指数（X_2/X_1）	0.224a	0.19a	0.197a	0.201a	0.189a
X_4（K_{epic}）	0.049ab	0.048ab	0.05ab	0.051b	0.046a
X_5（>0.25 mm 团聚体破坏率）	0.654a	0.778bc	0.743b	0.636a	0.794c
X_6（>0.5 mm 团聚体破坏率）	0.852a	0.882b	0.902c	0.834a	0.916c
X_7（>0.25 水稳性团聚体含量）	32.569c	17.827a	24.664b	35.083c	17.529a
X_8（>0.5 水稳性团聚体含量）	13.677c	9.046b	9.102b	15.292d	6.887a
X_9［平均重量直径（MWD）］	0.341bc	0.284a	0.307ab	0.362c	0.278a
X_{10}［几何平均直径（GMD）］	0.208c	0.17a	0.185b	0.217c	0.168a
X_{11}（有机质）	11.107b	8.01a	12.405bc	13.661c	8.47a

注：不同小写字母表示不同坡耕地小区在 0.05 水平上差异显著。

对比＞0.25 水稳性团聚体含量可知，Ⅲ和Ⅴ小区分别是对照小区（Ⅵ）的 2.0 倍和 1.41 倍，Ⅰ是Ⅱ小区的 1.82 倍。土壤有机质含量、黏粒与水稳性团聚体呈现出相似的规律，这可能是因为有机质在土壤中大多数以胶粒的形式附着在颗粒上，土壤有机质通过影响土壤"原始稳定性"而影响土壤团聚体水稳性，土壤黏粒通过影响土壤团聚体"崩解速率"影响土壤团聚体的抗蚀性（骆东奇等，2003）。

二、植物篱对土壤抗蚀性的影响

土壤抗蚀性是评价土壤抵抗侵蚀的能力。抗蚀性指数反映土壤的抗崩塌能力，抗蚀性指数越大，土壤抗崩塌能力越强（郭天雷等，2015）。

土壤抗蚀性主要取决于表层土壤理化性质的影响，目前用于评价抗蚀性指标较为多样，且很多指标相互重叠，本书采用主成分分析法对各小区的抗蚀性进行综合评价，最后比较出各个措施下坡耕地小区土壤的抗蚀性指标，以及比较各项措施对抗蚀性的贡献程度，如表 4-10 所示。本书选用 11 个指标对抗蚀性进行分析。主成分矩阵（表 4-11），经过分析，11 个指标可以用 2 个主成分来代表，主成分 1 和主成分 2 的特征为 7.081、2.015，贡献率分别为 64.374%和 18.32%，主成分 1 和主成分 2 的累计贡献率为 82.694%（＞80%）表明使用这两个主成分基本能代表土壤的抗蚀性。

表 4-10　主成分贡献率

主成分	特征根	贡献率/%	累计贡献率/%
1	7.081	64.374	64.374
2	2.015	18.32	82.694

由表 4-11 可知，主成分 1 中，X_7（＞0.25 水稳性团聚体含量）、X_8（＞0.5 水稳性团聚体含量）、X_{10} [几何平均直径（GMD）] 贡献率较大，X_5（＞0.25 mm 团聚体破坏率），有机质为水稳性团粒的主要胶结剂，能够促进土壤中团粒的形成；而团聚体为影响土壤稳定性的重要因子（Graf and Frei，2013；马西军等，2012）。其中 X_5 对主成分抗蚀性增加有负面影响，值越大，土壤的抗蚀性越弱，主成分 2 中，X_4（K_{epic}）和 X_3 结构性指数（X_2/X_1）对土壤抗蚀性影响较大，其中 X_3 结构性指数（X_2/X_1）对抗蚀性为负面影响。主成分分析结果显示以团聚体为基础的指标体系能很好地反映土壤的抗蚀性强弱。根据特征值和特征向量矩阵作为系数可得

$$Z_1 = 0.28X_1 + 0.30X_2 + 0.13X_3 + 0.19X_4 - 0.35X_5 - 0.33X_6 \\ + 0.35X_7 + 0.36X_8 + 0.29X_9 + 0.36X_{10} + 0.29X_{11} \tag{4-4}$$

$$Z_2 = 0.52X_1 + 0.55X_2 + 0.25X_3 - 0.36X_4 - 0.66X_5 - 0.62X_6 \tag{4-5}$$
$$+ 0.66X_7 + 0.67X_8 + 0.54X_9 + 067X_{10} + 0.54X_{11}$$

$$Y = \lambda_1 / (\lambda_1 + \lambda_2) \times Y_1 + \lambda_2 / (\lambda_1 + \lambda_2) \times Y_2 \tag{4-6}$$

以各主成分所对应的方差贡献率 λ_i（$i=1$，2）为权重，计算土壤抗蚀性的综合主成分指数（表 4-10），然后计算出其综合值，最后进行排名，具体计算公式如下：由 $\lambda_1 = 64.374$，$\lambda_2 = 18.320$；可以推断出 $Y=0.7784Y_1+0.22154Y_2$，经过计算，土壤抗蚀性综合主成分值 V＞Ⅰ＞Ⅲ＞Ⅱ＞Ⅵ。

表 4-11　坡耕地小区土壤抗蚀性评价中旋转前、后的主成分矩阵

抗蚀性指标	主成分（旋转前）		主成分（旋转后）	
	Y_1	Y_2	Y_1	Y_2
X_1（＜0.05mm 粉黏粒含量）	0.735	0.607	0.449	0.841
X_2［＜0.001 mm 胶粒（细黏粒）含量］	0.786	−0.285	0.835	0.035
X_3 结构性指数（X_2/X_1）	0.356	−0.837	0.647	−0.639
X_4（K_{epic}）	0.514	0.815	0.166	0.949
X_5（＞0.25 mm 团聚体破坏率）	−0.937	0.164	−0.929	−0.204
X_6（＞0.5 mm 团聚体破坏率）	−0.883	0.039	−0.832	−0.299
X_7（＞0.25 水稳性团聚体含量）	0.941	−0.127	0.919	0.24
X_8（＞0.5 水稳性团聚体含量）	0.953	−0.016	0.888	0.347
X_9［平均重量直径（MWD）］	0.762	−0.177	0.772	0.126
X_{10}［几何平均直径（GMD）］	0.958	−0.139	0.939	0.236
X_{11}（有机质）	0.763	0.324	0.583	0.59

总体而言，3 个植物篱小区抗蚀性均优于对照组，10°坡耕地中，同坡度条件下，Ⅰ小区抗蚀性综合指数比Ⅱ对照小区高 1.321；Ⅲ、V 小区分别高于Ⅵ对照小区 0.0854、2.048，说明植物篱能显著改善坡耕地土壤的抗蚀性。对比同坡度不同植物篱措施条件下土壤的抗蚀性可知，V 小区抗蚀性指数比Ⅲ小区高 1.194，可知香根草植物篱小区对土壤抗蚀性效益提升优于新银合欢。分析坡度因素对土壤抗蚀性的影响，由表 4-12 可知，香根草植物篱措施条件下，10°小区比 15°小区抗蚀性指数高 0.419，而对比两个坡度的对照小区，则没有表现出明显的差异性，这可能是在小坡度坡耕地条件下，植物篱措施对抗蚀性影响程度大于坡度，从而造成这种差异性。

植物篱根系对抗径流冲刷的机械阻拦作用也可能导致植物篱两侧的土壤抗蚀性产生差异，从表 4-12 中 Y_3 一列可知，定植了香根草植物篱的小区植物篱两侧土壤抗蚀性表现出了差异，10°和 15°香根草植物篱小区，Ⅰ、V 小区下侧土壤抗

蚀性综合指数分别比上侧高 33.97%、49.38%，Ⅲ小区植物篱下侧比上侧抗蚀性指数高 7.32%，而同水平位置的对照小区土壤抗蚀性未表现出规律性差异，这可能是植物篱机械阻拦作用导致植物篱下侧土壤受到的水力侵蚀作用更小，土壤中粉黏粒及水稳性团聚体的含量较多。由主成分分析可知，土壤中的团聚体及细颗粒对抗蚀性有正面的促进作用，所以植物篱下侧土壤抗蚀性较高。

表 4-12　坡耕地小区土壤抗蚀性评价主成分分析综合指数

小区	主成分 Y_1	主成分 Y_2	各位置综合得分 Y_3	各小区综合得分 Y
Ⅰ上侧	1.045	1.960	1.247	
Ⅰ下侧	1.583	2.968	1.889	1.372
Ⅱ上侧	0.033	0.0616	0.039	
Ⅱ下侧	0.176	0.331	0.210	0.051
Ⅲ上侧	0.537	1.007	0.641	
Ⅲ下侧	0.455	0.855	0.544	0.598
Ⅴ上侧	1.036	1.942	1.236	
Ⅴ下侧	2.046	3.836	2.442	1.793
Ⅵ上侧	−0.150	−0.281	−0.179	
Ⅵ下侧	−0.162	−0.302	−0.193	−0.255

三、小结

影响土壤抗蚀性的因素较多，含水率、土壤结构、团聚体、有机质等都能成为主要影响因素。本研究区为川中紫色土丘陵区，降水较为丰富，坡耕地地区径流冲刷严重，导致细颗粒流失，从而影响土壤理化性质，使得土壤抗蚀性变差。目前评价土壤抗蚀性指标较多，有的学者以有机质和颗粒组成计算土壤可蚀性指标，也有只考虑土壤几何平均直径来计算土壤可蚀性指标。本书根据实验地土壤质地类型实际情况选择无机黏粒类、微团聚体类、有机质，以及表征土壤团聚体特征的分散系数、分散率、团聚状况、团聚度等多项指标对土壤进行主成分分析。蒲玉琳等（2014）研究发现由于植物篱模式下土壤理化性质得以改善，抗蚀性综合指数在作物带逐渐增加，篱带大幅增加；而常规横坡农作模式下土壤抗蚀性呈近直线式降低；加之网状植物篱根系的固结等作用促使土壤综合抗蚀性增强；因而，植物篱-农作模式土壤综合抗蚀指数比常规横坡农作模式更高。

10°植物篱坡耕地小区抗蚀性指标大于对照组小区，这与黄巍等（2012）的研究结果不一致，这可能是随着季节的变化和耕作方式的改变，土壤颗粒分形特征及可蚀性会随土壤理化性质改变而改变。张文太等（2009）研究发现我国亚热带土壤抗蚀性存在明显季节性变化，评价不同土壤类型抗蚀性指标的 K 值变动趋势和幅度都不同,同一类型土壤的最高 K 值是最低 K 值的 6 倍。

在相同坡度条件下,香根草植物篱对土壤抗蚀性提升大于新银合欢植物篱,这可能是由于香根草作为亚热带耐旱耐瘠品种,对实验地区适应性更强,且根系更为发达,对土壤固持作用更强,对径流冲刷具有较好的抵抗作用。同时香根草植物篱上侧的抗蚀性综合指标普遍小于下侧,而新银合欢植物篱上侧的抗蚀性综合指标大于下侧,可能由于植物篱对冲刷土壤颗粒的堆积影响,导致上侧堆积了较多的细颗粒,有机质含量更高,土壤质地更为良好,但是之间差异不显著,关于植物篱对植物篱两侧土壤抗蚀性的影响有待进行进一步的实验观察和研究才能确定其差异性。

第七节　植物篱对紫色土坡耕地产流产沙的影响

基于遂宁水土保持试验站 2010～2015 年的观测数据,指标包括降水量(mm)、降水强度(mm/h)、径流深(mm)、径流系数、含沙量(g/m^3)、冲刷量(t/km^2)。

一、不同定植年限下植物篱的减流减沙效应

由图 4-11 可知,新银合欢植物篱在 2010～2012 年的减流率均为负值,而香根草植物篱仅在 2010 年的减流率为负值,在 2011～2015 年减流率均为正值。可知 2010 年新银合欢植物篱和香根草植物篱小区的径流深总和均大于对照小区,且表现为新银合欢(10°)＞香根草(10°)＞对照(10°),2011 年也表现出了与 2010年同样的结果,但植物篱小区与对照小区之间的差异减小,2012 年所有试验小区径流深总和表现为新银合欢(10°)＞对照(10°)＞香根草(10°),2013～2015年则表现为所有植物篱小区的径流深总和均小于对照小区,且 2013 年新银合欢(10°)＞香根草(10°),2014 年表现为香根草(10°)＞新银合欢(10°)。在坡度15°的试验小区,2010～2015 年植物篱小区减流率均为正值,径流深均小于对照小区。

以上数据表明,定植植物篱对坡耕地减流有较好的效益。植物篱对坡耕地的减流效益随栽植年限增长而上升。植物篱定植初期,生长时间短,根系不发达,枝叶稀疏,篱墙密集度低,此时对坡面的减流不明显,甚至高于对照小区。但随着植物生长,枝叶变得繁茂,根系变发达,篱墙密集,植物篱的减流效益逐渐明显。研究还表明,香根草植物篱的减流效益高于新银合欢植物篱,但随着定植时间的增长,两种植物篱的减流效益将会无较大差别,这主要是因为香根草是多年丛生草本植物,生长迅速,须根发达,而新银合欢生长较慢且其近地面茎叶稀疏,进而初期减流作用弱于香根草。

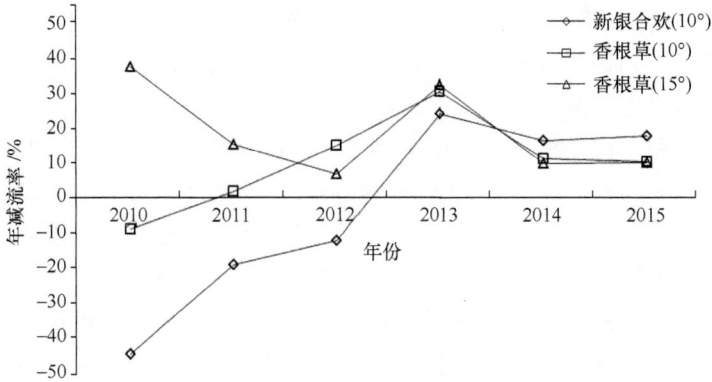

图 4-11　不同植物篱逐年减流特征

由图 4-12 可知，在坡度 10°的试验小区，新银合欢植物篱在 2010～2012 年的减沙率均为负值，而香根草植物篱仅在 2010 年的减流率为负值，在 2011～2015 年减流率均为正值。在 2010 年新银合欢植物篱和香根草植物篱小区的冲刷量总和均大于对照小区，且表现为新银合欢（10°）＞香根草（10°）＞对照（10°），2011～2012 年所有试验小区冲刷量总和表现为新银合欢（10°）＞对照（10°）＞香根草（10°），2013 年则表现为所有植物篱小区的冲刷量总和均小于对照小区，且新银合欢（10°）＞香根草（10°）。

在坡度 15°的试验小区，通过图 4-12 可知 2010～2015 年减沙率均为正值，2010～2015 年植物篱小区冲刷量总和均小于对照小区。

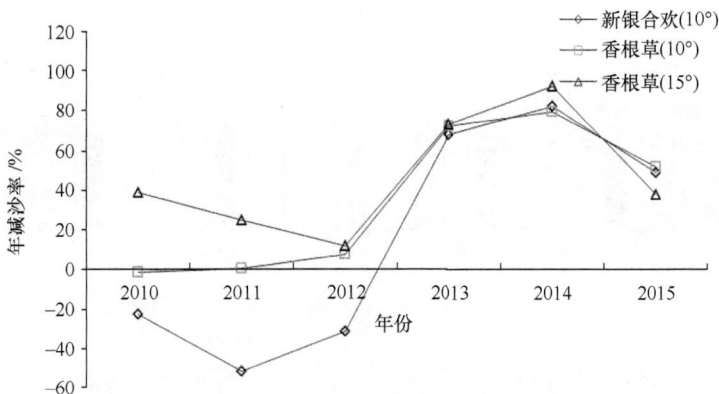

图 4-12　不同植物篱逐年减沙特征

通过对数据的分析发现，植物篱对坡耕地减沙明显，且随着植物篱定植年限的增长，其对坡面泥沙的拦截作用越来越显著，同时香根草植物篱的减沙效益高于新银合欢植物篱,但随着定植时间的增长,两种植物篱的减沙效益无较大差异;但新银合欢种植初期的减沙率出现负值,主要因为栽植植物篱破坏了土体结构,使得地表土壤更加松散,加剧了土壤侵蚀量。

新银合欢和香根草植物篱定植2～3年后减流减沙效果明显,且减沙效果优于减流效果。同坡度时,香根草植物篱的减流减沙率是新银合欢植物篱的1～2倍,且随定植时间增加趋于相等;不同坡度时,植物篱坡耕地减流减沙率随坡度的增加而减少。但坡度对植物篱减流减沙效益的影响在植物篱定植初期影响较大,定植3～4年时区别逐渐微弱。其原因笔者认为是植物篱的改变微地形效应(谌芸等,2013),长期定植植物篱,使得篱间坡度变缓,篱坎变高,最终坡地将逐步转变成以植物篱为地埂的水平梯地。

二、不同雨强下植物篱的减流减沙效应

由于植物篱需要定植2～3年其减流减沙能力才能稳定,所以此处采用遂宁水土保持试验站定植3年植物篱坡耕地的单次降水监测数据。

通过对图4-13数据可知,随着雨量的增加或者短时的强降水都会使得径流系数变大;栽植了植物篱的坡耕地的径流系数与对照地相比略小,差异不大,植物篱样地与对照地之间差异的显著程度表现为香根草(15°)>香根草(10°)>新银合欢(10°)。

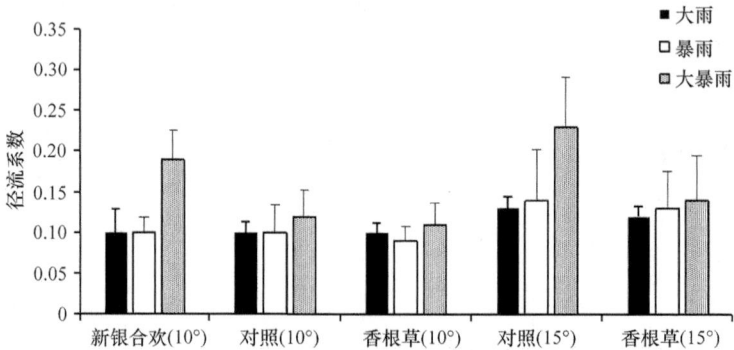

图4-13 不同雨强下各试验区平均径流系数
柱体高度和上部线段分别代表平均值和标准差,下同

通过对数据的分析发现在植物篱定植3年后,降水量的改变对植物篱的减流会造成一定的影响,但效果很微弱,且坡度越小影响越不明显。

通过图4-14的数据可知,随着降水量的增加,植物篱试验小区的含沙量均呈增加趋势,栽植植物篱的样地含沙量小于对照地,但两者之间的差异在逐渐减小。

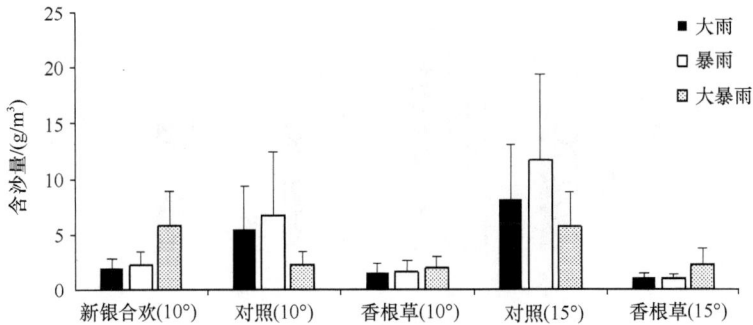

图 4-14　不同雨强下各试验区平均含沙量

对数据的分析表明，降水量的改变对定植 3 年植物篱的减沙效益有明显的影响。降水量的增加使得试验样地的径流含沙量增加，导致植物篱样地的减沙效益下降，且坡度越小减沙效益下降越明显。

上述数据分析说明，定植初期，由于生长时间短，对坡面的减流不明显，甚至高于对照小区。但随着植物生长，枝叶变得繁茂，根系变发达，篱墙密集，植物篱的减流效益明显起来。故定植植物篱对紫土坡耕地有减流减沙效益但需要前期过程，一般为 2～3 年，此过程长短因植物篱品种不同而有一定差异，之后植物篱减流减沙效益将会逐步提升，但当植物篱的各项生态学指标达到一个稳定值时，其减流减沙效益可能不再明显提升，而会趋于稳定，且此时品种对植物篱减流减沙效益将无太大影响。在植物篱达到稳定时，随着降水量增加，对减流影响不明显，但对减沙有抑制效果。此外，在相同条件下，产流产沙量随坡度的增加而增大；而由于植物篱改变微地形的效应，坡度对植物篱减流减沙的影响在定植 2 年时逐渐减小甚至影响微弱，坡地将逐步转变成以植物篱为地埂的水平梯地，但需要更长时间的观测才能确定其转变时间。

三、不同雨型下植物篱的减流减沙效应

为探究降水和植物篱对坡面产流产沙的影响规律，以径流小区为研究对象，分别从径流系数和含沙率两方面，分析不同降水类型和植物篱措施对坡面产流及产沙的影响。图 4-15、图 4-16 表示了不同径流小区在不同雨型下产流产沙的特征。由图 4-15 可以看出，VI小区径流系数最大，III、IV小区次之，V 号最小，V 小区径流系数相比VI小区减少 20%左右，可见香根草植物篱可以减少径流；而III号小区径流系数与IV小区相近，小于VI小区，说明新银合欢植物篱对径流系数影响较小。IV小区相比VI小区径流系数也有降低，考虑到IV小区为撂荒地，长满野草，所以能起到一定减流作用。

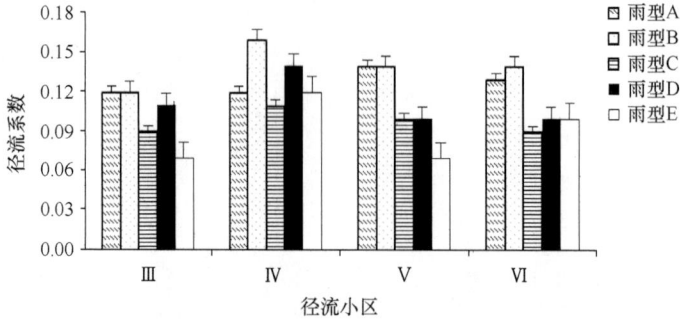

图 4-15　不同雨型下各径流小区径流系数

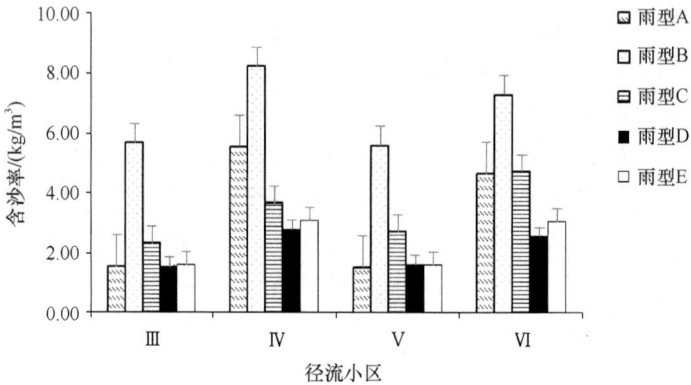

图 4-16　不同雨型下各径流小区含沙率

如图 4-16 所示，V、Ⅲ小区含沙量较低，而Ⅵ、Ⅳ小区含沙量较高。香根草植物篱和新银合欢植物篱对含沙量影响较低且十分相近，在 32 场降水下的平均含沙量为 2.65kg/m³。农耕地和撂荒地含沙量两者的平均含沙量为 5.20kg/m³。V、Ⅲ小区含沙量较Ⅵ、Ⅳ小区减少了二分之一左右，由此可见两种植物篱措施均可以明显改善坡面产沙情况。Ⅳ小区含沙量比Ⅵ小区略低，说明撂荒地在一定程度上也能减缓泥沙流失量。

如图 4-15 所示，雨型 B 径流系数最大达 0.16，然后依次为 A 型雨、D 型雨、C 型雨、E 型雨，且 B 型雨径流系数是雨型 E 的 0.6 倍。可能因为 B 型雨降水历时较长产生持续性径流，对径流系数影响较大，而 E 型雨虽然雨强较大，但历时没有 A 型雨时间长。

如图 4-16 所示，从整体上看 B 型雨是产沙的主要贡献雨型，A 型雨、C 型雨、E 型雨含沙量依次降低，而 D 型雨最少，B 型雨含沙量比其余四种雨型高出 2~3 倍。可以发现中小雨强含沙量更大，这是因为雨强越小产流时间越长（蒲玉琳等，

2013)，特别是在坡面发生细沟侵蚀以后侵蚀量急剧增加，从而导致含沙量迅速增加。Quinton 等（2010）研究也表明，在较小雨强条件下，由于流失泥沙中含有较高的黏粒，加之天然降水条件下小雨强降水发生频率高，时间较长的小雨强降水在一定程度上会发生更多的土壤流失，因此其危害也不容忽视。

第八节　结　　论

和对照小区相比，植物篱小区毛管持水量明显较大，但最大持水量则较小；土壤质量含水量从小区底部到顶部呈减少趋势，且在植物篱上侧的值均大于下侧的值；植物篱措施后土壤黏粒含量和＞0.25 mm 水稳性团聚体含量均明显增加。植物篱定制 3 年后，与对照小区相比，植物篱能维持或提高坡耕地土壤有机质及氮、磷、钾素养分含量，且植物篱下侧土壤的养分含量更高。通过多个指标分析植物篱小区的抗蚀性可知，新银合欢植物篱小区的抗蚀性大于香根草植物篱小区，两者均明显大于对照区。植物篱定植初期，径流小区的产流产沙量反而增加，定值 3 年后才出现转折，说明植物篱措施水土保持效应需一段时间才能发挥；伴随雨强增加，植物篱的减流减沙作用越加明显；雨型 B 是造成该区产流产沙的主要降水类型。

第五章 酸性紫色土区坡地苦竹林降水再分配过程与水化学特征

第一节 试验区概况

试验区设于川西低山区洪雅县柳江镇（102°53'~103°00'E，29°32'~29°34'N），该区为华西雨屏区的中心区域，属亚热带湿润季风气候，年均日照约 1000 小时，年均温度 14~16℃，年平均相对湿度为 86%，无霜期 352~360 天，1980~2000 年平均降水量为 1489.8 mm，2006~2009 年平均降水量为 1576.6 mm，2007~2008 年蒸发量为 627.5 mm，土壤主要为酸性紫色土，地带性植被为亚热带常绿阔叶林（陈光升等，2008）。

试验区为 2000 年退耕还林工程中建成的苦竹（*Pleioblastus amarus*）林，面积约 10 hm²。选择林地中立地条件一致，土壤质地均匀、人为干扰较小的一块林分（30 m×30 m）作为试验样地，样地海拔 600 m，与河面相对高程约 50 m，坡度约 15°。2008 年 11 月测定该苦竹林郁闭度为 0.9，苦竹密度为 35300 株/hm²，高度 7~8 m，100 m² 范围内胸径在 0.1~2.0 cm 的苦竹有 23 株（7%）、2.1~4.0 cm 的有 278 株（78%）、4.1~6.0 cm 的有 52 株（15%），凋落物蓄积量为 0.95 t/hm²，土壤厚度约 100 cm。

苦竹是华西雨屏区退耕还林主要树（竹）种之一，属禾本科苦竹属，散生，竹鞭、鞭根基本分布在 0~20 cm 土层中，不超过 40 cm，是一种笋竹两用，竹材多用途的优良竹种。出笋期在 4~5 月，适应性强，产量高。在低山丘陵或山麓及平地均生长良好，对土壤等环境条件要求不高，具有较强的耐瘠薄能力（涂利华等，2009）。

第二节 样地布设及试验方法

一、样地布设

2008 年 12 月根据随机性和代表性原则布置 3 块 30 m×30 m 的样地，样地之间间距大于 20 m，之后开始选择样地并布设试验设施，分别测定该苦竹林的总降水量、穿透降水量、树干茎流、地表渗透、地表径流、壤中流的流量和溶质浓度。

（一）降水量和穿透降水

在距林缘 1.5 倍树高处布置 3 个林外降水收集桶（内径 20 cm，距地面 1 m，深度 50 cm），用于收集林外降水水样。为防止污染、植物碎片、昆虫等，将孔径为 1 mm 的尼龙网置于漏斗口进行过滤。在试验林布置 9 个林内穿透水收集桶（规格同上），承接林内穿透降水。具体的将每个样地细分为 9 个小样方（10 m×10 m），每个小样方布设一个穿透降水收集桶。

（二）树干茎流

为了测定苦竹林树干茎流，按苦竹冠幅及径阶大小选择 18 株标准竹（分直径<2.0 cm，2.0～4.0 cm 和>4.0 cm 三个径阶，每个径阶各 6 株）布置树干茎流收集装置。树干茎流收集装置布设在胸径处（距森林地表约为 1.3 m）。具体的用直径约 1 cm 沿中缝剖开的塑料管从胸径处由上往下蛇形缠绕于竹竿上，用小铁钉固定，并用胶水粘牢密封，基部接聚乙烯塑料桶收集树干茎流。

（三）地表渗透

在林内地表随机布置 6 个凋落物渗透水收集装置，收集通过凋落物吸存后在重力作用下的下流水样。收集器采用自制的铝皮装置，规格为 15 cm×15 cm×2 cm（长×宽×深），中心处为一孔径为 0.5 cm 的垂直于地面的铝制出水管，并用橡皮管将水样引入旁边的聚乙烯塑料桶内，塑料桶置于旁边开挖的土坑内。安装凋落物渗透水收集装置时将 15 cm×15 cm 范围内的凋落物按层次全部装入该装置内，装置放于地表土壤层之上。

（四）地表径流

为避免穿透水和树干茎流承接装置对地表径流和土壤渗透水的影响，地表径流的测定在相邻林分（林分条件基本一致）中进行。径流场坡度约 15°，其水平面积为 100 m²（5 m×20 m）。径流场四周设置水泥围埂，围埂露出地面部分高 30 cm，埋深 40 cm，径流场下方设沉沙槽和观测房，观测房内设沉沙函（各 4 个），各沉沙函之间设水平导流孔 3 个，使得下一沉沙函所得的径流量为流出上一沉沙函径流量的 1/3。

（五）壤中流

在试验林分中随机选取 6 个点，挖取长、宽、深分别为 100 cm、100 cm、

120 cm 的土坑。在垂直于坡向的剖面上 40 cm 和 100 cm 处分别布置 1 个土壤渗透水收集装置（罗艳等，2004），分别承接两个深度的土壤渗透水。为避免 40 cm 层对 100 cm 层的影响，两个层次的土壤渗透水取样器分开设置，不重叠。自制土壤渗透水取样器由一个铝制承接器（30 cm×30 cm×5 cm）、一根塑料导管和一个聚乙烯塑料桶组成。将径流取样器插入安装槽最深处，用导管将水样引入外接聚乙烯塑料桶。

二、样品采集

2008 年年底样地建设完毕后，从 2009 年 1 月开始，对降水再分配特征和水化学特征进行定位观测 1 年。每次降水结束后 2 小时左右开始取样。取样时，对水量及 pH 进行现场测定，对不能现场测定的项目则带回实验室进行分析测试。取样后，将水样承接和储存装置用蒸馏水清洗干净并放回原位。各水样的采集方法见表 5-1。

表 5-1　水样采集方法

水样形式	集水装置个数	取样个数	取样体积/mL	取样方法
林外降水	3	3	500	将各水样混合均匀，取样瓶润洗干净后直接取得样品
穿透水	9	3	500	3 个集水装置内的水样混合为一个共同水样。将水样混合均匀，取样瓶润洗干净后直接取得样品
树干茎流	18	9	500	按照径阶的不同，将相同径阶的 2 个集水装置内的水样混合为一个共同水样。将水样混合均匀，取样瓶润洗干净后直接取得样品
润落物渗透水	6	3	500	2 个集水装置内的水样混合为一个共同水样。将水样混合均匀，取样瓶润洗干净后直接取得样
地表径流	1	3	500	取样瓶润洗干净后，按照上中下 3 各层次取得
40 cm 土壤渗透水	6	3	500	2 个集水装置内的水样混合为一个共同水样。将水样混合均匀，取样瓶润洗干净后直接取得样品
100 cm 土壤渗透水	6	3	500	同 40 cm 土壤渗透水的取样方法

三、样品保存及分析

样品的保存及分析方法（国家环境保护总局，2002）见表 5-2。

四、数据处理

同一月份内的各次降水量及养分沉降量之和即为本月份水量及养分沉降量；月份养分浓度则由当月各次降水养分浓度的加权平均得到。

林冠截留量：$I = R–T–S$。其中 I 为林冠截留量 [水量单位 mm，养分单位 kg/（$hm^2·a$）；下同]；R 为林外大气降水量；T 为穿透水量；S 为树干茎流量。

表 5-2 样品保存及分析方法

指标	保存方法	分析方法	使用仪器	测定时间
pH				现场测定
DC	加 H_2SO_4,pH≤2	高温氧化法	TOC-vcp	24 小时内
DOC	加 H_2SO_4,pH≤2	高温氧化法	TOC-vcp	24 小时内
DN		高温氧化法	TOC-vcp	24 小时内
NH_4^+-N	加 H_2SO_4,pH≤2	纳氏试剂光度法（详见 GB13580.11）	分光光度计	24 小时内
NO_3^--N		紫外光度法（详见 GB13580.8—92）	紫外分光光度计	24 小时内
SO_4^{2-}		硫酸钡浊度法	分光光度计	30 天内
K^+	500 mL 水样中加浓 H_2SO_4	原子吸收分光光度法	原子分光光度计	15 天内
Ca^+	500 mL 水样中加浓 H_2SO_4	原子吸收分光光度法	原子分光光度计	15 天内
Mg^+	500 mL 水样中加浓 H_2SO_4	原子吸收分光光度法	原子分光光度计	15 天内

注：分析方法详见 GB13580

凋落物吸持量：$L = T+S-O_L$。其中 L 为凋落物吸持量，T 为穿透水量，S 为树干茎流量，O_L 为凋落物渗透水量。

土壤吸存量：$S_C = O_L-R_O-O_S$。其中 S_C 为土壤吸存量，O_L 为凋落物渗透水量，R_O 为地表径流量，O_S 为土壤渗透水量。利用 SPSS 13.0 软件进行统计分析。

第三节 华西雨屏区苦竹林生态系统降水再分配特征

一、林冠截留及穿透水、树干茎流特征

林外大气降水以穿透水和树干茎流两种形式通过苦竹林冠。2009 年，洪雅地区林外大气降水总量为 1986.0 mm，降水次数为 193 次，降水主要集中在 6～8 月，占全年降水总量的 51.2%。穿透水全年累计 1877.0 mm，占全年林内降水的 89.3%，树干茎流全年累计 223.9 mm，占全年林内降水的 10.7%。如图 5-1 所示，穿透水是林内降水的主要形式，并随着林外大气降水的波动而波动，出现强烈的季节变化。穿透水量和树干茎流量与林外大气降水量呈极显著相关关系，以线性回归拟合最佳，见表 5-3。

一般的，林外降水经过林冠作用后，被分成了树冠截留量、穿透水量、树干茎流量和蒸发消耗量。穿透水量与树干茎流量之和应该小于林外降水量。对华西雨屏区苦竹林全年林内降水量与林外降水量比较后发现，穿透降水与树干茎流之和为 2100.9 mm，而林外降水量仅为 1986.0 mm，两者之差为 114.9 mm，也就是说林内降水比林外降水大，这与国内外的研究结果不一致（时忠杰等，2009；Nelda and Noemi，2006）。这可能与洪雅特殊的气候环境有关，洪雅地处华西雨屏区的中

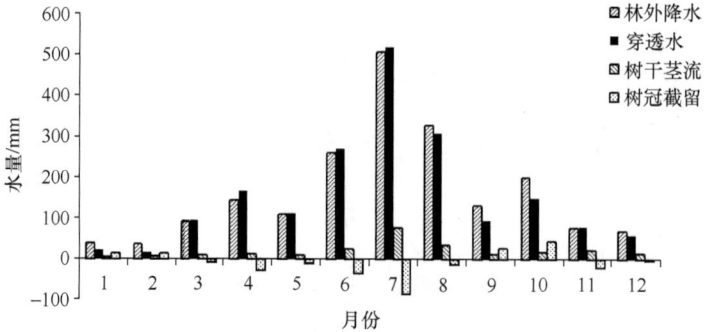

图 5-1　林冠层降水再分配

表 5-3　不同形式水样与林外降水水量的回归方程

水样形式	回归方程	相关系数	显著性
穿透水	$y = 1.0258x - 13.347$	0.989	$P < 0.01$
树干茎流	$y = 0.1323x - 3.2348$	0.932	$P < 0.01$
凋落物渗透水	$y = 0.6346x - 16.661$	0.956	$P < 0.01$
地表径流	$y = 0.0106x - 0.5789$	0.973	$P < 0.01$
40 cm 土壤渗透水	$y = 0.0966x - 2.5515$	0.890	$P < 0.01$
100 cm 土壤渗透水	$y = 0.0315x - 1.5073$	0.946	$P < 0.01$

心区域,是全国多雨区之一,常年空气湿度较大,蒸发量较小,加之属山地丘陵区,昼夜温差较大,清晨和傍晚常有雾、露、霜等气候现象发生,即使在无降水的情况下,林内也有水滴落下,从而增加了林内降水量,这就使得通过公式计算出的树冠截留量为负值。

二、凋落物吸持及下渗特征

从图 5-2 和表 5-3 可以看出,凋落物对水分的吸持与渗透均表现出强烈的季节变化,两者均随着林内降水量的增大而增大,并和林外降水量的相关性达极显著水平($P < 0.01$)。

三、土壤吸存及输出特征

降水经过两次再分配以后,以凋落物渗透水的形式继续向下移动。从图 5-3 可以看出,林地土壤对水分的吸持与渗透均表现出强烈的季节变化,两者均随着凋落物渗透水量的增大而增大,并和林外降水量的相关性也达显著水平($P < 0.01$)。

试验发现,2009 年凋落物渗透水量为 1060.3 mm,其中 14.2 mm 以地表径流形式输出,如果忽略降水期间的林地蒸发,土壤年下渗量为 1046.1 mm,在土壤

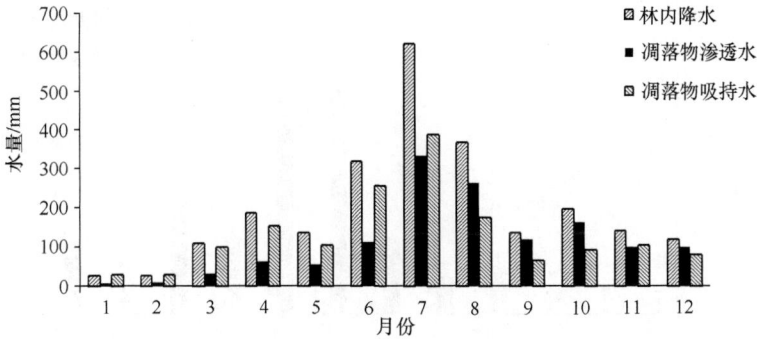

图 5-2 凋落物层降水再分配

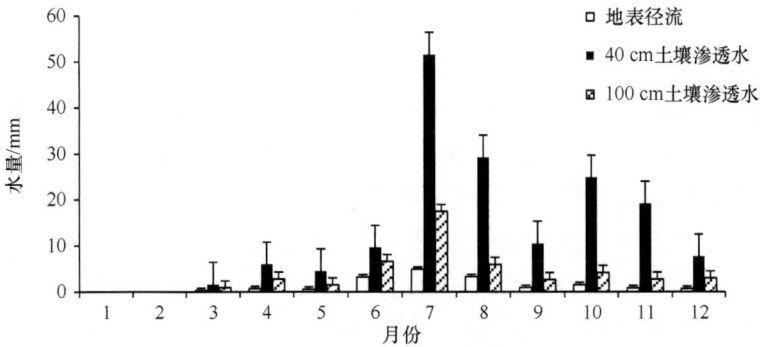

图 5-3 土壤层降水再分配

表面以下 40 cm（苦竹根系分布层）处收集到的土壤年径流量为 161.2 mm，也就是说，0~40 cm 土层吸存水量为 884.9 mm，对水分的吸存率为 84.6%。大部分降水被这一层的土壤所吸存（图 5-4）。从 0~100 cm 土层持水量来看，在地表以下 100 cm 处收集到的土壤年径流量为 44.5 mm，整个土壤层对水分的吸存率为 95.7%。与林外降水比较，0~100 cm 土壤层对降水的吸存率为 50.4%，大气降水中有约一半的水分被土壤吸存。

四、森林生态系统降水再分配特征

（一）林冠对降水的截留及林内降水特征

本书研究发现，苦竹林冠层是森林生态系统对大气降水的第一作用层。林内降水的月变化规律随林外降水的变化而变化，二者表现出良好的相关性，这与闫文德等（2005）的研究结果一致。

我国亚热带地区的林冠截留率为 8%~30%（冯佐乾等，2006；张建华等，2006），而本书研究发现，通过公式计算出的林冠截留率为负值，这可能与研究区的小气

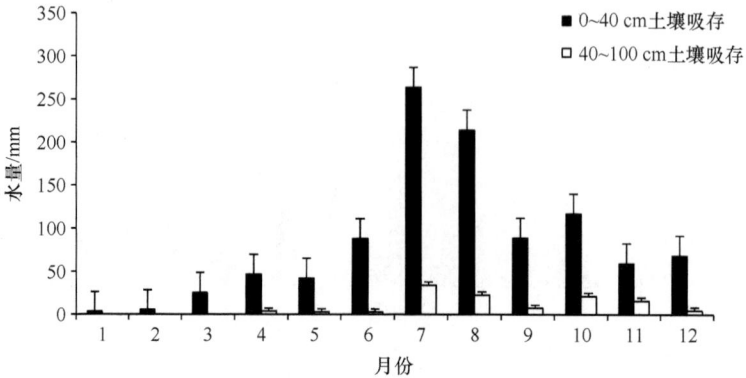

图 5-4 土壤层对水分的吸存

候特点，以及林分内部水气循环有关。

林内降水包括穿透水和树干茎流两部分，其中穿透水是林内降水的主要形式（田大伦等，2001；巩合德等，2004；闫文德等，2005）。对森林降水分配的研究结果综合统计后发现，穿透水量占林内降水量的 95% 以上，本书研究表明，虽然穿透水量仅占林内降水的 89.3%，但它仍然是林内降水的主要形式。对我国大部分林分而言，树干茎流量占林外降水量的 1%～5%，而本书研究发现，苦竹林树干茎流量为林外降水量的 11.3%，明显大于其他研究者得出的结果，这是因为树种形态（林木胸径大小、树木的主侧枝夹角大小及树皮的粗糙程度等）是决定树干茎流的主要因子，苦竹枝干光滑且竹枝伸展角度较小，雨水容易沿枝条经竹干流到地面，这与吴中能等（2003）的研究结果有一定的相似性。

（二）凋落物对水分的吸持与下渗特征

目前，国内外在凋落物吸持水分方面的研究主要是通过室内浸水实验实现的，测量指标一般为持水量和持水速率，再结合凋落物储量相关数据，从而计算出同一森林生态系统整个凋落物层的储水量（高国雄等，2006；龚伟等，2006；陈光升等，2008；聂雪花等，2009；王艳红等，2009；吴永波等，2009）。显然，这样测量的凋落物持水性仅能反映凋落物自身对水分的持水性能，而不能反映生态系统中凋落物层对降水的实际吸持状况，因为它没有考虑到外部环境因子对其持水性能的影响，包括降水时间、降水强度、降水频度等。而野外的观测实验则是将观测对象置于具体的环境中，考虑到了外部环境对凋落物持水性的影响，得出的数据也更能反映实际情况。

华西雨屏区苦竹林林内年降水量为 2100.9 mm，凋落物年渗透量为 1060.3 mm，年持水量为 1040.6 mm，年持水率为 49.5%，月持水率随着月降水量的减少而增大，在降水最小的月份其持水率达到 97.1%。可见，森林凋落物具有强大的保水、蓄水能力，是生态系统吸存水分最多的界面，对整个生态系统的水量平衡起着主导作用，这与吴万奎等（1996）研究结果一致。冯佐乾等（2006）对华山落叶松林凋落物对降水的截持量的研究表明，凋落物截持量随雨量的增大有增大的趋势，呈指数增长（$y=1.2287e^{0.0425x}$），在测定期间，总降水量为 352.5 mm，凋落物层截留量 90.5 mm，截留率达 25.7%。张建华等（2006）利用凋落物的数量、质量、水溶性和雨前含水量等指标，计算得出华北落叶松人工林地表凋落物层对水分的截留率为 10.2 %。本书与以往研究均说明凋落物层在森林生态系统截持降水方面具有重要作用。

（三）土壤对水分的吸存与输出特征

降水经过两次再分配以后，以凋落物渗透水的形式继续向下移动，当凋落物渗透水的下渗速率大于土壤的入渗速率时，产生地表径流，下渗的水分一部分被土壤吸存于毛管孔隙当中，另一部分则以土壤渗透水的方式继续向下迁移，形成地下水（刘建立，2009）。实验发现，2009 年试验地降水量为 1986 mm，其中 14.2 mm 以地表径流形式输出，径流系数约为 0.7%，这与潘维俦和田大伦（1989）和刘煊章（1993）的研究结果相近，但与张学权等（2004）、涂利华等（2005）、武卫国等（2007）在本区域对其他植被系统径流量的研究结果相差甚远。

目前，土壤对水分的吸持性能主要利用持水量、渗透速率、含水量等指标来表示的，而直接观测土壤层在生态系统中对水分的吸持状况与输出状况的研究还很少。

五、小结

林外大气降水经过苦竹林三次水分分配以后，被吸存在生态系统的水量占全年降水量的 102.8%（这是因为林冠年截留量为负值），输出系统的水量占年降水量的 3.0%。整个生态系统吸存了绝大部分降水（当然，这里没有考虑降水期间整个生态系统的蒸散发），只有一小部分流出系统形成地下水和河川径流。

第四节　华西雨屏区苦竹林生态系统水化学特征

一、pH 变化特征

由图 5-5 可知，林外降水、穿透水、树干茎流、凋落物渗透水、40 cm 及 100 cm 土壤渗透水的 pH 均表现出春季和秋季较高，夏季和冬季较低，在年内出现"M"形变化，而地表径流的 pH 无明显的月变化规律，与凋落物渗透水的 pH 相关性也不显著。

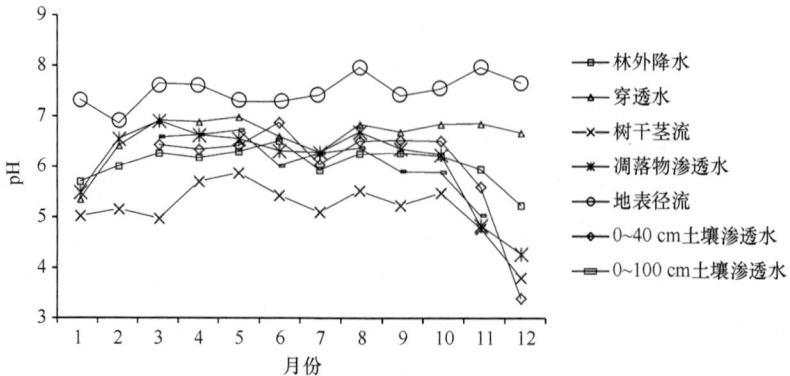

图 5-5　pH 变化特征

林外降水通过林冠后 pH 发生变化。穿透水的 pH 有所升高,年平均值为 6.58;而树干茎流 pH 明显低于林外大气降水,年平均值为 5.13,树干茎流出现明显的酸化现象,这可能与树干茎流对竹干及枝条上干沉降物质的淋洗有关。降水经凋落物层作用后,输出的水分有进一步酸化的趋势,凋落物渗透水 pH 年平均值为 6.17,低于林内降水的 6.43。水分在重力作用下继续向下移动,其 pH 经土壤层的作用后出现了两个相反的变化趋势,地表径流的 pH 剧烈升高,达到 7.51,而随着土层的增厚和作用时间的增加,其 pH 逐步降低,酸化现象进一步加强,40 cm和 100 cm 土壤渗透水的 pH 年平均值分别为 6.06 和 5.77。总的来说,在苦竹林生态系统中,随着水分的迁移,其 pH 在林冠层-凋落物层-土壤层中的变化趋势为一个逐渐酸化的过程,尽管这种酸化现象在不同作用层存在差异。

对各水样形式的 pH 进行相关性分析后发现,林外降水与树干茎流、凋落物渗透水、40 cm 土壤渗透水存在极显著的相关性($P < 0.01$),而与穿透水、地表径流、100 cm 土壤渗透水的相关性则不明显($P < 0.01$);树干茎流与凋落物渗透水、40 cm 土壤茎流的相关性也达到极显著水平($P < 0.01$);凋落物渗透水与 40 cm、100 cm 土壤渗透水均存在极显著相关性($P < 0.01$)。

二、碳组分浓度随水流变化特征

从浓度上看,林外降水、穿透水、树干茎流、凋落物渗透水、地表径流、40 cm和 100 cm 土壤渗透水中的 DC、DOC 均表现出明显的季节变化,即夏季浓度低、冬季浓度高(图 5-6、图 5-7),这与同一时期各层次水量的大小密切相关。各形式水样中的 DC 年平均浓度大小顺序为:地表径流(24.956 mg/L)>凋落物渗透水(19.231 mg/L)>穿透水(8.683 mg/L)>树干茎流(8.630 mg/L)>40 cm 土壤渗透水(7.523 mg/L)>100 cm 土壤渗透水(6.480 mg/L)>林外降水(5.355

mg/L）；而 DOC 年平均浓度大小顺序为：地表径流（17.990 mg/L）＞凋落物渗透水（17.546 mg/L）＞树干茎流（8.032 mg/L）＞穿透水（6.369 mg/L）＞40 cm 土壤渗透水（5.954 mg/L）＞100 cm 土壤渗透水（5.551 mg/L）＞林外降水（4.830 mg/L）。分别从林冠层、凋落物层、土壤层这三个降水作用层面上来分析，林外降水中的 DC、DOC 浓度明显低于穿透水和树干茎流，这与降水对苦竹枝叶的淋洗有关。

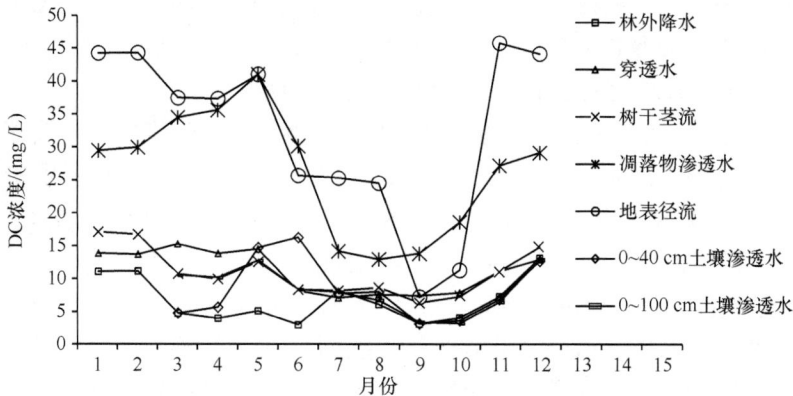

图 5-6　DC 浓度变化特征

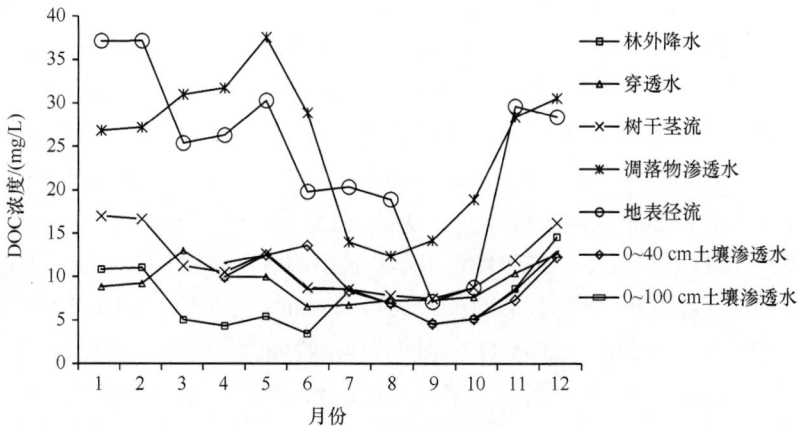

图 5-7　DOC 浓度变化特征

林内降水经过凋落物层后，渗透水中的 DC 和 DOC 浓度显著升高，5 月达到最大，分别为 41.100 mg/L 和 36.938 mg/L，这是因为苦竹林凋落物数量在 5 月达到最大，3～7 月凋落量约占全年总凋落量的 70%，新凋落物对渗透水中的 DOC 浓度影响巨大（庞学勇等，2009）。林内降水中的 DC 和 DOC 浓度分别为

8.678 mg/L、6.547 mg/L，而凋落物渗透水中这两种成分的浓度分别达到19.231 mg/L 和 17.546 mg/L，分别升高了 2.22 倍和 2.68 倍，尤其是在 6 月，升高的比例最大，达到 4 倍以上，这可能是因为：①林内降水中的 DC 和 DOC 浓度有所降低；②凋落物层 DOC 经历了一个冬季的积累，在 6 月，降水频度和降水强度增大，这就使得凋落物层前一时期积累的 DOC 被迅速淋洗出来；③5 月是苦竹林枝叶凋落的高峰，这个时期凋落的枝叶在 6 月开始迅速分解，分解所释放的氨基酸、多肽等有机物质溶解于渗透水中，使得渗透水中的 DOC 浓度升高；④DOC 是 DC 最重要的一部分，DC 的浓度将随着 DOC 的变化而变化，这也很好解释了 DC 浓度升高比例小于 DOC 升高比例这一现象。

在土壤层中，土层越深，渗透水中的 DC 和 DOC 浓度就越小，这说明土壤层对降水当中的 DC、DOC 有明显的过滤作用。地表径流、40 cm 土壤渗透水和 100 cm 土壤渗透水中的 DC 和 DOC 在 5~6 月均有一个峰值，这与凋落物渗透水的情况一致，说明地表径流及土壤渗透水中的 DC 和 DOC 浓度随凋落物渗透水中的 DC 和 DOC 浓度变化而变化，而凋落物渗透水中的 DC 和 DOC 浓度又与新近凋落物的数量密切相关，这就是林分状况影响水质的例证之一。总的来说，在苦竹林生态系统中，随着水分的迁移，其 DC 和 DOC 浓度在林冠层-凋落物层-土壤层中均呈现出升高—升高—降低的变化规律。

从总量上看，林外降水向苦竹林生态系统输入的 DC 总量为 105.302±15.235 kg/（hm^2·a），其中 DOC 为 95.007±9.998 kg/（hm^2·a），占 DC 总量的 90.2%，这说明通过降水形式输入的碳以有机碳为主。降水通过林冠层后，林内降水的 DC 和 DOC 总量显著增加，降水现象对林冠层表现为淋溶效应，二者的淋溶量分别为 77.623±16.579 kg/（hm^2·a）、43.359±8.623 kg/（hm^2·a）。对凋落物层而言，林内降水形式输入的 DC、DOC 总量分别为 181.300±47.593 kg/（hm^2·a）、138.366±38.186 kg/（hm^2·a），通过渗透水形式输出凋落物层的 DC、DOC 总量分别为 201.575±43.255 kg/（hm^2·a）、184.050±34.289 kg/（hm^2·a），DC 和 DOC 均表现为正淋溶，凋落物分解所释放的一部分 DC 是随着凋落物渗透水的形式进入土壤系统。在土壤层的作用下，虽然地表径流中 DC 和 DOC 浓度较高，但由于径流量小，所以，全年流失总量仅占凋落物渗透水输入总量的 1.4%和 1.8%；同样，由于土壤渗透水具有浓度低和水量少的特点，使得输出土壤系统的 DC 和 DOC 总量很少。土壤吸存了大部分渗透水中的 DC 和 DOC，0～40 cm 土壤层对二者的吸存率分别达到 91.2%和 92.4%，0～100 cm 土壤层的吸存率超过 96.0%，这部分碳被固定在土壤层中，不再参与水文循环过程（表 5-4）。总之，苦竹林生态系统对降水输入的 DC 和 DOC 表现出强烈的吸附固定效应，吸附量分别为 98.891 kg/（hm^2·a）和 90.001 kg/（hm^2·a）（表 5-4）。

表 5-4　苦竹林各层次不同指标的淋溶量　　　　［单位：kg/（hm^2·a）］

指标	林冠层	凋落物层	0～40 cm 土壤层	0～100 cm 土壤层
DC	77.623±16.579	20.275±11.441	−161.363±37.959	−170.606±41.629
DOC	43.359±8.623	45.684±15.668	−147.359±30.785	−154.486±33.732
DN	22.174±8.450	−28.064±5.855	−85.676±11.107	−94.437±17.548
NH_4^+-N	44.052±24.931	−62.572±11.586	−35.580±12.030	−38.745±15.154
NO_3^--N	−6.396±4.538	30.064±13.453	−44.355±14.369	−48.162±18.703
SO_4^{2-}	24.558±37.996	−130.695±6.221	−134.936±41.126	−174.336±47.593
K^+	180.162±87.01	−46.612±30.322	−179.268±67.241	−184.550±69.009
Ca^+	31.269±19.097	−30.188±11.807	−54.840±14.523	−70.407±19.839
Mg^+	135.675±34.466	−6.272±11.844	−164.814±24.398	−170.475±30.253

三、氮组分浓度随水流变化特征

从浓度上看，林外降水、穿透水、树干茎流、凋落物渗透水、地表径流、40 cm 和 100 cm 土壤渗透水中的 DN、NH_4^+-N 和 NO_3^--N 均表现出强烈的季节变化规律：夏季浓度低，冬季浓度高（图 5-8～图 5-10）。凋落物渗透水中 NO_3^--N 在 5～6 月出现了一个峰值，这也可能与苦竹林的枝叶凋落规律有关，同样，40 cm 和 100 cm 土壤渗透水中的 DN、NH_4^+-N 和 NO_3^--N 浓度均在 5~6 月出现一个峰值。各形式水样中的 DN 年平均浓度大小顺序为：凋落物渗透水（9.353 mg/L）＞地表径流（8.399 mg/L）＞40 cm 土壤渗透水（7.170 mg/L）＞穿透水（6.058 mg/L）＞100 cm 土壤渗透水（6.057 mg/L）＞树干茎流（5.800 mg/L）＞林外降水（5.268 mg/L）；NH_4^+-N 年平均浓度大小顺序为：穿透水（4.901 mg/L）＞树干茎流（4.457 mg/L）＞凋落物渗透水（3.743 mg/L）＞林外降水（2.928 mg/L）＞40 cm 土壤渗透水（2.350 mg/L）＞100 cm 土壤渗透水（1.400 mg/L）＞地表径流（0.865 mg/L）；NO_3^--N 年平均浓度大小顺序为：地表径流（6.922 mg/L）＞凋落物渗透水（4.481 mg/L）＞100 cm 土壤渗透水（4.143 mg/L）＞40 cm 土壤渗透水（3.505 mg/L）＞树干茎流（1.715 mg/L）＞林外降水（1.378 mg/L）＞穿透水（0.853 mg/L）。分别从林冠层、凋落物层、土壤层这三个降水作用层面上来分析，在林外降水中，NH_4^+-N 占 DN 的比例为 55.6%，NO_3^--N 占 26.2%，这说明林外降水中对苦竹生态系统的氮素输入主要是以 NH_4^+-N 和 NO_3^--N 形式为主。在林内降水中，NH_4^+-N 和 NO_3^--N 占 DN 的比例分别为 80.6%、15.7%，与林外降水相比，**NH_4^+-N** 在林内降水中的比例有所增加，而 NO_3^--N 则有所减小，这说明苦竹林林冠不但影响输入系统的氮素含量，而且显著改变了氮素的输入形式。凋落物渗透水中的 DN 和 NO_3^--N 的浓度高于林内降水，而 NH_4^+-N 则低于林内降水，NO_3^--N 和 NH_4^+-N 浓度的一升一降可能与凋落物分解过程中的硝化与反硝化作用强弱有关。通过对凋落物渗透水在与土壤作用前后的 NH_4^+-N/NO_3^--N 可知，凋落物渗透水的 NH_4^+-N 和 NO_3^--N 的比值为 0.77，而地表径流、40 cm 和 100 cm 土壤渗透水中的比值分别为 0.13、0.67 和 0.34，这说明降水在与土壤接触前 NH_4^+-N 所占比例较大，与土壤接触后比例减小，土壤层对水文循环中的 NH_4^+-N 浓度的影响与凋落物层相似。

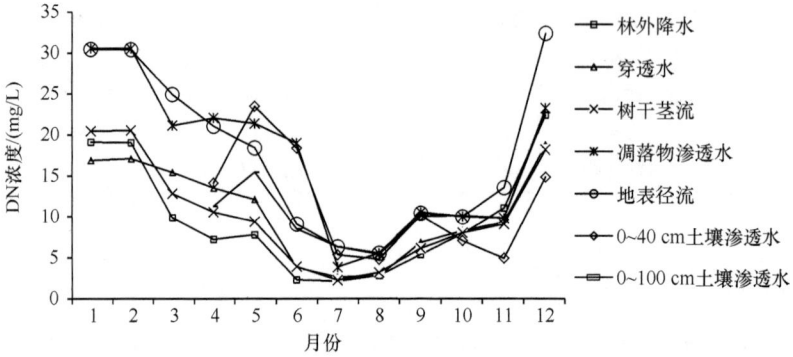

图 5-8　DN 浓度变化特征

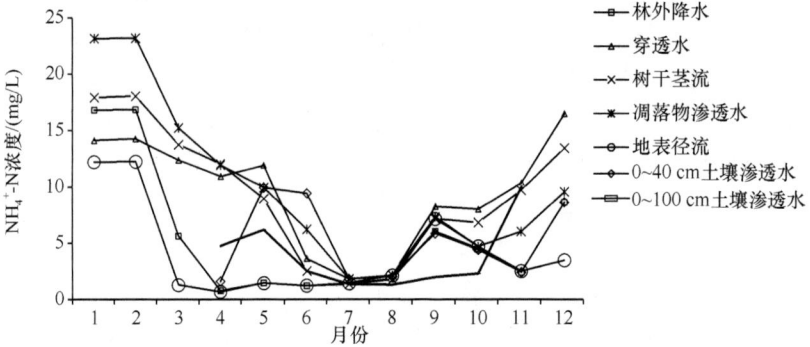

图 5-9　NH_4^+-N 浓度变化特征

从总量上看，林外降水经过林冠后，DN 含量增加，增加量为 22.174±8.450 kg/（$hm^2 \cdot a$）（表 5-4），表现为正淋溶效应，这主要是因为 NH_4^+-N 的增加量 [44.052±24.931 kg/（$hm^2 \cdot a$）] 大于 NO_3^--N 的减少量 [6.396±4.538 kg/（$hm^2 \cdot a$）] 所引起的，这表明 NH_4^+-N 在林冠枝叶中淋溶大于吸收，而 NO_3^--N 则是吸收大于淋溶，两者的相反变化规律是基于苦竹林冠对元素的选择吸收原理。林内降水通过凋落物层以后，NO_3^--N 总量增加，表现为正淋溶，其增加量为 30.064±13.453 kg/（$hm^2 \cdot a$）。虽然 DN 在凋落物渗透水中的浓度比林内降水大，但由于渗透水的量较

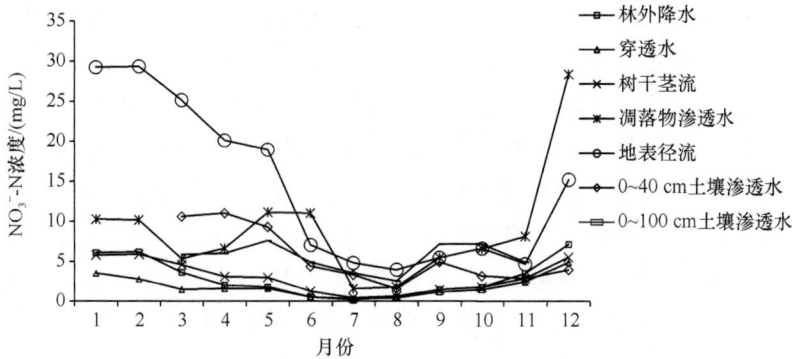

图 5-10　NO_3^--N 浓度变化特征

小，所以计算得到的 DN 总量较小，表现为负淋溶。同样，NH_4^+-N 也表现为负淋溶，淋溶量为–62.572±11.586 kg/hm^2，对比林外降水所溶解的 NH_4^+-N 总量发现，林外降水在经过林冠后，NH_4^+-N 总量增加，随着水分的继续迁移，在经过凋落物层作用后，NH_4^+-N 总量显著减少，并且比林外降水的初始输入量还低，在林冠层和凋落物层分别经历淋溶-富集（转化）两个过程，而 NO_3^--N 在这两个作用层面则表现出与 NH_4^+-N 完全相反的两个变化过程。可见，苦竹林生态系统不同层面对不同离子的作用截然不同。通过地表径流输出系统的 DN 为凋落物渗透水输入量的 1.2%；凋落物渗透水经过土壤层后，大部分的氮素被吸附固定在土壤层中，0~40 cm 土壤层对 DN、NH_4^+-N 和 NO_3^--N 的吸附率分别为 87.1%、90.1% 和 87.0%，这表明 0~40 cm 土壤层能够吸收水文过程中的绝大部分氮素；随着水分的继续下移，土壤层对 DN、NH_4^+-N 和 NO_3^--N 的吸附固定更加完全，到 100 cm 土壤层时，能输出系统的氮素仅为凋落物渗透水输入土壤的 4.0%左右。总的来说，苦竹林生态系统对降水输入的 DN、NH_4^+-N 和 NO_3^--N 表现出强烈的吸附固定效应，吸附量分别为 100.327 $kg/$（$hm^2·a$）、57.264 $kg/$（$hm^2·a$）、24.495 $kg/$（$hm^2·a$）（表 5-4）。

四、硫酸根离子变化特征

从浓度上看，林外降水、穿透水、树干茎流、凋落物渗透水、地表径流、40 cm 和 100 cm 土壤渗透水中的 SO_4^{2-} 浓度变化趋势一致，均为夏季浓度低，冬季浓度高，且具有强烈的季节变化（图 5-11），这与降水量的增加而稀释了离子浓度密切相关。各形式水样中的 SO_4^{2-} 年平均浓度大小顺序为：40 cm 土壤渗透水（30.919 mg/L）＞100 cm 土壤渗透水（23.455 mg/L）＞凋落物渗透水（17.710 mg/L）＞地表径流（16.499 mg/L）＞树干茎流（15.991 mg/L）＞穿透水（15.039 mg/L）＞林外降水（14.782 mg/L）。

从总量上看，林外降水 SO_4^{2-} 沉降量为 293.240±8.449 $kg/$（$hm^2·a$），林内降

水为 317.798±46.445 kg/（hm^2·a），表现为正淋溶效应。与之相反，凋落物层对 SO$_4^{2-}$表现出吸附效应，吸附量为 130.695±6.221 kg/（hm^2·a）（表 5-4），吸附率为 41.1%，这说明凋落物层在对硫酸盐污染情况下的水质净化方面具有重要作用。在土壤层中，虽然 SO$_4^{2-}$在土壤渗透水中的浓度有所升高，但由于土壤渗透水流量较小，加之地表径流途径输出的也只占很小一部分，使得输出系统的 SO$_4^{2-}$在总量仍然比输入的小，土壤层对 SO$_4^{2-}$表现出富集现象，0～100 cm 土壤层对其吸附率为 93.2%，吸附量为 174.336±47.593 kg/（hm^2·a）。总的来说，苦竹林生态系统对降水输入的 SO$_4^{2-}$表现出强烈的吸附固定效应，吸附量为 280.473 kg/（hm^2·a）（表 5-4）。

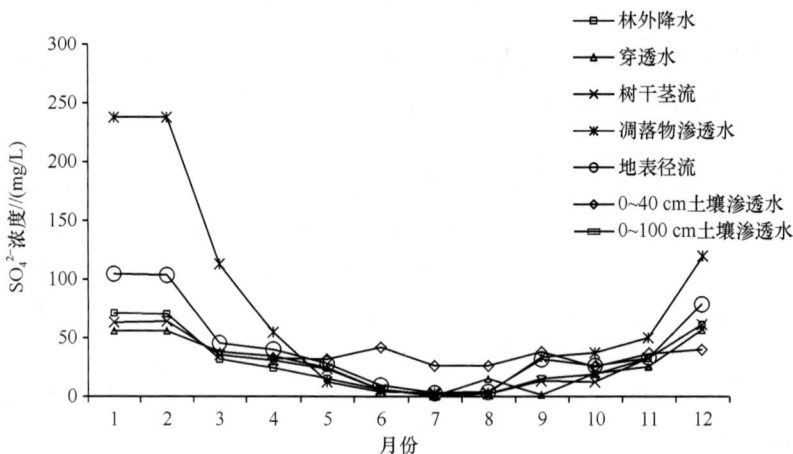

图 5-11　SO$_4^{2-}$浓度变化特征

五、钾钙镁离子变化特征

从浓度上看，林外降水、穿透水、树干茎流、凋落物渗透水、地表径流、40 cm 和 100 cm 土壤渗透水中的 K$^+$、Ca^{2+}和 Mg^{2+}月变化规律一致，即夏季浓度低，冬季浓度高（图 5-12～图 5-14）。各形式水样中的 K$^+$年平均浓度大小顺序为：凋落物渗透水（17.722 mg/L）>地表径流（11.833 mg/L）>穿透水（11.280 mg/L）>树干茎流（10.066 mg/L）>40 cm 土壤渗透水（4.030 mg/L）>100 cm 土壤渗透水（2.723 mg/L）>林外降水（2.718 mg/L）；Ca^{2+}年平均浓度大小顺序为：地表径流（24.371 mg/L）>40 cm 土壤渗透水（13.599 mg/L）>100 cm 土壤渗透水（9.619 mg/L）>凋落物渗透水（7.424 mg/L）>穿透水（5.330 mg/L）>林外降水（3.893 mg/L）>树干茎流（3.866 mg/L）；Mg^{2+}年平均浓度大小顺序为：地表径流（14.803 mg/L）>凋落物渗透水（13.116 mg/L）>穿透水（7.148 mg/L）>树干茎流

（5.886 mg/L）＞40 cm 土壤渗透水（4.106 mg/L）＞林外降水（2.240 mg/L）＞100 cm 土壤渗透水（2.150 mg/L）。从浓度上看，凋落物渗透水中 K^+、Ca^{2+} 和 Mg^{2+} 浓度均高于林内降水，且变化规律与林内降水一致，均表现为夏季低，冬季高。其年平均大小顺序为 K^+（17.722 mg/L）＞Mg^{2+}（13.116 mg/L）＞Ca^{2+}（7.424 mg/L）。凋落物渗透水中的 K^+ 与土壤表面接触后，浓度开始降低，在地表径流中的年平均浓度较凋落物渗透水小；随着水分在重力作用下的继续迁移运动，K^+ 在 0~40 cm 土壤层中被强烈吸收，输出 0~40 cm 土壤层的径流水中的 K^+ 浓度仅为渗透水中的 22.7%，这是因为在 0~40 cm 土层内，分布着大量苦竹根系，K^+ 以游离态形式存在，无需经过转化就可以被植物根系直接吸收；输出 0~100 cm 土层的径流水中的 K^+ 浓度进一步减小，但减小的比例和量均较 0~40 cm 土层要小。而 Ca^{2+}、Mg^{2+} 这两种离子在不同形式水分中的大小关系可能与植被状况、凋落物分解情况和土壤特性有关。

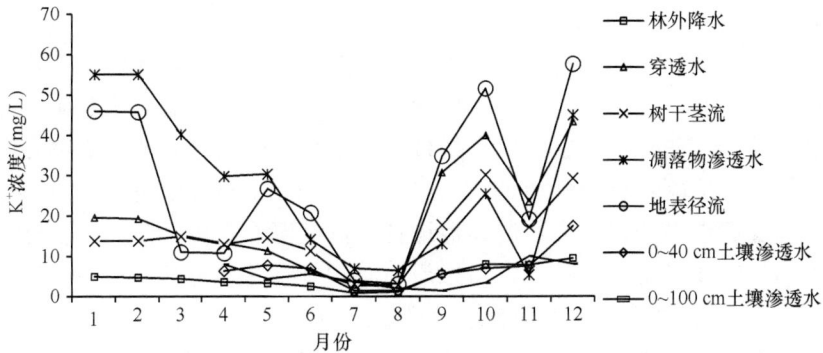

图 5-12　K^+浓度变化特征

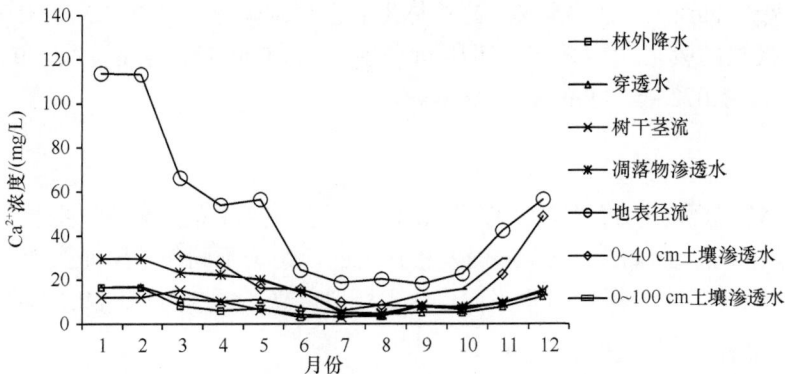

图 5-13　Ca^{2+}浓度变化特征

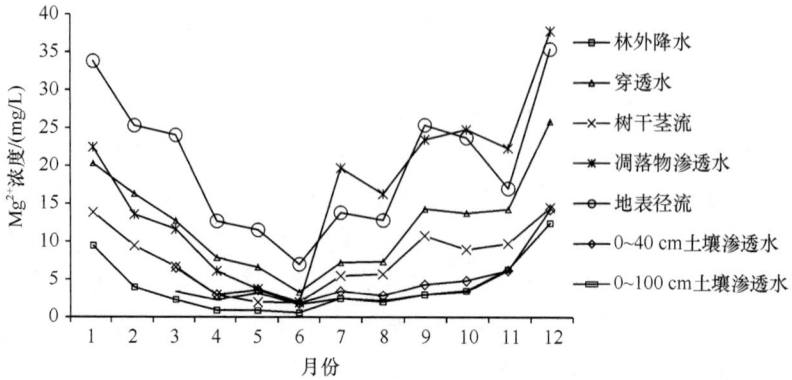

图 5-14　Mg^{2+}浓度变化特征

从总量上看，在林冠层，K$^+$、Ca^{2+}和 Mg^{2+}虽然淋溶强度不一样，但均为正淋溶，淋溶量分别为 180.162±87.01 kg/（hm^2·a）、31.269±19.097 kg/（hm^2·a）、135.675±34.466 kg/（hm^2·a）（表 5-4），其中 K$^+$和 Mg^{2+}的淋溶量较大，是林外降水的 3.1～3.3 倍，这可能与植物叶片组织中分泌的 K$^+$和 Mg^{2+}被淋洗出来有关。在凋落物层中，由于渗透水水量较小，这三种离子在总量上的输出小于林内降水的输入，在凋落物层出现富集效应，这与凋落物分解的养分释放原理相违背。那么，凋落物分解释放的 K$^+$、Ca^{2+}和 Mg^{2+}就不一定是通过森林水文过程归还到土壤当中的，而是通过其他途径，也有可能是由于这三种离子在渗透水中并不是以离子形态移动的，所以没有被检测出来。在土壤层中，K$^+$、Ca^{2+}和 Mg^{2+}三种离子主要发生的是吸附效应，吸附率分别为 98.5%、90.1%和 98.2%。在观测年份，通过水文学过程输入林地土壤并被吸收固定的 K$^+$、Ca^{2+}和 Mg^{2+}总量分别为 184.550±69.009 kg/（hm^2·a）、70.407±19.839 kg/（hm^2·a）、170.475±30.253 kg/（hm^2·a）。总的来说，苦竹林生态系统对降水输入的 K$^+$、Ca^{2+}和 Mg^{2+}表现出强烈的吸附固定效应，吸附量分别为 51.000 kg/（hm^2·a）、69.326 kg/（hm^2·a）、41.072 kg/（hm^2·a）（表 5-4）。

六、小结

森林生态系统对经过该系统降水的水化学特征产生强烈影响，主要是通过林冠层-凋落物层-土壤层这三个层面发生作用的。由于不同作用层面的性质不同，因而其对水化学的影响强度也不同，这主要通过离子浓度的升高或降低来表现。

（一）林冠截留对水化学影响

大气降水在经过苦竹林林冠层后，所形成的穿透水的 pH 升高，而树干茎流则表现出明显的酸化现象，这与以往众多研究结果一致（黄忠良等，2000；刘菊秀等，2003；周光益等，2009）。宋玉芝等（2005）研究认为，雨水穿过针叶树冠层及阔叶、混交林树冠以后，其 pH 升高了约 1.2 个 pH 单位，最高可达 1.9 个 pH 单位。一般认为，林外降水经过林冠层后，对阔叶树种来说，穿透水的 pH 有一定程度的升高，而针叶树种则降低，阔叶树种对酸性降水具有更强的缓冲作用（吕旭晨等，2004；宋玉芝等，2005），但无论是阔叶树种还是针叶树种，其树干茎流均出现明显的酸化现象（田大伦等，2002；黄乐艳等，2007）。

华西雨屏区苦竹林各养分元素的月变化规律均为夏季低，冬季高。王登芝等（2006）对北京西山的油松林降水化学进行定位监测与分析后发现，各养分元素也呈现类似的月变化规律，并指出这与降水量的大小密切相关，这种变化规律很少受区域和树种的影响（樊后保等，1996；黄建辉等，2000；于小军等，2003）。另外，大气降水经过林冠层后，林内穿透水和树干茎流中大多数元素含量增加。本书所测量的 9 个化学指标在林外降水中的年平均浓度为 4.821 mg/L，穿透水中的年平均浓度为 7.296 mg/L，树干茎流中的年平均浓度为 7.170 mg/L，林内降水中的元素浓度明显增加，这与刘世海等（2001）的研究结果一致。一般来说，树干茎流经过与林冠及树干接触时间较穿透水长，其元素含量较穿透水高（巩合德等，2005a；黄乐艳等，2007），但本研究表明，树干茎流中的元素浓度较穿透水中的元素浓度略低，这可能与苦竹林自身的枝干特征以及本区域降水特性有关。

（二）凋落物吸持对水化学影响

影响凋落物渗透水化学特性的因子主要有森林类型、凋落物性状、土壤特性、降水特征等。凋落渗透水的样品收集较为困难，使得直接测量凋落物渗透水水化学特征的研究极少，一般是将地表径流作为间接研究对象，测定其在有无凋落物覆盖情况的水化学特性，其目的一是为了反映森林凋落物层对污染物质的过滤和净化效应；二是为了揭示某种养分流失规律。

陶豫萍等（2007）认为，相对裸地、香樟林地表径流 pH 上升，而马尾松林则下降 0.33，有进一步酸化的趋势。由此可见香樟的地表凋落物和表面土壤对大气酸沉降起到了缓冲作用，但马尾松林的地表径流却有酸化趋势。本研究表明，单纯的凋落物渗透水与林内降水相比，pH 下降了 0.3，而地表径流却上升了 1.08。

凋落物层对其渗透水的水化学影响较为复杂，降水通过凋落物层后，部分元素浓度增加，而又有一部分减小。这说明凋落物中部分元素被淋溶掉，同时它又有选择地截留和吸附一些元素。本书认为，凋落物渗透水中的 NH_4^+-N 浓度较林内降水小，而其他元素浓度则较林内降水大。王登芝（2005）的研究与本书研究结果相似，认为林内降水经过凋落物层后，凋落物渗透水中的 K^+、Ca^{2+} 和 Mg^{2+} 浓度增加，而 NH_4^+-N 和 NO_3^--N 浓度减少。

（三）土壤吸存对水化学的影响

本试验研究发现，各径流水样平均 pH 的大小顺序为地表径流（7.51）＞凋落物渗透水（6.17）＞40 cm 土壤渗透水（6.06）＞100 cm 土壤渗透水（5.77）。田大伦等（2002）认为，径流（包括地表径流和土壤渗透水）是降水通过森林生态系统立体空间多层次再分配后的输出，其化学成分变化是复杂的。她在对第 2 代杉木幼林生态系统水化学特征研究后发现，地表径流的 pH 最高（7.23），其次是地下径流（7.18），最小的是林外降水（6.79）。与之相反，刘菊秀等（2003）认为，地表径流 pH 有明显的酸化现象。

土壤 DOC，从本质上讲，来自光合作用的产物，包括凋落物、根系分泌物、细根分解产物、微生物作用下分解的 SOM 的淋溶物质，以及降水淋溶物等。凋落物渗透水在与土壤表面接触后，通过地表径流流出的水样中的 DC 和 DOC 浓度均升高，在 40 cm 和 100 cm 土壤深度处观测到的土壤渗透水中的 DC 和 DOC 浓度逐渐降低，并明显低于凋落物渗透水，这与罗艳等（2004）在鼎湖山的研究结果相似。森林生态系统中的土壤微生物生物量、根系分泌物、降水淋溶等虽然是土壤 DOC 的重要来源，但目前的研究认为，凋落物和土壤腐质殖是森林土壤 DOC 主要来源，土壤 DOC 动态明显与新近凋落物和土壤有机物的数量动态是一致的（庞学勇等，2009），这很好地解释了本试验中凋落物渗透水、地表径流，以及土壤渗透水中的 DC、DOC 浓度在 5~6 月出现峰值这一现象。对氮素的浓度变化来说，地表径流及土壤渗透水中的 NH_4^+-N 浓度明显降低，而 NO_3^--N 浓度则升高，但 DN 是随着深度的增加而较小的，通过对凋落物渗透水在与土壤作用前后的 NH_4^+-N/NO_3^--N 可知，降水在与土壤接触前以 NH_4^+-N 形式为主，与土壤接触后则以 NO_3^--N 为主，这可能有两个方面的原因：一是部分 NH_4^+ 被滞留在土壤中；二是硝化作用使 NH_4^+ 被转化成 NO_3^-，这与徐义刚等（2001）的研究结果一致。

（四）水流中氮浓度和通量

通常，N-NH_4^+，N-NO_3^- 和 DON 的瞬时浓度模式与可溶性氮相似，最高的浓度出现在冬季而最低浓度出现在夏季。一个可能的原因是少量偶然性的降水是清除大气中的活性氮所必须的条件，而在短时期内随后的降水只能稀释之前的降水（Dezzeo and Chacon，2006）。本书中的数据支持这个观点，我们观察到，在高降水量的月份降水中溶质浓度被稀释。然而，树干茎流的模式却不相同，树干茎流中溶质浓度随着降水量的增加而增加。通常，穿透降水或穿透降水加上树干茎流的氮通量经常被认为森林生态的总氮沉降量，并且与穿透降水通量相比，树干茎流被认为能更好地代表干沉降的通量（Draaijers et al.，1996；Chen and Mulder，2007；Butler and Likens，1995）。树干茎流的溶质浓度随降水量的模式可能是由于季风季节大量的薄雾沉降导致的。微小雾滴通常具有更高的污染物浓度。在该研究区域，大气降水频率非常高（每年降水日超过了 200 天）。所以森林中的空气湿度经常处于饱和状态，尤其是在季风季节。降水之后，部分的水蒸气在叶子表面凝聚成水滴并且落入地表。因此，在相同的月份，穿透降水和树干茎流的总量要大于林外降水量。

降水经过林冠之后可溶性氮的浓度显著增加。类似的结果已经被报道在热带雨林区（Chu et al.，2004；Chaves et al.，2009）。穿透雨和树干茎流中增加的可溶性氮可能由于吸附在叶、树枝和树干上的氮干沉降被雨水淋溶导致的。高水平的铵态氮沉降（包括干沉降和湿沉降）可能导致从植物表面更高的铵态氮淋溶。在这个苦竹林生态系统，林冠积累的氮只以两种形式存在（铵态氮和溶解有机氮）。因此，降水对于森林生态系统不仅仅是一个重要的养分输入源，同时也是养分从林冠转移到森林地表一个重要途径。有研究表明，降水溶解的氮含量占据了 49%～79%，31% 的总氮输入到森林地表包括非洲雨林生态系统的中部（Chuyong et al.，2004）和亚马孙雨林（Chaves et al.，2009）。然而，很多研究表明：一部分可溶解性氮，尤其是铵态氮和硝态氮，能被林冠层直接吸收（Boyce et al.，1996）。在挪威云杉的研究表明，41%～63% 的大气氮沉降被保留在林冠层并且满足了植物对氮需求的 8%～20%（Schulze，1989）。然而，本书中并没有发现林冠层对养分的吸收。

在很多森林生态系统，总氮沉降可以通过测定穿透雨和树干茎流中的总氮含量来进行估测。根据这个方法，对于我们研究区域的森林地表而言树干茎流代表了 13.5% 的总氮沉降。这个比例与针叶林生态系统相似（Butler and Likens，1995）。通过林冠到达森林地表（穿透雨+树干茎流）的可溶解性氮、铵态氮、硝态氮和溶解有机氮的年输入分别是 131.5 kg N/（hm^2·a），90.7 kg N/（hm^2·a），17.4 kg N/（hm^2·a）和 23.4 kg N/（hm^2·a）。在本书中，我们发现降水通过林冠和树干茎流到达地表之后铵态氮的通量降低而硝态氮通量增加。这个变化的趋势反映出森林地表有着高速率的净硝化作用（铵态氮转化成硝态氮）。在亚马孙森林生态系统，也有类似的现象被观察到（Chaves et al.，2009）。

硝态氮是氮通过地表径流流失的主要形式。虽然地表径流的可溶性氮浓度非常高（9.15 mg N/L），但是其中绝大多数都是硝态氮，铵态氮的浓度只有 0.70 mg N/L。可能因为土壤胶体通常带有负电荷，所以硝态氮容易从土壤的吸附中逃离出来进入土壤径流。这个机制也部分解释了森林地表渗透水、40 cm 和 100 cm 深的壤中流中硝态氮的浓度比铵态氮浓度更高。

　　研究表明大量的氮固定在 0～40 cm 土层。地表渗透水到 40 cm 壤中流（垂直水流从凋落物层到移动根系区域以下）的溶解有机氮、铵态氮和硝态氮浓度下降证明了这一点。由于苦竹的细根大部分分布在地表 30 cm 以上的土壤中，植物对氮的需求可能导致了氮浓度呈现出递减的趋势，并且在潜水层水文过程中也会发生氮损失。Chaves 等（2009），报道大量的氮（主要是硝态氮），在水文流动中进入到土壤溶液。之前的研究表明该苦竹林的净初级生产力是 21.9 Mg 干重/(hm^2·a)(Tu et al.，2011)。因此，植物的氮吸收和积累非常高（48.18 kg N/（hm^2·a））。通常，竹子的茎通过竹鞭分支系统连接在一起，从而导致快速的无性繁殖。苦竹的茎密度会随着时间不断增加。如果不进行合理的管理（如森林间伐）苦竹生长速率会变缓且氮需求会增加。就该区域的氮平衡来说，氨挥发和反硝化是两个未知的过程。而这两个过程对于氮的损失非常重要。研究表明在具有高速率的氮沉降的森林系统，氮的气态损失会增强（Aber et al.，1989）。

　　将苦竹林植被层、凋落物层和土壤层三个相对独立的界面结合起来，作为一个整体，构成了苦竹林生态系统。将林外大气降水作为水文学过程水量和化学元素的原始输入值，将地表径流和 100 cm 土壤渗透水作为最终输出值，可以得出如表 5-5 所示的水化学平衡量。

表 5-5　苦竹林生态系统水文过程水化学平衡

指标	输入量/kg	输出量/kg	截持量/kg	截持率/%
pH	5.86	6.19	—	—
DC	105.302	6.411	98.891	93.9
DOC	95.007	5.006	90.001	94.7
DN	104.210	3.883	100.327	96.3
NH_4^+-N	58.009	0.745	57.264	98.7
NO_3^--N	27.317	2.822	24.495	89.7
SO_4^{2-}	293.240	12.767	280.473	95.6
K^+	53.888	2.888	51.000	94.6
Ca^+	77.051	7.726	69.326	90.0
Mg^+	44.120	3.048	41.072	93.1
合计	858.144	45.296	812.849	94.7

　　以地表径流和土壤渗透水的元素输出含量与降水的元素输入含量之比值（迁移系数）等于 1，或以输出含量与输入含量之差值等于 0 为平衡界限，苦竹林生态系统的所有养分指标均为内储型，该生态系统对降水输入的各养分指标均表现出强烈的吸附固定作用，其平均截持率为 94.7%，其中对 NH_4^+-N 的截持最大，达 98.7%，对 NO_3^--N 的截持率最小，也达到 90%，同样表现出强烈的吸附固定作用。

第五节　结　　论

华西雨屏区苦竹林林冠层对大气降水的截留效应不明显，而凋落物和土壤是整个生态系统吸持水分最强烈的两个层面，吸持量分别为林外大气降水的 49.5% 和 50.4%，这对整个生态系统的保水蓄水效应起着主导作用，在调节和控制本区域地下水水位和河川径流量方面有着重要的地位。

林外降水经过苦竹林林冠层作用后，酸性减弱；NO_3^--N 的浓度减小，表现为负淋溶；而其余指标的浓度则增大，表现为正淋溶；各养分指标浓度均随降水量的大小表现出强烈的季节变化。

林内降水经过凋落物层作用后，酸性增强；NH_4^+-N 的浓度减小，其余指标的浓度则增大；而各养分指标浓度均表现出强烈的季节变化；DC、DOC 和 NO_3^--N 表现为正淋溶，DN、SO_4^{2-}、K^+、Ca^{2+} 和 Mg^{2+} 则表现为负淋溶。

凋落物渗透水经过土壤层作用后，地表径流酸性减弱，土壤渗透水酸性增强；在地表径流中，DN、NH_4^+-N、SO_4^{2-} 和 K^+ 的浓度减小，其余指标浓度则增大；在土壤渗透水中，SO_4^{2-} 和 Ca^{2+} 的浓度增大，而其余指标浓度则减小。

苦竹林生态系统的所有养分指标均为内储型，该生态系统对降水输入的各养分指标均表现出强烈的吸附固定作用，这对净化水质和维持系统养分平衡有着重要意义。

第六章　石灰性紫色土区坡地林分改造的水土保持效应

第一节　石灰性紫色土区典型林分枯落物持水特征

一、研究区概况

官司河流域隶属绵阳市北部游仙区新桥镇，地处川中低山丘陵地带，位于104°46′～104°49′E，31°32′30″～31°37′30″N 之间，海拔范围为 512～638 m，全流域面积约 21 km²。该区属北亚热带季风型气候，年均温 16.1 ℃，年均降水量 920 mm。土壤类型以石灰性紫色土、老冲积黄壤和姜石黄壤为主，另有部分为灰白砂土。该流域森林覆盖率约 23%，乔木中马尾松、柏木（*Cupressus*）和栎类组成的针阔和针叶混交林占优势，另有少量的桤柏混交林和经济林。灌木主要以耐旱的黄荆（*Vitex negundo*）、马桑（*Coriaria sinica*）、火棘（*Pyracantha fortuneana*）、铁仔（*Myrsine africana*）、小果蔷薇（*Rosa cymosa*）等为主。林下草本以栗褐苔草（*Carex brunnea*）、金发草（*Pogonatherum paniceum*）、黄茅（*Heteropogon contortus*）、白茅（*Imperata cylindrica* var.major）、荩草（*Arthraxon hispidus*）等为主，平均高 0.3 m，盖度 10%～50%（郑江坤等，2014）。

二、试验材料与方法

（一）样地布设及枯落物收集

根据骆宗诗等（2007）和陈俊华等（2012）的调查结果，2012 年 6 月在研究区选择 5 种有代表性的林分类型，每种林分类型在不同坡面上选择 3 个 20 m×20 m 的标准样地，并测量所选样地的地形要素和覆被因子等（表 6-1），在每个标准样地内沿对角线设 50 cm × 50 cm 样方 3 个，记录枯落物层厚度，并根据枯落物的分解状况将每个样方内的枯落物层（A_0）分为三层：未分解层（A_{01}）、半分解层（A_{02}）和已分解层（A_{03}）（龚伟等，2006），保持原样分层装袋并迅速称其鲜重，带回实验室置于干燥通风处 10 天以上，称其风干重，然后在 80 ℃下烘干至恒重称量。

表 6-1　样地及枯落物层基本特征

林分类型	样地编号	坡位	坡向	平均海拔/m	郁闭度/%	土壤pH	枯落物厚度/cm	枯落物层蓄积量/（t/hm²）			
								A_{01}	A_{02}	A_{03}	A_0
针阔混交林	1-1	上	SE	590	80	5.2	2.0	0.56	4.46	5.73	10.75
	1-2	中	NE	590	75	4.7	1.8	0.23	1.76	3.26	5.25
	1-3	下	SW	570	90	4.3	3.1	1.01	6.85	2.70	10.56
柏木林	2-1	上	NW	611	55	6.4	0.8	0.78	2.82	1.22	4.82
	2-2	下	N	533	70	5.2	1.2	0.95	9.04	6.53	16.52
	2-3	上	N	583	80	4.4	2.0	0.51	2.92	7.15	10.58
川杨林	3-1	上	SW	613	65	4.3	1.5	0.69	4.37	0.86	5.23
	3-2	中	SW	605	55	4.4	0.8	0.22	1.28	0.67	2.18
	3-3	下	SW	601	65	4.6	1.1	0.17	2.16	0.48	2.65
马尾松林	4-1	上	E	581	50	4.6	1.0	0.34	2.74	3.94	6.68
	4-2	中	E	578	85	3.9	3.0	0.52	5.55	4.96	21.03
	4-3	中	E	574	80	4.2	2.0	0.68	6.26	2.68	9.62
慈竹林	5-1	下	NW	553	95	4.6	3.5	0.17	3.21	2.03	5.40
	5-2	中	NW	561	75	4.5	1.8	0.32	3.72	1.08	5.12
	5-3	下	NE	557	80	4.8	2.0	0.30	9.55	5.75	15.60

注：1-1 为麻栎-柏木混交林；1-2 为马尾松-栓皮栎混交林；1-3 为桤木-柏木混交林。

（二）枯落物持水率及吸水速率测定

用室内浸泡法测定枯落物持水率及吸水速率，分别称取每一林分类型 9 个样方的各层次枯落物约 10 g 干重浸入清水中，每隔 1/12 小时、1/6 小时、0.25 小时、0.5 小时、0.5 小时、0.5 小时、1 小时、1 小时、1 小时、1 小时、2 小时、2 小时、2 小时、6 小时、6 小时取出，静置 5 分钟左右直至枯落物不滴水为止，迅速称其湿重。持水率和吸水速率计算方法如下：

$$R=(M'-M)/M$$
$$R=(M'-M)/M \tag{6-1}$$
$$V=R/T$$
$$V=R/T$$

式中，R 为持水率（g/g）；V 为吸水速率 [g/（g·h）]；M' 为枯落物湿重（g）；M 为枯落物干重（g）；T 为浸水时间（h）。每个林分类型重复试验 9 次，取其平均值代表该林分枯落物的持水特性。

（三）持水深及拦蓄深计算

一般认为枯落物浸水 24 小时后的持水率为最大持水率，根据枯落物层最大持水率和自然含水率，可计算其最大拦蓄率，结合其蓄积量可计算其最大拦蓄量，最大拦蓄量反映了枯落物层对降水的潜在拦蓄能力，但不能反映实际降水的拦蓄情况，一般用有效拦蓄量来表示。结合枯落物样方面积核算相应的持水深和拦蓄深。相关研究表明枯落物浸水开始时吸水速率最大，随后急剧下降，2小时后下降速度明显减缓（刘芝芹等，2013），故本书对 1/12 小时、2 小时和 12 小时的持水深也进行了计算。由于每个林分类型均有 9 个重复实验，故相应的持水深和拦蓄深取其均值。相关计算方法如下：

$$R_0 = (M_0 - M)/M; H_{1/12} = a(M_{1/12}' - M)/250;$$

$$H_2 = a(M_2' - M)/250; H_{12} = a(M_{12}' - M)/250;$$

$$H_{24} = a(M_{24}' - M)/250; H_{max} = 0.1(R_{24} - R_0)M_1;$$ (6-2)

$$H_{有效} = 0.1(0.85R_{24} - R_0)M_1$$

式中，R_0 为自然含水率（%）；$H_{1/12}$、H_2、H_{12} 和 H_{24} 分别为浸水 1/12 小时、2 小时、12 小时和 24 小时的持水深（mm）；H_{max} 和 $H_{有效}$ 分别为最大拦蓄深和有效拦蓄深（mm）；M_0 为鲜重（g）；$M_{1/12}'$、M_2'、M_{24}' 分别为浸水 1/12 小时、2 小时、24 小时的湿重；R_{24} 为最大持水率；M_1 为枯落物各层的蓄积量（t/hm^2）；a 为各层枯落物总干重和相应浸水试验中枯落物干重比值。

三、石灰性紫色土区典型林分枯落物层蓄积量及持水特性

（一）枯落物层的蓄积量及其组成

林分树种构成、水热条件、种植年限等均对枯落物蓄积量有较大影响。由于枯落物在地表的分布不均，故采样点布设对之影响也较大。本书针对每种林分类型 3 个样地 9 个枯落物样方，分别测其枯落物厚度、鲜重、风干重和干重，取平均值代表该林分类型的总体量。由表 6-2 可知，针阔混交林和慈竹（*Neosinocalamus affinis*）林的枯落物厚度较大，分别达 2.30 mm 和 2.43 mm，川杨（*Populus szechuanica* Schneid）林的枯落物厚度最小，仅 1.13 mm；柏木林和马尾松林的枯落物厚度居中，但变异系数最大，在 50% 左右，这可能由于针叶林的枯落物呈集群分布，地表枯落物覆盖不均匀。柏木林的枯落物鲜重（18.46 t/hm^2）、风干重（11.58 t/hm^2）和蓄积量（10.07 t/hm^2）均最大，分别为马尾松林、针阔混交林、慈竹林和川杨林的 1.19 倍、1.02 倍、1.17 倍、4.02 倍、1.13 倍、1.20 倍、1.36 倍、3.20 倍、1.13 倍、1.14 倍、1.37 倍、3.00 倍，蓄积量总体趋势为：针叶林＞针阔混交林＞阔叶林（表 6-2）。鲜重和风干重的变异系数较大，为 50% 左右，明显大于蓄积量变异系数，这可能由于微地形的差异影响径流的汇集和枝叶蒸散，故鲜重间的差异更为显著。各林分枯落物未分解层、半分解层和已分解层所占比

例有所差异，但整体表现为半分解层最大，已分解层和未分解层其次。针阔混交林、柏木林和马尾松林部分样方的半分解层小于已分解层（表 6-1）。该区属于北亚热带季风气候、降水量和温度均较高，有利于枯落物的分解转化，故未分解层所占比例最小。柏木林和马尾松作为该区主要的人工林，栽植密度大，平均林龄超过 20 年，而川杨林和慈竹林林龄小，密度低，加上针叶林枯落物分解较慢，阔叶林尽管落叶多，但其易分解故其积累量小，所以针叶林枯落物蓄积量大于阔叶林。

表 6-2 各林分类型枯落物蓄积量和自然含水率的统计分析

林分类型	枯落物层厚度/mm	鲜重/（t/hm²）	风干重/（t/hm²）	蓄积量/（t/hm²）
针阔混交林	2.30±0.70	18.07±9.06	9.68±4.96	8.85±3.91
柏木林	1.33±0.61	18.46±9.92	11.58±6.29	10.07±5.31
川杨林	1.13±0.35	4.59±1.73	3.62±1.84	3.35±1.64
马尾松林	2.00±1.00	15.55±7.24	10.24±2.76	8.94±2.01
慈竹林	2.43±0.93	15.79±8.92	8.51±6.27	7.33±5.17

（二）枯落物层持水过程分析

枯落物的吸水速率和持水率作为描述枯落物层持水过程的两个重要指标，与枯落物的组成结构、分解程度和干燥程度等相关。吸水速率越大，林内枯落物在相应时段内吸收的水量越大，则减少地表径流量越多。持水速率能够表征枯落物潜在持水能力，浸水开始阶段，持水率迅速增加，随后增幅减缓，并趋于稳定。相应的吸水速率则表现出相反的变化趋势，浸水初期最大，随浸水时间延长吸水速率迅速减少，并趋于零。

（三）枯落物持水率随时间的变化规律

枯落物的持水率用枯落物吸收的水分与枯落物干重的比值来表示，值越大，表明单位质量枯落物的持水量越大。对于未分解层枯落物，不同浸泡时段内的持水率均表现为慈竹林＞柏木林＞马尾松林＞川杨林＞针阔混交林。而对于半分解层，表现为马尾松林和川杨林持水率最大，其次为慈竹林和针阔混交林，柏木林最小。已分解层枯落物持水量则表现为柏木林、慈竹林和川杨林持水速率相当，均大于马尾松林和针阔混交林。整体来看，半分解层和已分解层的持水率相当，均小于未分解层枯落物的持水率；其中，川杨林在不同分解层的持水率相当，均在 2～4 g/g 范围内随时间逐渐增加；慈竹林在各分解层间波动最大，未分解层的 24 小时持水率达到 12.6 g/g，而半分解和已分解层的 24 小时持水率仅为 3.52 g/g 和 3.62 g/g。各分解层持水率均表现为开始阶段骤增，2 小时后增加幅度减缓趋势。经多种回归方程拟合比较，发现各分解层的枯落物持水率与浸水时段存在以下关系：$R=a_0 t^b$，其中 R 为枯落物持水率，t 为浸水时间，a_0 和 b 为方程系数（表 6-3）。相关文献拟合函数为对数函数，本书认为对数函数和逻辑不符合，因为当 t 无限接近于零时，持水率应无限接近于零，但对数函数的值却接近无穷，故本书认为对数函数有待商榷。从持水率回归方程可得：当浸水 1 小时时，慈竹林未分解层枯落物的持水率最大，达 9.262 g/g，针阔混交林的持水率最小，为 1.642 g/g。半分解层和已分解层枯落物的持水率均在 2.5 g/g 附近变化。b 值变化区间为[0.077，0.171]，已分解层回归方程的相关系数 R^2 均大于 0.95，说明拟合度高，半分解层的相关系数大于 0.90，未分解层方程拟合效果较差，相关系数最低值为 0.88。说明已分解层持水规律较明显，而半分解层和未分解层的持水规律较差，这可能和枯落物组成结构关系密切。枯落物持水率在浸水的前 2 小时内迅速增大，随后持水率增幅降低；12 小时后持水率增幅尽管很小，仍说明枯落物吸水仍在进行，枯枝落叶的持水没有达到最大（图 6-1）。

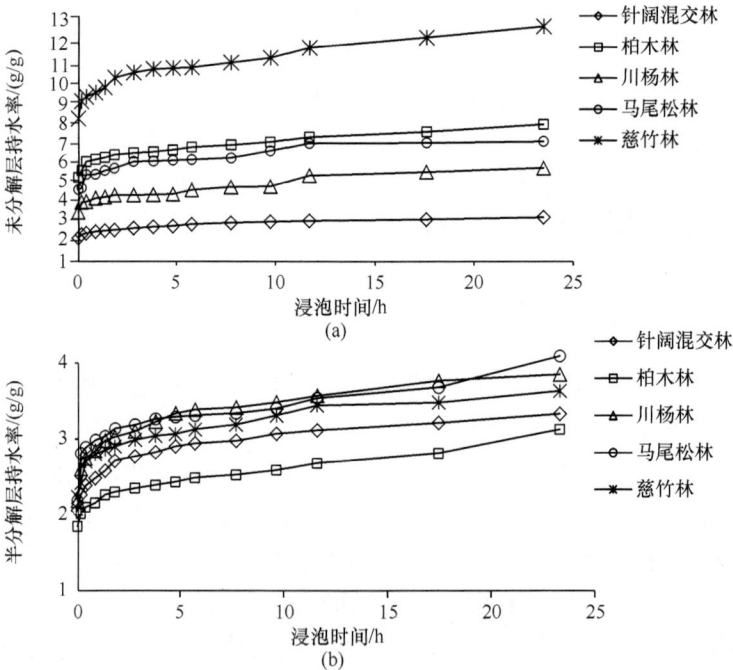

(a)

(b)

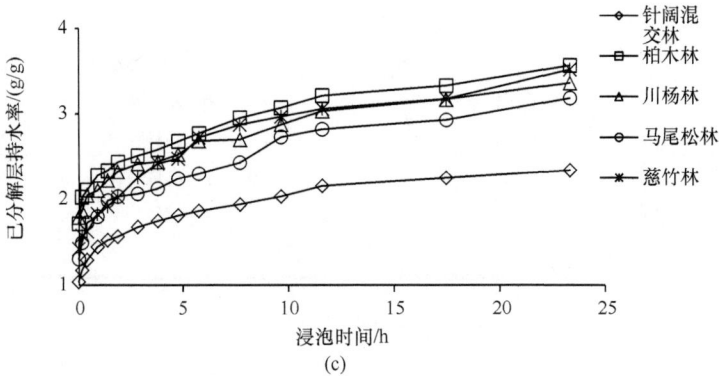

图 6-1　各分解层枯落物持水率与浸泡时间的关系

（四）枯落物吸水速率随时间的变化规律

由图 6-2 可知，除针阔混交林外，其他林分类型枯落物层的吸水速率均表现为：未分解层＞半分解层＞已分解层，针阔混交林的半分解层吸水速率最大，其次为未分解层和已分解层，这和张卫强等（2010）的研究结果基本吻合。各分解层的初始吸水速率最大，随后呈直线下降，2 小时后缓慢降低，并趋于零。浸水前 15 分钟慈竹林的未分解层 [92.37 g /（g·h）] 和半分解层 [25.05 g /（g·h）] 吸水速率最高，分别为针阔混交林、柏木林、川杨林和马尾松林的 6.04 倍、1.70 倍、2.89 倍、1.98 倍和 1.10 倍、1.24 倍、1.03 倍、1.03 倍；已分解层中川杨林最大 [22.18 g /（g·h）]，分别是针阔混交林、柏木林、马尾松林和慈竹林的 1.72 倍、1.04 倍、1.37 倍和 1.26 倍。浸水 12 小时后，未分解层的吸水速率均低于 1.0 g /（g·h），半分解层和已分解层的吸水速率均低于 0.3 g /（g·h），持水趋于饱和（表 6-3）。

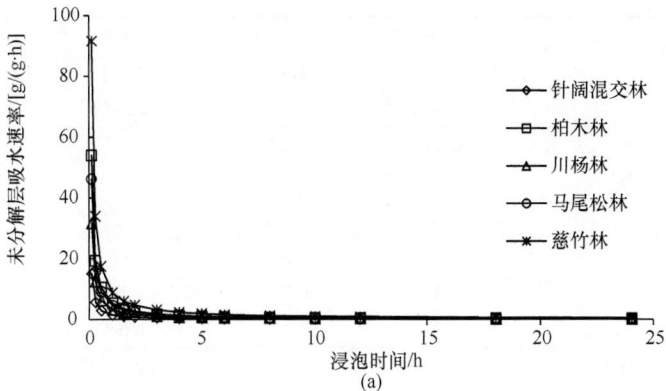

(a)

(b)

(c)

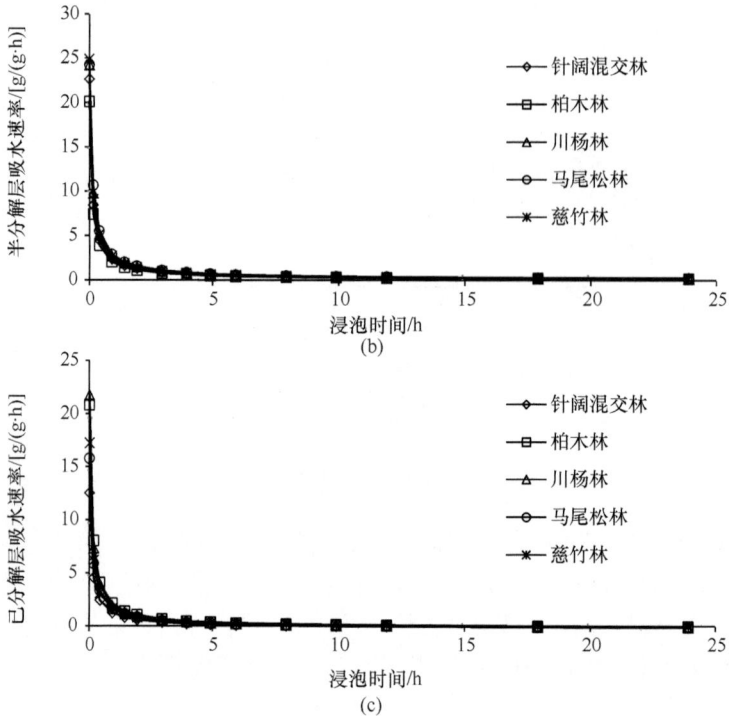

图 6-2　各分解层枯落物吸水速率与浸泡时间的关系

表 6-3　各分解层持水率和吸水速率随时间的拟合方程

林分类型	枯落物层	持水率关系式	R^2	吸水速率关系式	R^2
针阔混交林	未	$R = 1.642 t^{0.110}$	0.9846	$V = 1.642 t^{-0.89}$	0.9998
	半	$R = 2.375 t^{0.092}$	0.9966	$V = 2.375 t^{-0.908}$	0.999
	已	$R = 1.488 t^{0.147}$	0.9947	$V = 1.488 t^{-0.853}$	0.9998
柏木林	未	$R = 5.449 t^{0.077}$	0.9629	$V = 5.449 t^{-0.923}$	0.9997
	半	$R = 2.040 t^{0.089}$	0.9427	$V = 2.040 t^{-0.911}$	0.9994
	已	$R = 2.354 t^{0.123}$	0.9739	$V = 2.354 t^{-0.877}$	0.9995
川杨林	未	$R = 3.372 t^{0.097}$	0.8829	$V = 3.372 t^{-0.903}$	0.9985
	半	$R = 2.715 t^{0.100}$	0.9855	$V = 2.715 t^{-0.9}$	0.9998
	已	$R = 2.258 t^{0.114}$	0.9541	$V = 2.258 t^{-0.886}$	0.9992
马尾松林	未	$R = 4.747 t^{0.096}$	0.9632	$V = 4.747 t^{-0.904}$	0.9996
	半	$R = 2.787 t^{0.090}$	0.9086	$V = 2.787 t^{-0.91}$	0.999
	已	$R = 1.894 t^{0.152}$	0.9703	$V = 1.894 t^{-0.848}$	0.999
慈竹林	未	$R = 9.262 t^{0.080}$	0.9086	$V = 9.262 t^{-0.92}$	0.9997
	半	$R = 2.611 t^{0.088}$	0.9819	$V = 2.611 t^{-0.912}$	0.9998
	已	$R = 1.994 t^{0.171}$	0.9618	$V = 1.994 t^{-0.829}$	0.9983

慈竹作为四川分布较为普遍的竹种，其竹纤维的横截面凹凸变形，布满了近似于椭圆形的孔隙，呈高度中空，毛细管效应极强，可在瞬间吸收和蒸发水分，故而其未分解和半分解层的吸水速率最大，这和刘欣等（2008）的研究结果一致。和多数研究相同，各分解层吸水速率和浸泡时间存在明显幂函数关系，拟合方程为：$V=b_0tc$，其中，V 为枯落物吸水速率，t 为浸泡时间，b_0 和 c 为系数。其中 c 值取值范围为 $[-0.92, -0.83]$，相关系数均大于 0.99，说明方程的模拟效果好。

（五）枯落物层持水能力及拦蓄能力

枯落物持水能力是表示枯落物吸持水分能力强弱、涵养水源功效显著的重要指标。拦蓄能力一般用最大拦蓄量和有效拦蓄量来表示，最大拦蓄量能反映扣除枯落物本身含水量以外的最大可能降水截留量，但不能反映枯落物层对实际降水的拦蓄情况，故采取有效拦蓄量来表示。为便于比较，本书采取持水深和拦蓄深来表示。自然含水率能够反映枯落物自然状态下的含水量，也是计算拦蓄深的重要指标。

由表 6-4 可知，川杨的已分解层自然含水率最高达 74.75%，而慈竹林未分解层最高为 129.90%，其他林分类型半分解层的自然含水率均最高。持水深随时间逐渐增加，5 分钟持水深约占最大持水的一半。除柏木林已分解层的持水深最大以外，其他林分类型的持水深均表现为：半分解层＞已分解层＞未分解层。枯落物层最大持水深中柏木林最大为 3.61 mm，其次为马尾松（3.35 mm）、慈竹林（2.84 mm）、针阔混交林（2.55 mm）和川杨林（1.25 mm），这和持水率表现的规律不同，主要因为持水深需考虑枯落物蓄积量的影响。最大拦蓄深和有效拦蓄深也表现为半分解层最大，其次为已分解层和未分解层。柏木林枯落物层的有效拦蓄深最大为 2.23 mm，分别是马尾松、慈竹林、针阔混交林和川杨林的 1.02 倍、1.43 倍、1.84 倍和 2.37 倍。

表 6-4　各林分类型枯落物持水深及拦蓄深

林分类型	分解程度	自然含水率/%	5 分钟持水深/mm	2 小时持水深/mm	12 小时持水深/mm	最大持水深/mm	最大拦蓄深/mm	有效拦蓄深/mm
针阔混交林	A_{01}	125.13	0.11	0.15	0.20	0.21	0.10	0.07
	A_{02}	128.67	0.82	1.12	1.30	1.40	0.84	0.63
	A_{03}	73.48	0.42	0.63	0.86	0.94	0.65	0.51
	A_0	104.80	1.35	1.90	2.36	2.55	1.59	1.21
柏木林	A_{01}	78.26	0.27	0.34	0.40	0.44	0.39	0.32
	A_{02}	84.58	0.77	0.98	1.16	1.37	0.99	0.78
	A_{03}	82.51	0.87	1.23	1.63	1.81	1.40	1.13
	A_0	83.24	1.90	2.56	3.18	3.61	2.78	2.23

林分类型	分解程度	自然含水率/%	5分钟持水深/mm	2小时持水深/mm	12小时持水深/mm	最大持水深/mm	最大拦蓄深/mm	有效拦蓄深/mm
川杨	A_{01}	23.21	0.02	0.03	0.03	0.04	0.04	0.03
	A_{02}	27.77	0.53	0.76	0.90	0.98	0.90	0.76
	A_{03}	74.75	0.12	0.16	0.21	0.23	0.18	0.15
	A_0	37.09	0.67	0.94	1.15	1.25	1.12	0.94
马尾松	A_{01}	45.61	0.09	0.11	0.14	0.15	0.14	0.11
	A_{02}	83.21	0.98	1.46	1.66	1.94	1.54	1.25
	A_{03}	63.88	0.52	0.81	1.12	1.27	1.02	0.83
	A_0	73.90	1.59	2.38	2.93	3.35	2.69	2.19
慈竹林	A_{01}	196.51	0.19	0.25	0.29	0.32	0.27	0.22
	A_{02}	129.90	0.97	1.30	1.56	1.65	1.04	0.79
	A_{03}	78.63	0.35	0.50	0.75	0.87	0.68	0.55
	A_0	115.43	1.52	2.04	2.60	2.84	1.99	1.56

四、小结

（1）柏木林的枯落物蓄积量（10.07 t/hm²）最大，分别为马尾松林、针阔混交林、慈竹林和川杨林的1.13倍、1.14倍、1.37倍、3.00倍，蓄积量总体趋势为：针叶林＞针阔混交林＞阔叶林。由于微地形的差异影响径流的汇集和枝叶蒸散，故鲜重和风干重变异系数明显大于蓄积量。

（2）各林分类型不同枯落物分解层的持水率、吸水速率与浸泡时间均符合幂函数关系，随浸泡时间增加，枯落物前30分钟迅速吸持水，2小时时吸持水幅度减缓并趋于稳定。整体来看，半分解和已分解层吸持水能力相当，均小于未分解层。未分解层中慈竹林吸持水能力最高，浸水前15分钟的持水率和吸水速率分别为7.67 g/g和92.37 g/（g·h）。

（3）柏木林枯落物层的有效拦蓄深最大为2.23 mm，分别是马尾松、慈竹林、针阔混交林和川杨林的1.02倍、1.43倍、1.84倍和2.37倍，各林分类型最大持水深的排序同上，持水深随时间逐渐增加，5 min持水深约占最大持水的一半。

第二节　柏木低效林改造样地设置与研究方法

一、研究区概况

研究区位于四川省德阳市旌阳区和新镇永新村12组（104°25′30″～104°25′45″E，

31°04′09″~31°04′15″N），海拔 510~550 m，山峦起伏，多呈环状或脉状，属典型低山丘陵地貌。该区气候属亚热带湿润和半湿润气候，雨量充沛，年平均气温 16~17℃，≥0℃积温 5500~6000℃，年总降水量 880~940 mm，年平均无霜期 270~290 天，日照 1251.5 小时。主要灾害性天气有低温冷寒、干旱、洪涝、冰雹和秋季绵雨。全区耕地面积 33683.5 hm²，占总面积的 56.8%，林地面积 9354.4 hm²，占总面积的 14.4%。空气相对湿度小，土壤为中壤质碱性紫色土，土层瘠薄，土层深度不足 50 cm（范川等，2013）。该区林分均为 20 世纪 80 年中期种植，虽然林分处于中龄林阶段，但是林分平均胸径只有 8.0 cm，平均树高 6.5 m，郁闭度在 0.8 以上，单位蓄积量 40.9 m³/hm²，远远低于国内平均水平，并且生态功能衰退，水土保持功能低下。由于初植密度较大，并且种植后基本未进行过任何林业经营措施和抚育管理，加上林分林层结构单一，生物多样性匮乏，林下灌、草等植被稀少，导致水土流失严重，生态环境脆弱，严重威胁着长江上游的生态安全。

二、研究方法

（一）径流小区设置

2012 年 3 月，进行柏木人工低效林的改造；2014 年 3 月，调查各径流小区植被状况见表 6-5。共设置 7 种不同植被改造模式（以下简称"模式"），分别为 Ⅰ 间伐：抚育间伐 50%；Ⅱ 对照：纯柏林；Ⅲ 人工林窗：林窗 200 m²，即在人工开窗情况下，不干扰林下原有植被；Ⅳ 宽带区：即在大宽带地区，皆伐后引入乡土树种促进更新；Ⅴ 人工林窗（补阔）：林窗 200 m²，即人工开窗后同时清除原有植被，引入乡土树种促进更新；Ⅵ 花椒（有地被物）：花椒（*Zanthoxylum bungeanum* Maxim.）种植区；Ⅶ 花椒（无地被物）：即人工清除地被物。建立 5 m×20 m 坡面人工径流小区，顺坡向为长边，坡度约为 30°或 5°。为防止地表径流侧向移动，径流小区四周用铁皮板设置围埝，围埝地面部分高 20 cm，埋入地表 30 cm。在径流小区最下方设置引流槽与集水池。各模式立地条件基本一致。

表 6-5 旌阳区不同改造模式的径流小区建立及植被状况

模式	郁闭度/盖度/%	主要植被及枯落物层厚度	坡度/(°)	林分密度/（株/hm²）	平均胸径（地径/cm）	平均树高/m
Ⅰ	60/50	柏木、油桐、盐肤木、褐果薹草，枯落物层厚 0.2 cm	32	700	13.5	10.2
Ⅱ	90/5	柏木，枯落物层厚 0.8 cm	30	1200	11	10.5
Ⅲ	35/35	油桐、黄荆、竹叶椒，枯落物层厚 0.1 cm	29	2000	1.6	1.3
Ⅳ	60/82	香樟、香椿、构树、苡草，枯落物层厚 0.2 cm	31	3800	3.7	3.75

模式	郁闭度/盖度/%	主要植被及枯落物层厚度	坡度/(°)	林分密度/（株/hm²）	平均胸径（地径/cm）	平均树高/m
V	70/90	香樟、香椿、苋草、地瓜藤，枯落物层厚 0.5 cm	28	2100	3.6	3.87
VI	0/90	花椒、小叶女贞，枯落物层厚 0.3 cm	5	2000	0.7	0.58
VII	0/12	花椒，无枯落物层	5	2100	0.8	0.65

（二）样品采集及测定方法

1. 降水量测定

采用数字雨量计自动测定降水量，具体方法见第二章。

2. 样品采集

2014 年 3 月和 2015 年 3 月，分别对不同模式林地采用对角线法分 3 个点采样。去除土壤表层后，用土钻挖取土壤剖面，按照土壤发育结构，分上层（淋溶层 0~10 cm）、下层（淀积层 10~20 cm）采集土壤样品，并将 3 个样点的相同层次的土样分别混合为一个土样。将取好的土样放入灭菌封口袋中置于有冰袋的保鲜盒中带回实验室，去掉混合其中的粗石粒及植物残根，过 2 mm 筛后混合均匀，采用四分法分成两份：一份置于冰箱中 4℃保存，用于测定土壤微生物生物量、土壤酶；另一份在常温条件下风干，过 2 mm 和 0.149 mm 筛，用于测定土壤养分。

3. 降水产流产沙测定

采用常规径流小区观测方法进行，具体方法可参考第二章。

第三节　柏木低效林改造初期土壤物理性质变化特征

一、不同改造模式土壤物理性质分析

土壤容重又称为"土壤假比重"，是土壤紧实度的敏感指标，能反映出土壤疏松程度、孔隙度、渗透性等（Bernard and Eric，2002）。土壤容重数值越小，表明土壤孔隙度越大，渗透性和通气性越好。土壤毛管孔隙度的大小反映出植被维持自身生长发育所吸收水分的能力，土壤非毛管孔隙度的大小反映出植被涵养水源、滞留水分和削减洪水的能力（史冬梅，2005）。

从土壤物理性质分析表 6-6 中可以发现，各模式各土层之间 pH 无明显差异，pH 为 7.2~7.8，为中性土壤。各模式各土层间土壤容重、土壤毛管孔隙度、非毛管孔隙度和总孔隙度均表现出显著差异（$P < 0.05$）。土壤容重表现出淀积层＞淋溶层的规律；土壤毛管孔隙度、非毛管孔隙度和总孔隙度则表现出淋溶层＞淀积层的变化趋势。而产生这种现象可能与土壤有机质含量分布规律有关。

表 6-6　不同模式的土壤物理性质分析

模式	土层	pH	非毛管孔隙	毛管孔隙度/%	总孔隙度/%	容重/（g/cm³）	渗透率
I	淋溶层	7.5±0.129a[1]	6.956±0.920a[1]	45.926±2.121a[1]	52.882±2.689a[1]	1.345±0.102a[1]	2.214±0.095a
	淀积层	7.7±0.091A	5.875±0.897A	44.576±2.078A	50.451±2.009A	1.384±0.112A[2]	
II	淋溶层	7.5±0.128a[1]	5.412±0.592b[1]	44.761±3.372b[1]	50.173±2.309b[1]	1.411±0.098b[1]	1.163±0.102b
	淀积层	7.6±0.102A	3.916±0.322B	45.869±1.764B	49.785±2.209B	1.437±0.137B[2]	
III	淋溶层	7.5±0.028a[1]	7.372±1.029c[1]	44.554±2.087c[1]	51.926±3.242c[1]	1.323±0.123c[1]	2.347±0.110c
	淀积层	7.7±0.118A	5.594±0.149C	45.49±2.732C[2]	51.084±2.920C	1.391±0.091C[2]	
IV	淋溶层	7.5±0.137a[1]	7.583±0.794d[1]	44.692±2.382d[1]	52.275±2.353d[1]	1.328±0.037d[1]	2.441±0.124d
	淀积层	7.8±0.093A	5.928±1.004D	45.364±2.028D	51.292±3.134D	1.359±0.120D[2]	
V	淋溶层	7.3±0.102a[1]	9.372±1.101e[1]	44.796±2.255e[1]	54.168±3.097e[1]	1.249±0.119e[1]	2.836±0.086e
	淀积层	7.7±0.092A	6.624±0.822E	43.735±3.180E	52.359±3.183E	1.295±0.078E[2]	
VI	淋溶层	7.2±0.141a[1]	7.092±0.219f[1]	45.050±2.267f[1]	52.142±2.221f[1]	1.315±0.074f[1]	2.011±0.090f
	淀积层	7.6±0.120A	5.386±0.372F	46.508±1.899F	51.894±3.028F	1.376±0.036F[2]	
VII	淋溶层	7.2±0.71a[1]	6.822±0.327g[1]	44.252±2.088g[1]	51.074±2.355g[1]	1.334±0.064g[1]	1.528±0.107g
	淀积层	7.7±0.023A	5.475±0.541G	45.547±3.021G	51.022±2.893G	1.388±0.100G[2]	

注：①同一列相同小写字母表示淋溶层不同模式间差异不显著（$P>0.05$），同一列相同大写字母表示淀积层不同模式间差异不显著（$P>0.05$），同一列同一模式中相同上标数字表示不同土层间差异不显著（$P>0.05$）；②±标准差。

不同改造模式的土壤容重不同，土壤容重随土壤深度增加而增加，各改造模式土壤容重依次为：对照（1.424 g/cm³）＞间伐（1.364 g/cm³）＞花椒（无地被物）（1.361 g/cm³）＞人工林窗（1.357 g/cm³）＞花椒（有地被物）（1.346 g/cm³）＞宽带区（1.343 g/cm³）＞人工林窗（补阔）（1.272 g/cm³）。而各模式淋溶层和淀积层土壤毛管孔隙度、非毛管孔隙度、总孔隙度均表现为人工林窗（补阔）模式较高，花椒（无地被物）和对照模式较低，其他改造模式居中。

从表 6-7 可以看出，总孔隙度、渗透率与土壤侵蚀量呈显著负相关；土壤容重与土壤侵蚀量呈显著正相关；土壤毛管孔隙度、非毛管孔隙度与土壤侵蚀量之间均为达未到显著水平（$P>0.05$）。这也表明总孔隙度和渗透率与土壤抗侵蚀性能之间存在显著正相关关系，即土壤抗侵蚀性能随土壤总孔隙度和渗透率的增加而增加。

表 6-7　土壤物理性质与土壤侵蚀量的相关性分析

相关系数	容重	总孔隙度	非毛管孔隙度	毛管孔隙度	渗透率
土壤侵蚀量	0.675*	−0.665*	−0.277	0.117	−0.546*

*表示相关性显著（$P<0.05$）。

二、低效林改造前后土壤物理性质的变化

由图 6-3 知,各模式土壤淋溶层(0～20 cm)的容重均小于淀积层(20～40 cm),并呈现出随土层深度增加而增大的趋势。改造后各模式淋溶层土壤容重表现为对照(1.411 g/cm³)>间伐(1.345 g/cm³)>花椒(无地被物)(1.335 g/cm³)>宽带区(1.328 g/cm³)>人工林窗(1.323 g/cm³)>花椒(有地被物)(1.316 g/cm³)>人工林窗(补阔)(1.229 g/cm³)的规律。淀积层土壤容重从大到小依次是:对照(1.437 g/cm³)、人工林窗(1.391 g/cm³)、间伐(1.384 g/cm³)、宽带区(1.359 g/cm³)、花椒(有地被物)(1.356 g/cm³)、花椒(无地被物)(1.353 g/cm³)、人工林窗(补阔)(1.229 g/cm³)。

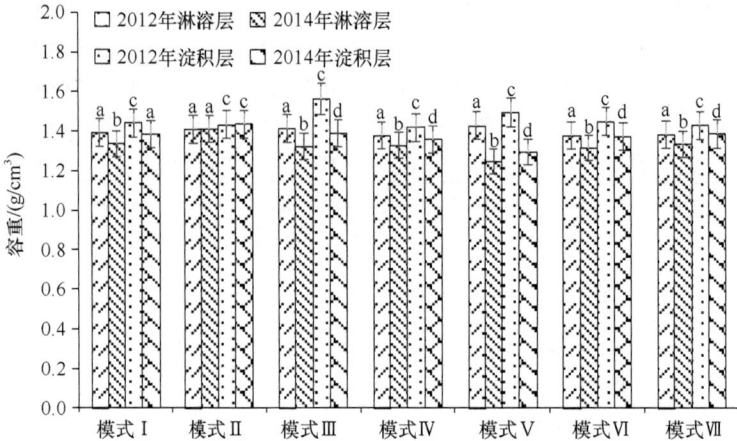

图 6-3　2012 年和 2014 年土壤容重

相同字母表示各模式及土层间差异显著(P>0.05),下同

与改造前相比,除对照外,各模式各层土壤容重均有减少。对淋溶层而言,人工林窗(补阔)模式土壤容重减少最明显,为 12.53%,其次为人工林窗(6.5%)、花椒(有地被物)(4.78%),再次为间伐(4.20%)、宽带区(3.9%)、花椒(无地被物)(3.74%);对淀积层而言,人工林窗(补阔)模式土壤容重减少也最明显,为 13.42%,其次是人工林窗(11.12%)、花椒(有地被物)(5.17%),而模式宽带区(4.36%)、间伐(3.95%)、花椒(无地被物)(3.07%)减少相对较少。这表明除对照外,其他不同模式的改造对土壤结构都起到了改善效果,且改善效果以人工林窗(补阔)模式最为突出。

良好的土壤孔隙度和渗透率有利于雨水的下渗与再分配,一般孔隙度和渗透率越大,则透水性和持水性能就越强。图 6-4、图 6-5 分别为改造前后,不同模式土

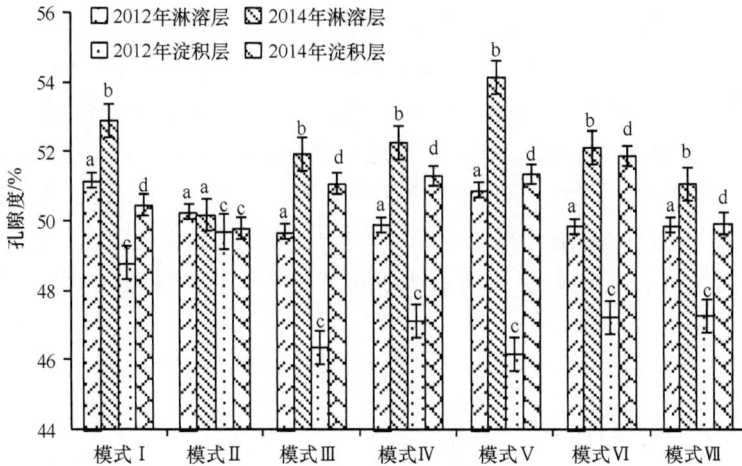

图 6-4 2012 年和 2014 年土壤总孔隙度

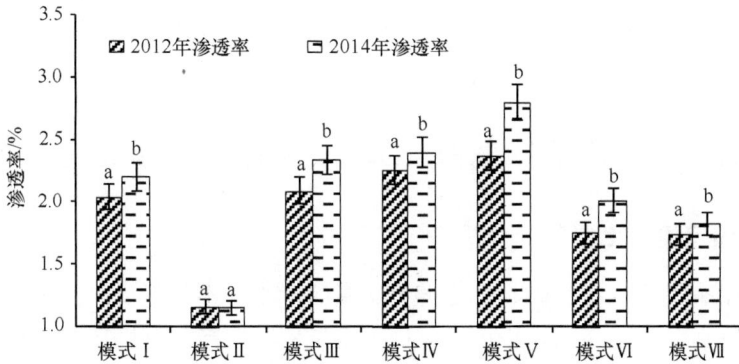

图 6-5 2012 年和 2014 年土壤渗透率

壤孔隙度和渗透率的对比图。经过 3 年的改造，除对照外，其他模式淋溶层、淀积层土壤孔隙度都有明显增加，孔隙度增加范围为 2.48%～11.24%。与改造前相比，对于淋溶层而言，土壤孔隙度增大比例为：人工林窗（补阔）（6.43%）＞花椒（有地被物）（4.75%）＞宽带区（4.59%）＞人工林窗（4.51%）＞间伐（3.30%）＞花椒（无地被物）（2.48%）；对于淀积层而言，各模式土壤孔隙度增大的顺序是：人工林窗（补阔）（11.24%）＞人工林窗（10.18%）＞花椒（有地被物）（9.86%）＞宽带区（8.84%）＞花椒（无地被物）（5.65%）＞间伐（3.42%）。

柏木低效林改造后土壤的渗透性得到改善，渗透率有明显的增加，增加的顺序依次是：人工林窗（补阔）（15.36%）＞花椒（有地被物）（12.93%）＞人工林窗（10.68%）＞间伐（7.27%）＞宽带区（5.83%）＞花椒（无地被物）（4.39%）。

这表明改造模式对淋溶层和淀积层的土壤孔隙度、渗透率改善作用不尽相同，但总体看来，人工林窗（补阔）的改造效果最为明显。可能因为人工林窗（补阔）中引入的乡土树种香椿（*Toona sinensis*）、香樟（*Cinnamomum camphora*）混交更具竞争性，与柏木纯林相比，它的林分结构复杂，枯落物丰富，分解后可释放出更多养分；植物根系生命力旺盛且穿插能力强，土壤中形成更多孔隙；而原有的柏木根系在土壤中渐渐死亡、分解，释放出养分和形成孔隙。且由于改造后，不同模式间植被生长状态或立地条件不同，导致其对土壤理化性质的改良效果不同。

三、小结

人工林窗促进比抚育间伐模式更能改良土壤物理性质，可能由于引进的乡土树种如香椿、香樟具有更强的竞争优势，柏木林原有的地被植物由于资源竞争力差而逐渐死亡、腐烂、分解，形成了较大的非毛管空隙。另外，刚引进的人工树种由于年限较少，相比已经引种大于 20 年的原柏木，根系更浅、生长旺盛且穿插能力强，易形成更多的毛管孔隙。

第四节　柏木低效林改造初期土壤养分变化特征

一、不同改造模式土壤养分分析

土壤中有机质、氮、磷、钾等养分含量的多少，不仅能反映出土壤肥力、土壤结构的好坏，还能在一定程度上体现土壤抗侵蚀性能。有机质在水稳性团聚体的形成过程中起到胶结剂的作用，能够促进土壤中团聚体的形成，进而提高土壤下渗能力，减少地表径流，减弱流水冲刷力，提高土壤抗侵蚀性能（Grosh and Jarrett，1993；Bodman and Colman，1994；侯秀丽等，2015；吕永华等，2004）。卢金伟（2002）的研究还表明，土壤中氮和磷含量还对土壤中团聚体的形成及稳定有一定影响，进而影响土壤抗侵蚀性能。

由表 6-8 可知，各模式各土层土壤有机质平均含量为 20.779 g/kg、全氮平均含量为 1.526 g/kg、碱解氮平均含量为 27.064 mg/kg、有效钾平均含量为 29.942 mg/kg、全钾平均含量为 21.158 g/kg、有效磷平均含量为 1.661 mg/kg、全磷平均含量为 0.293 g/kg。在各土层中，土壤有机质、全磷、碱解氮和有效钾含量均表现出相似规律：人工林窗（补阔）模式相对最高，花椒（有地被物）、宽带区、间伐和人工林窗模式次之，花椒（无地被物）和对照模式相对较低。

各模式对于淋溶层而言，全钾和有效磷以人工林窗（补阔）模式相对最高，

表 6-8　不同模式土壤养分含量分析

土层	模式	有机质/（g/kg）	全氮/（g/kg）	全钾/（g/kg）	全磷/（g/kg）	碱解氮/（mg/kg）	有效钾/（mg/kg）	有效磷/（mg/kg）
淋溶层	I	26.211±1.871a¹	1.317±0.012a¹	23.348±1.848a¹	0.395±0.060a¹	33.189±2.211a¹	34.135±2.079a¹	3.471±0.121a¹
	II	16.330±1.529b¹	1.704±0.086b¹	13.085±1.312b¹	0.279±0.094b¹	12.088±1.087b¹	21.289±1.788b¹	0.520±0.025b¹
	III	22.411±1.258c¹	1.953±0.063c¹	23.925±1.678c¹	0.359±0.035c¹	33.687±3.418c¹	37.633±1.648c¹	3.328±0.009c¹
	IV	28.507±1.005d¹	1.829±0.076d¹	19.995±1.157d¹	0.354±0.092d¹	39.488±1.930d¹	36.072±3.135d¹	0.977±0.005d¹
	V	37.637±0.964e¹	2.203±0.125e¹	29.512±2.195e¹	0.400±0.066e¹	44.392±3.224e¹	46.387±2.083e¹	4.302±0.050e¹
	VI	30.641±1.667f¹	1.328±0.051f¹	20.368±0.874f¹	0.278±0.006f¹	34.536±2.203f¹	31.445±1.460e¹	2.997±0.179f¹
	VII	16.859±1.023g¹	1.219±0.068g¹	24.114±1.914g¹	0.234±0.023g¹	19.125±1.766g¹	27.522±1.782f¹	1.441±0.062g¹
淀积层	I	14.898±0.963A²	1.126±0.055A²	22.589±1.371A²	0.270±0.066A²	14.309±1.751A²	29.131±1.328A²	0.552±0.057A²
	II	11.184±1.622B²	1.180±0.043B²	13.252±1.779B²	0.207±0.048B²	10.410±1.315B²	19.384±1.158B²	0.061±0.008B²
	III	12.406±1.783C²	1.619±0.144C²	19.589±1.371C²	0.327±0.062C²	17.626±1.044C²	30.668±2.540C²	0.552±0.005C²
	IV	19.232±2.088D²	1.600±0.102D²	16.883±1.048D²	0.181±0.022D²	10.448±1.696D²	29.629±0.505D²	0.517±0.038D²
	V	21.074±1.082E²	2.096±0.081E²	25.613±2.346E²	0.307±0.037E²	41.481±3.481E²	40.995±2.792E²	2.461±0.035E²
	VI	21.824±1.923F²	1.256±0.038F²	25.047±1.938F²	0.261±0.091F²	19.803±1.640F²	16.973±1.857F²	1.155±0.008F²
	VII	11.703±0.789G²	1.007±0.063G²	18.880±1.883G²	0.245±0.032G²	8.734±1.011G²	18.776±1.580G²	0.921±0.068G²

注：①同一列相同小写字母表示淋溶层不同模式间差异不显著（$P>0.05$），同一列相同大写字母表示淀积层不同模式间差异不显著（$P>0.05$），同一列相同数字表示不同土层间差异不显著（$P>0.05$）；②标准差由表 6-8 土壤养分分析所得知，各模式各土层之间的土壤有机质、全氮、全钾、有效磷、有效钾，以及碱解氮含量均表现出显著性差异（$P<0.05$），且各养分含量均呈现出淋溶层＞淀积层的趋势。

人工林窗、间伐、花椒（有地被物）和花椒（无地被物）次之，宽带区和对照模式相对较低；全氮含量以人工林窗（补阔）和人工林窗模式相对较高，宽带区、对照和花椒（有地被物）次之，间伐和花椒（无地被物）模式相对较低；对于淀积层而言，全钾和有效磷以人工林窗（补阔）模式相对最高，人工林窗、间伐、宽带区、花椒（有地被物）和花椒（无地被物）模式次之，对照模式相对最低；全氮含量则表现为：人工林窗（补阔）＞人工林窗＞宽带区＞花椒（有地被物）＞对照＞间伐＞花椒（无地被物）。

各土层养分含量顺序不同，这可能受到不同改造模式下林地内物种种类、根系情况、凋落物数量和分解速率、土壤养分等因素的影响。但总体来看，各改造模式的各养分含量均高于对照，且各模式水土流失量均小于对照，也说明各改造措施都起到减少水土流失的作用，其中人工林窗（补阔）模式各养分含量均最高，表明人工林窗（补阔）能更好地促进土壤肥力。

为探索土壤化学性质对土壤抗侵蚀能的影响，本书对土壤的有机质、全氮、全钾、全磷、有效钾、有效磷及碱解氮与土壤侵蚀量进行了相关分析。从表 6-9 可知，有机质、全氮含量与土壤侵蚀量呈显著负相关；全磷、全钾、有效磷、有效钾及碱解氮含量与土壤侵蚀量之间均未达到显著水平。这也表明有机质、全氮含量与土壤抗侵蚀性能之间存在显著正相关关系，即土壤抗侵蚀性能随有机质、全氮含量的增加而增加。

表 6-9 土壤养分含量与土壤侵蚀量的相关性分析

	有机质	全氮	全钾	全磷	有效钾	有效磷	碱解氮
土壤侵蚀量	−0.615*	−0.631*	0.035	0.118	−0.173	−0.366	−0.348

*表示相关性显著（$P < 0.05$）。

二、低效林改造前后土壤养分的变化

由图 6-6 可知，各改造模式土壤淋溶层的有机质含量均大于淀积层。2014 年各模式土壤有机质含量（淋溶层和淀积层的平均值）表现为：人工林窗（补阔）（29.356 g/kg）＞花椒（有地被物）（26.233 g/kg）＞宽带区（23.870 g/kg）＞间伐（20.555 g/kg）＞人工林窗（17.409 g/kg）＞花椒（无地被物）（14.281 g/kg）＞对照（13.758 g/kg）。与改造前（2012 年）相比，除对照外，其他模式土壤有机质含量均明显增加，增加幅度为 6.272%～38.477%。人工林窗（补阔）增加幅度最大，为 38.477%，其次为花椒（有地被物）（35.140%）、间伐（23.063%），再次为宽带区（16.509%）、人工林窗（9.428%）、花椒（无地被物）（6.272%），对照区有机质含量变化不明显。综上，随土层增加，土壤有机质含量明显降低。改

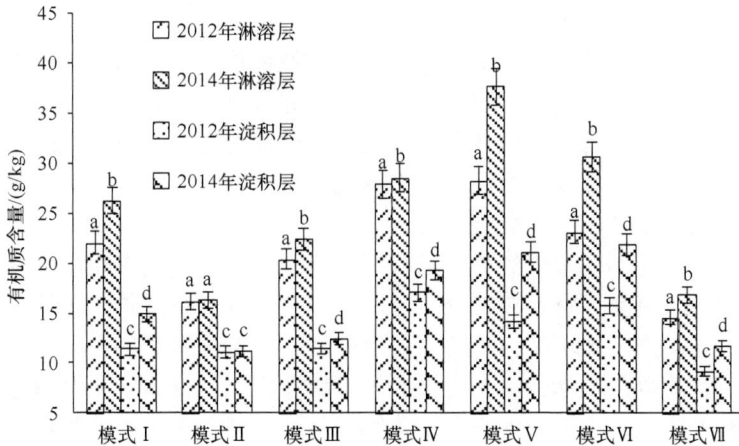

图 6-6　2012 年和 2014 年土壤有机质含量

造模式能显著提高土壤有机质含量，不同改造措施有机质含量增加幅度不同，人工林窗（补阔）模式土壤有机质含量最大。

由图 6-7 可知，与改造前相比，除对照模式外，其他各改造模式土壤全氮含量均明显增加，且表现为淋溶层大于淀积层。改造前后，各模式间全氮含量的增加量差异较明显，以全氮含量最高的人工林窗（补阔）增加最为显著，增加量为 0.3 g/kg。2014 年各模式土壤全氮含量（淋溶层和淀积层的平均值）表现为：人工林窗（补阔）（2.150 g/kg）＞人工林窗（1.786 g/kg）＞宽带区（1.715 g/kg）＞对照（1.443 g/kg）＞花椒（有地被物）（1.292 g/kg）＞间伐（1.222 g/kg）＞花椒（无地被物）（1.113 g/kg）；各模式土壤全氮含量增加幅度表现为：人工林窗（补阔）（14.127%）＞间伐（12.720%）＞人工林窗（7.581%）＞花椒（无地被物）（6.709%）＞宽带区（5.242%）＞间伐（5.170%），对照模式土壤全氮

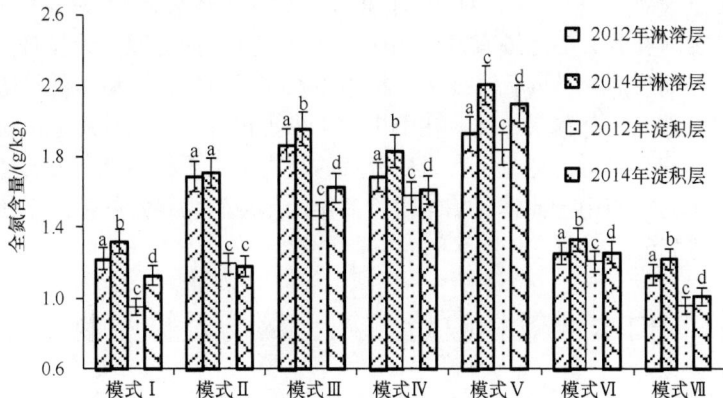

图 6-7　2012 年和 2014 年土壤全氮含量

含量无明显变化。

综上所述，经过 3 年的低效林改造，与改造前相比，除对照模式外，其他改造模式对土壤全氮含量起到了明显改善作用，并且以人工林窗（补阔）模式增加最为明显，土壤全氮含量的增加有利于土壤抗蚀性的提高，所以在研究低效林改造的各模式中，人工林窗（补阔）对土壤化学性质改善作用最显著，更有利于土壤抗侵蚀性能的提升，减少水土流失。

改造措施使得不同模式的林分结构更加合理，枯落物较单一柏木林丰富，且不同凋落物混合更易分解释放养分，因此土壤中养分含量增加。土壤养分含量的增加，为土壤动物、土壤微生物的生长繁殖创造了更为有利的条件，增加了土壤动物、微生物的数量及活性，进而增大了土壤孔隙度，提高了土壤渗透率。而土壤酶的主要来源又是土壤微生物和凋落物，且土壤酶又是土壤的生物化学过程中的生物催化剂，参与土壤中各种物质循环和能量流动（杨万勤和王开运，2004）。经土壤酶、土壤微生物、土壤动物的共同作用改善了土壤理化性质，增加了土壤抗侵蚀性能，而对照模式是原柏木林，生长多年已形成稳定的生态系统，故土壤理化性质保持稳定，并无明显改变。

土壤养分含量、微生物数量和酶活性的增加可增强土壤抗侵蚀性能，进而减少土壤侵蚀量，这与王景燕等（2007）得出的植被类型、土壤酶活性、微生物数量及土壤中养分含量的增加可有效增强土壤抗侵蚀性能的结论相一致。因为地表枯落物的分解，可以增加土壤有机质含量，促进土壤团聚体的形成，还可以促进土壤动物、土壤微生物及土壤酶的数量增加、活性增强，增大土壤孔隙度及渗透性，改善土壤结构，减少地表径流（逯军峰等，2007）。

三、小结

在改造初期，间伐的有机质含量在 8 个月后增大了 4.4%，而人工林窗（补阔）的有机质含量则减小了 11.7%，对照林有机质含量变化不明显。5 月与 9 月相比，间伐、人工林窗（补阔）的土壤有机质存在着显著差异，而对照则无显著差异。这是由于模式 I 在间伐后，林间孔隙变大，柏木生长状况良好，有更多的枯落物归还养分至土壤中，而人工林窗（补阔）在引进人工乡土树种后，生长迅速，初期需要大量的营养元素与有机质，造成了有机质分解的速度远大于枯落物归还的速度，故有机质含量减小。对照由于原林区柏木生长多年，形成较为稳定的生态系统，故而土壤内有机质等养分的含量在一定区间内保持平衡。

第五节　柏木低效林改造初期土壤酶及微生物变化特征

土壤微生物主要指土壤中那些个体微小的生物体，主要包括细菌、放线菌、真菌、地衣，还有一些原生动物和藻类等（余曙光等，2007）。微生物将植物根系、腐殖质进行分解，成为植物可吸收利用的营养物质，与土壤形成肥沃的腐殖质土（Sparkling and Ross，1993）。分解作用增加土壤中有机质含量，促进土壤团聚体的形成，进而增强土壤的抗侵蚀性能。土壤酶是指植物根系、土壤微生物及其土壤中其他生物细胞产生的胞外酶和胞内酶的总称，是生态系统的物质循环和能量流动等生态过程中最活跃的生物活性物质，是土壤生物过程的主要调节者（周礼恺等，1983）。

由表 6-10 可看出，同一土层不同改造模式间除人工林窗模式和宽带区模式的淋溶层过氧化氢酶差异不显著外，同一土层不同改造模式间各种酶活性、细菌、真菌、放线菌和总微生物数量均表现出显著差异。同一改造模式不同土层相比较，除模式 II 过氧化氢酶不同土层间差异不显著外，各模式各土层间其他酶、细菌、真菌、线菌和总微生物数量均表现出差异显著，且表现出淋溶层土壤中各种酶活性、细菌、真菌、线菌和总微生物数量均明显大于淀积层土壤，这与闫晗等（2014）的研究结果相一致，土壤表层由于较好的水热环境及微生物生长和繁殖所需的丰富的能源物质，导致其养分含量、酶活性、微生物数量明显高于淀积层土壤。

在淋溶层土壤中，除磷酸酶活性外其他酶活性及细菌数量、总微生物数量均表现出：人工林窗（补阔）＞宽带区＞人工林窗＞花椒（有地被物）＞间伐＞花椒（无地被物）＞对照。而磷酸酶活性而以人工林窗（补阔）模式和人工林窗模式相对较高，花椒（有地被物）、宽带区、间伐模式次之，花椒（无地被物）和对照相对较少。放线菌数量由大到小依次是：人工林窗（补阔）＞宽带区＞花椒（有地被物）＞人工林窗＞花椒（无地被物）＞间伐＞对照。真菌数量依次是：人工林窗（补阔）＞宽带区＞人工林窗＞间伐＞花椒（有地被物）＞花椒（无地被物）＞对照。在淀积层土壤中，土壤过氧化氢酶活性、蔗糖酶活性、脲酶活性均表现出：人工林窗（补阔）＞人工林窗＞宽带区＞花椒（有地被物）＞间伐＞花椒（无地被物）＞对照。磷酸酶活性以人工林窗（补阔）和人工林窗相对较高，宽带区、花椒（有地被物）和间伐模式次之，花椒（无地被物）和对照模式相对较少。真菌、细菌和总生物数量依次是：人工林窗（补阔）＞宽带区＞人工林窗＞间伐＞花椒（有地被物）＞花椒（无地被物）＞对照。而放线菌数量由大到小依次是：人工林窗（补阔）＞宽带区＞人工林窗＞花椒（有地被物）＞花椒（无地被物）＞间伐＞对照。从上述结果中可以看出，淋溶层、淀积层土壤中各中酶活性、微生物数量、总微生物数量顺序均不相同，这可能与不同改造模式下林地内物种种类、根系情况、凋落物数量和分解速率、土壤养分等不同有关。从总体上还是可以看出：无论是酶活性还是微生物数量上均以人工林窗（补阔）模式最高，花椒（无地被物）和对照模式较低，有改造措施的模式与对照相比，酶活性和微生物数量均有提高，且提高效果明显。

表 6-10 不同改造模式土壤酶活性、微生物组成及数量分析

土层	模式	蔗糖酶活性	磷酸酶活性	过氧化氢酶活性	脲酶活性
淋溶层	I	$12.956\pm0.920a^1$	$0.962\pm0.036a^1$	$0.196\pm0.021a^1$	$0.102\pm0.009a^1$
	II	$7.805\pm0.897b^1$	$0.795\pm0.035b^1$	$0.167\pm0.008b^1$	$0.068\pm0.004b^1$
	III	$9.012\pm0.102c^1$	$1.406\pm0.265c^1$	$0.214\pm0.012c^1$	$0.303\pm0.008c^1$
	IV	$11.006\pm0.210d^1$	$0.986\pm0.106d^1$	$0.215\pm0.009c^1$	$0.225\pm0.012d^1$
	V	$18.202\pm1.039e^1$	$1.572\pm0.229e^1$	$0.254\pm0.027e^1$	$0.426\pm0.014e^1$
	VI	$14.594\pm0.219f^1$	$1.004\pm0.157f^1$	$0.203\pm0.032f^1$	$0.184\pm0.006f^1$
	VII	$7.784\pm0.674g^1$	$0.803\pm0.104g^1$	$0.173\pm0.021g^1$	$0.095\pm0.03g^1$
淀积层	I	$12.047\pm1.246A^2$	$0.909\pm0.104A^2$	$0.184\pm0.028A^2$	$0.092\pm0.004A^2$
	II	$7.112\pm0.986B^2$	$0.722\pm0.161B^2$	$0.166\pm0..015B^1$	$0.060\pm0.007B^2$
	III	$8.524\pm0.682C^2$	$1.364\pm0.009C^2$	$0.205\pm0.010C^2$	$0.197\pm0.008C^2$
	IV	$10.546\pm0.709D^2$	$0.927\pm0.049D^2$	$0.199\pm0.007D^2$	$0.182\pm0.010D^2$
	V	$16.219\pm0.732E^2$	$1.505\pm0.042E^2$	$0.228\pm0.009E^2$	$0.321\pm0.008E^2$
	VI	$14.002\pm0.758F^2$	$0.922\pm0.097F^2$	$0.192\pm0.018g^2$	$0.107\pm0.005F^2$
	VII	$7.256\pm0.379G^2$	$0.735\pm0.091G^2$	$0.157\pm0.021G^2$	$0.082\pm0.003G^2$

土层	模式	细菌 /（10^6CFU/g）	真菌 /（10^4CFU/g）	放线菌 /（10^5CFU/g）	总微生物 /（10^6CFU/g）
淋溶层	I	$13.84\pm1.12a^1$	$9.26\pm0.20a^1$	$5.32\pm0.13a^1$	$14.46\pm0.46a^1$
	II	$8.34\pm1.25b^1$	$5.15\pm0.27b^1$	$1.34\pm0.19b^1$	$8.52\pm0.55b^1$
	III	$14.11\pm1.98c^1$	$10.42\pm0.52c^1$	$8.25\pm0.29c^1$	$15.03\pm0.92c^1$
	IV	$22.43\pm2.37d^1$	$12.16\pm0.32d^1$	$20.14\pm0.31d^1$	$24.56\pm0.56d^1$
	V	$42.35\pm2.12e^1$	$15.32\pm0.39e^1$	$28.51\pm1.11e^1$	$45.35\pm0.42e^1$
	VI	$13.19\pm1.91f^1$	$9.04\pm0.19f^1$	$12.06\pm0.45f^1$	$14.48\pm0.64f^1$
	VII	$10.28\pm1.07g^1$	$7.53\pm0.74g^1$	$6.07\pm0.36g^1$	$10.96\pm0.23g^1$
淀积层	I	$10.59\pm1.10A^2$	$2.28\pm0.18A^2$	$1.79\pm0.12A^2$	$10.79\pm0.18A^2$
	II	$4.29\pm1.01B^2$	$0.72\pm0.11B^2$	$0.98\pm0.06B^2$	$4.39\pm0.52B^2$
	III	$11.05\pm0.98C^2$	$2.64\pm0.22C^2$	$4.12\pm0.21C^2$	$11.48\pm0.84C^2$
	IV	$18.35\pm1.74D^2$	$3.02\pm0.19D^2$	$6.29\pm0.18D^2$	$19.00\pm0.92D^2$
	V	$25.36\pm2.53E^2$	$5.86\pm0.17E^2$	$9.06\pm0.65E^2$	$26.32\pm0.46E^2$
	VI	$8.34\pm1.06F^2$	$2.12\pm0.32F^2$	$3.331\pm0.11F^2$	$8.69\pm0.43F^2$
	VII	$5.88\pm1.10G^2$	$1.45\pm0.21G^2$	$2.01\pm0.25G^2$	$6.09\pm0.55G^2$

注：①同一列相同小写字母表示淋溶层不同模式间差异不显著（$P>0.05$），同一列相同大写字母表示淀积层不同模式间差异不显著（$P>0.05$），同一列同一模式中相同上标数字表示不同土层间差异不显著（$P>0.05$）；②±标准差。

由表 6-11 可以看出，蔗糖酶活性、磷酸酶活性、脲酶活性、过氧化氢酶活性、真菌、细菌、放线菌和总微生物数量和土壤侵蚀量之间存在显著负相关，表明随蔗糖酶活性、磷酸酶活性、脲酶活性、过氧化氢酶活性、真菌、细菌、放线菌和

总微生物数量增加，土壤抗侵蚀性随之增强，从而土壤侵蚀量减小。

表 6-11　土壤酶活性、微生物数量与土壤侵蚀量的相关性分析

	蔗糖酶活性	磷酸酶活性	过氧化氢酶活性	脲酶活性	细菌	真菌	放线菌	总微生物
土壤侵蚀量	−0.464[*]	−0.547[*]	−0.576[*]	−0.700[**]	−0.570[*]	−0.580[*]	−0.508[*]	−0.646[*]

*表示相关性显著（$P < 0.05$）；**表示相关性特别显著（$P < 0.01$）。

　　柏木低效林改造不仅可以通过地下根系、枯枝落叶层等改善土壤理化性质，加强土壤通气和渗透性能，进而增强土壤的抗侵蚀性能，还可通过地上部分减少水土流失（Helrey，1971；杨海龙等，2003；逯军峰和王辉，2007）

第六节　不同柏木低效林改造模式对逐月水土流失的影响

一、不同改造模式对逐月林地产流产沙的影响

　　2012 年 8 月至次年 7 月全年降水量是 427.2 mm，最大月降水量为 5 月的 122.9 mm，其次为 9 月的 73.7 mm。从图 6-8 可知，2012 年 9 月与 2013 年 5 月的降水量最大，共约占全年降水量的 46.1%，其中 5 月降水量约占全年降水量的 28.8%，其他月份降水量较少。测定得到 2013 年 5 月中最大次降水量为 46.9 mm，并出现两次较短时间大暴雨，造成严重的土壤侵蚀。

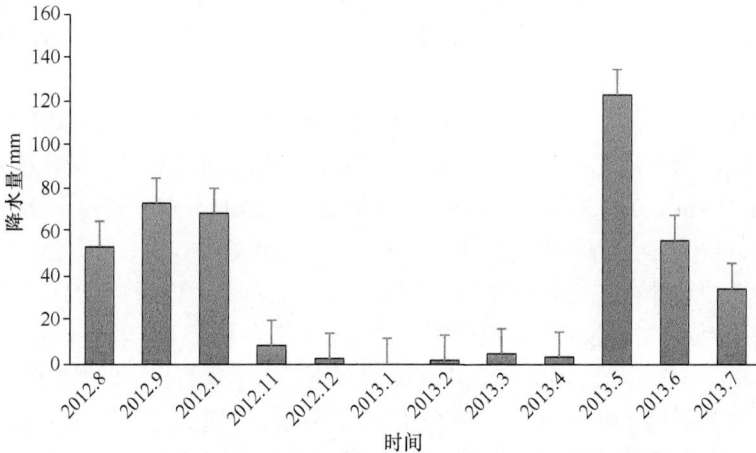

图 6-8　2012 年 8 月～2013 年 7 月各月降水量

　　许多研究表明，地表产流、产沙与降水强度、降水总量等降水因素关系密切（孙阁等，1989；姜萍等，2007）。由表 6-12 可以看出，降水量与径流量基本保持

一致，降水量越大，则径流量越大。但不同改造模式的径流量与土壤侵蚀量不同。径流量 5 月＞9 月＞8 月，最大月降水量为 5 月具有观测以来的次最大降水量 46.9 mm，并有次较大雨量 21.1 mm。相同月份中，各模式径流量大小变化较一致，基本符合人工林窗＞间伐＞宽带区＞对照＞人工林窗（补阔）＞花椒（无地被物）＞花椒（有地被物）。经方差分析得到，8 月、11 月、5 月、6 月这 4 个月，模式Ⅰ、Ⅱ、Ⅲ、Ⅳ、Ⅴ、Ⅵ、Ⅶ的径流深都存在显著差异性，并以模式Ⅲ径流量最大，模式Ⅵ径流量最小；9 月中模式Ⅳ、Ⅴ差异不显著，但其值都大于对照模式Ⅱ，其余模式均有显著差异；10 月中模式Ⅳ、Ⅴ差异也不显著，但其值开始小于对照模式Ⅱ，其余模式均有显著差异；7 月中模式Ⅱ、Ⅲ差异不显著，其余模式均有显著差异（表 6-12）。方差分析表明每种改造模式在低效林改造时对径流影响都有效且不同，9 月与 10 月在模式Ⅳ、Ⅴ的差异表示初期径流场内的人力影响在此发生了扭转，人为因素的作用在消除。径流流失的规律也说明，首先水土流失最大的影响因子应该是坡度，两种花椒地改造模式由于坡度远小于其余 5 种模式，故径流量也远小于其余 5 种模式。该柏木低效林林冠层对于雨水起到拦截抵抗直接作用土的冲刷作用，在对人工林窗的作业后，而由于原有灌草植被持水截水作用较差，故对照地的径流量较少，林窗后的自然更新林径流量最大。抚育间伐同理也是减少了林冠层郁闭度，导致较大的径流量。而通过补种乡土阔叶树改造的实验林，径流量比对照地减少，以 2013 年 6 月为例，集流桶内径流深为 6.7 mm，为间伐径流深 23.7 的 28.2%，对照径流深 12.6 mm 的 53.2%。这表明此种低效林的改造模式可以显著提升该林地的水文涵养的生态效益。

而土壤泥沙侵蚀量符合间伐＞人工林窗＞宽带区＞对照＞人工林窗（补阔）＞花椒（无地被物）＞花椒（有地被物）。各模式全年土壤泥沙侵蚀量从模式Ⅰ～Ⅶ分别为 354 t/km²、101.2 t/km²、329.2 t/km²、244.9 t/km²、83.6 t/km²、20.5 t/km²、75.7 t/km²。经方差分析后得到，10 月、6 月、7 月模式Ⅰ、Ⅱ、Ⅲ、Ⅳ、Ⅴ、Ⅵ、Ⅶ的土壤侵蚀量都存在显著差异性，其中 10 月、6 月最大值为模式Ⅰ，7 月最大值为模式Ⅲ；8 月、11 月模式Ⅰ、Ⅲ土壤泥沙侵蚀量差异不显著，其余模式差异显著；9 月模式Ⅱ、Ⅲ差异不显著，其余模式差异显著；5 月模式Ⅱ、Ⅴ、Ⅶ差异不显著，其余模式差异显著（表 6-12）。方差分析表明不同改造模式对林地的土壤侵蚀泥沙量的作用有效且不同，模式Ⅰ长期拥有着最大的土壤泥沙侵蚀量，并显著大于除模式Ⅲ以外的其余各模式，这可能与抚育间伐模式内疏伐后，盖度减少，除林干截留作用外，树叶截留并借助叶梢集中下落击溅造成雨滴冲刷土壤表层的作用加剧造成的。各模式土壤各月土壤侵蚀量随降水量的增加而增加，其中各模式 5 月土壤侵蚀量平均占全年侵蚀量的 44.5%。这同产生径流的规律基本相同，但抚育

表 6-12　各植被覆盖模式地表径流深和土壤侵蚀模数

月份	降水量/mm	径流深/mm						
		I	II	III	IV	V	VI	VII
8 月	53.8	31.1±0.58b	12.5±0.46e	35.2±1.36a	19.5±0.75c	15.6±1.18d	3.0±0.72g	7.8±0.47f
9 月	73.7	76.2±0.98b	27.4±0.75d	118.3±8.21a	28.5±0.84c	28.2±2.32c	4.5±0.64f	16.2±1.18e
10 月	68.9	29.0±0.51b	20.0±1.35c	52.3±2.48a	15±0.48d	15.5±1.19d	1.6±0.11f	9.4±1.12e
11 月	8.3	5.3±0.29a	1.8±0.32c	4.9±0.35b	1.1±0.39e	1.2±0.36d	0	0
12 月	2.1	0	0	0	0	0	0	0
1 月	0.1	0	0	0	0	0	0	0
2 月	1.3	0	0	0	0	0	0	0
3 月	4.8	1.4±0.11a	0	0.9±0.06b	0	0	0	0
4 月	3.2	0	0	0	0	0	0	0
5 月	122.9	77.8±0.98b	34.6±1.43d	87.6±2.89a	46.8±2.52c	32.8±2.35e	9±0.99g	24.9±3.27f
6 月	53.5	20.3±0.48b	12.6±1.11c	23.7±1.24a	8.8±0.72d	6.7±0.47f	2.5±0.22g	8.2±1.08e
7 月	34.6	14.5±0.51a	8.4±0.68b	8.7±0.61b	6.8±0.48c	4.2±0.14e	1.7±0.08f	5.5±0.45d
合计	427.2	255.6	117.3	330.7	126.5	104.2	22.3	72

月份	土壤侵蚀量/（t/km^2）						
	I	II	III	IV	V	VI	VII
8 月	61±3.71A	10.5±1.11D	60±6.62A	52.1±4.51B	15.3±1.17C	2.7±0.22F	8.4±1.07E
9 月	40.1±3.38A	24.7±2.31B	22.9±2.26B	10.7±1.12C	4.8±0.66D	0.3±0.06F	1.4±0.31E
10 月	46.5±2.39A	15.2±1.66D	28.5±2.25C	34.8±4.35B	11.6±1.13E	0	11.9±3.1F
11 月	8.7±5.07A	7.4±0.88B	8.5±1.09A	7.6±5.07B	2.2±0.12C	0	0
12 月	0	0	0	0	0	0	0
1 月	0	0	0	0	0	0	0
2 月	0	0	0	0	0	0	0
3 月	0	0	0	0	0	0	0
4 月	0	0	0	0	0	0	0
5 月	152.4±12.86A	25.2±2.31E	144±12.28B	114.6±10.13C	38.3±2.42DE	15.9±2.14F	47.2±3.45D
6 月	41.8±7.37A	10.9±1.10D	38.1±4.42B	15.8±2.16C	7.6±0.48E	1.1±0.10G	4.7±0.64F
7 月	3.5±0.63E	7.3±0.86C	27.2±2.24A	9.3±1.09B	3.8±0.23D	0.5±0.05G	2.1±0.02F
合计	354	101.2	329.2	244.9	83.6	20.5	75.7

注：同一行，不同小写字母表示同月不同模式径流深差异显著，不同大写字母表示同月不同模式土壤侵蚀量差异显著（$P<0.05$）。

间伐模式土壤侵蚀量比自然更新林窗地大。部分月份由于未产生径流或者径流量不足以产生土壤侵蚀而未发生土壤侵蚀事件。这是由于土壤侵蚀量与土壤本身理化性质密切相关，抚育间伐土壤有机质含量较少，孔隙度较大，导致土壤内水稳性团聚体数量较少，流失量大于自然更新的林窗人工林。另外，植物根系具有穿插和聚集的作用，本地乡土树种的引入，使得该模式下的土壤-根系系统具有更大的孔隙度，增进了水稳性团聚体的形成，故有利于雨水的下渗，提高了土壤的抗冲抗蚀性（Hudson，1971）。例如，5月，人工林窗（补阔）土壤侵蚀量为 38.3 t/km²，仅为抚育间伐模式 I 的 25.2%。

　　坡度严重制约着坡地的水土保持效果，不仅影响着土壤侵蚀的程度，还影响着土壤侵蚀发生的方式，当坡度逐渐变大时，侵蚀方式也逐渐由面蚀依次转变为沟蚀、崩塌等方式（陈明华和聂碧娟，1995）。本实验中，坡度较小的两种经济林（花椒林）模式在径流量、泥沙侵蚀量都显著小于其他五种模式。且都表现出花椒（无地被物）＞花椒（有地被物）的规律，流失量前者为后者的 3～5 倍。例如，6月，模式 VII 的径流深（8.2 mm）是模式 VI 径流深（2.5 mm）的 3.28 倍，模式 VII 的土壤泥沙侵蚀量（4.7 t/km²）是模式 VI 土壤侵蚀量（1.1 t/km²）的 4.27 倍。这充分表明，地被物的存在与否，密切影响着水土流失量，保存比较完好的林地草本地被层具有良好的过滤泥沙、降低径流汇聚力、提升土壤抗蚀、抗冲性的作用。同时，良好的地被枯落物层也能增加土壤水源涵养和不可低估的过滤作用及拦截、抵抗作用。

二、不同改造模式对逐月林地养分流失总量的影响

　　由表 6-13 可知，各改造模式小区中，以钾的流失量最为严重，其次为氮和磷。这一是由于该地土壤自身钾含量较高，二是养分的流失主要表现在土壤的流失，而土壤中钾主要以有机形式存在，且易吸附在土壤团聚体的表面，随着土壤的冲蚀而造成了大量流失。从方差分析得出，全氮、全磷、全钾的全年养分流失量除模式 II 和 V 不存在显著差异外，其余模式 I、III、IV、VI、VII 都存在显著差异；碱解氮和有效磷的全年养分流失量除模式 III 和模式 IV 外，其余模式都存在着显著差异；七种模式中有效钾的平均流失量都存在显著差异。这说明各模式全量养分都存在不同程度的流失，但模式 V 的流失量要略小于对照地（模式 II），说明改造效果虽不太显著，但已开始发挥作用。速效各养分模式 III、IV 流失量在同一级别，说明无高大乔木的宽带林区与人工林窗内的自然生长的植被对土壤抗侵蚀性存在着相似能力。在平均坡度相似的模式 I 到 V 间中，以模式 V 的保肥效果最好，流失养分量最少。其中全量的氮、磷、钾的流失与碱解氮、磷、钾的流失相比对照（模式 II）减少了 21.8%～22.9%，相比流失量最大的模式 I 减少了 81.2%～82.7%。

表 6-13　不同改造模式全年养分流失总量的情况（2012.8～2013.7）

模式	I	II	III
坡度/(°)	32	30	29
种植模式	抚育间伐 （50%）	对照地 （纯柏林）	人工林窗 （自然更新）
全氮/(t/km²)	7.53±1.16a	1.43±0.08d	3.84±0.93b
全磷/(t/km²)	3.59±0.73a	0.65±0.61d	1.63±0.11c
全钾/(t/km²)	70.78±6.71a	12.82±5.16d	44.55±7.48b
全量养分/(t/km²)	81.90±7.69a	14.90±2.17d	50.02±6.52b
碱解氮/(kg/km²)	549.69±45.62a	138.84±21.29c	302.36±33.18b
有效磷/(kg/km²)	552.24±45.31a	173.67±21.79c	314.89±33.25b
有效钾/(kg/km²)	3463.04±364.22a	791.39±68.20c	2328.17±224.33b
速效养分/(kg/km²)	4564.97±546.27a	1103.90±122.31c	2945.42±230.12b

模式	IV	V	VI	VII
坡度/(°)	31	28	5	5
种植模式	宽带区	人工林窗 （补阔）	花椒林 （有地被）	花椒林 （无地被）
全氮/(t/km²)	3.29±0.73c	1.18±0.21d	0.14±0.08f	0.47±0.51e
全磷/(t/km²)	1.83±0.41b	0.67±0.21d	0.05±0.01f	0.18±0.01e
全钾/(t/km²)	32.57±3.35c	10.07±1.09d	1.23±0.51f	4.28±1.04e
全量养分/(t/km²)	37.69±4.41c	11.92±1.13d	1.42±0.31f	4.93±1.04e
碱解氮/(kg/km²)	274.17±22.39b	94.84±8.98d	11.96±2.12f	41.86e±5.69e
有效磷/(kg/km²)	303.75±33.07b	90.51±8.97d	16.75±2.17f	58.62±5.61e
有效钾/(kg/km²)	1424.81±114.55c	607.05±76.18e	51.43±4.62g	180.01±14.94f
速效养分/(kg/km²)	2002.73±221.04b	792.40±73.31d	80.14±5.87f	280.49±25.77e

　　在坡度相似的模式VI和模式VII，无地被物的花椒林（模式VII）不论全量养分的流失，还是速效养分的流失，都远大于有地被物的花椒林模式VI，达到 3 倍左右。但由于坡度的原因，总流失量远小于其余五种模式。在不同种植模式中，各小区全量氮、磷、钾的流失量与前述的土壤泥沙侵蚀量的规律一致，表现为抚育间伐＞人工林窗＞宽带区＞对照＞人工林窗（补阔）＞花椒（无地被物）＞花椒（有地被物），而碱解氮、磷、钾的流失量与全量氮、磷、钾的流失量规律基本一致。

三、不同改造模式下径流与泥沙携带养分浓度比较

　　由表 6-14 可知，各模式中，泥沙携带养分浓度远大于径流携带养分浓度。泥

沙和径流的携带样中，钾的含量最高，大于氮、磷的流失量。同一模式中，有效钾在泥沙中的含量可以达到径流中的 30 倍（模式Ⅰ），而全钾则可以达到 2653 倍（模式Ⅳ）。在各种模式下，以磷的流失量最低，径流和泥沙中磷的全效养分和速效养分均低于氮和钾。从方差分析可以得到，由泥沙携带的全氮、全钾的养分流失中，除模式Ⅱ、Ⅴ外，其余五种模式均存在着显著差异；由泥沙携带的全磷的养分流失中，除模式Ⅱ、Ⅳ、Ⅴ外，其余四种模式都存在着显著差异。由泥沙携带的碱解氮、有效钾除模式Ⅲ、Ⅴ外，其余五种模式都存在着显著差异性，且都以模式Ⅰ的流失量最大；由泥沙携带的有效磷除模式Ⅲ、Ⅳ、Ⅴ外，其余四种模式都存在着显著差异，且模式Ⅱ的流失量最大。对于径流携带的养分，除模式Ⅰ、Ⅱ外，各模式的全氮、磷、钾与碱解氮、磷、钾的差异均不显著。这表明各种养分流失的差异主要和泥沙携带有关，而与径流携带关系不大。

由表 6-14 可知，全氮、磷、钾的泥沙携带与径流携带养分浓度差距远大于碱解氮、磷、钾。在模式Ⅰ中，泥沙携带的全氮养分流失为 21.271 kg/t，径流携带的全氮流失为 0.025 kg/t，二者比值约为 850 倍；泥沙携带的碱解氮养分流失为 1.553 g/kg，径流携带的碱解氮养分流失为 0.082 g/kg，二者比值约为 19 倍。同时，比较坡度相似的前五个小区与坡度相似的后两个小区，泥沙携带与径流携带的浓度差距并不相同。以有效钾为例，模式Ⅱ与模式Ⅲ的泥沙、径流

表 6-14 不同小区泥沙携带与径流携带的养分流失浓度的比较

模式	项目	全氮/（kg/t）	全磷/（kg/t）	全钾/（kg/t）	碱解氮/（g/kg）	有效磷/（g/kg）	有效钾/（g/kg）
Ⅰ	R	21.271±0.232a	10.141±0.133a	199.941±2.142a	1.553±0.012a	1.56±0.013b	9.782±0.086a
	S	0.025±0.001AB	0.017±0.001A	0.055±0.001B	0.082±0.001AB	0.077±0.001AB	0.326±0.001B
Ⅱ	R	14.13±0.168b	6.423±0.067c	126.683±1.374c	1.372±0.017b	1.716±0.018a	7.820±0.084b
	S	0.023±0.001AB	0.012±0.001BC	0.063±0.001A	0.093±0.001A	0.084±0.001A	0.474±0.001AB
Ⅲ	R	11.673±0.125c	4.951±0.056d	135.334±1.67b	0.918±0.009d	0.957±0.009d	7.072±0.068c
	S	0.029±0.001AB	0.014±0.001B	0.051±0.001B	0.091±0.001AB	0.067±0.001B	0.549±0.001AB
Ⅳ	R	13.438±0.147bc	7.472±0.068bc	132.993±1.422b	1.12±0.012c	1.241±0.013c	5.818±0.047d
	S	0.023±0.001AB	0.014±0.001AB	0.059±0.001B	0.086±0.001AB	0.074±0.001AB	0.365±0.001AB
Ⅴ	R	14.112±0.143b	8.014±0.079b	120.457±1.322c	1.134±0.014cd	1.083±0.011cd	7.261±0.081c
	S	0.022±0.001AB	0.014±0.001B	0.05±0.001B	0.075±0.001B	0.068±0.001AB	0.553±0.001A
Ⅵ	R	6.834±0.058d	2.439±0.031e	60.004±0.672d	0.583±0.005e	0.817±0.008e	2.509±0.024e
	S	0.022±0.001AB	0.013±0.001BC	0.045±0.001AB	0.042±0.001C	0.038±0.001C	0.287±0.001C
Ⅶ	R	6.213±0.064d	2.378±0.027e	56.519±0.623e	0.553±0.006e	0.774±0.007f	2.378±0.024e
	S	0.017±0.001B	0.011±0.001C	0.047±0.001AB	0.044±0.001C	0.037±0.001C	0.296±0.001C

注：项目中 R 代表径流携带，S 代表泥沙携带；同一列不同的小写字母代表不同模式泥沙携带各养分流失浓度达到显著水平，不同大写字母代表不同模式径流携带各养分浓度达到显著水平（P<0.05）。

浓度差都约为 17 倍，而模式Ⅵ与模式Ⅶ的浓度差约为 8.7 倍，二者具有显著差异。不同坡度的全氮、磷、钾与碱解氮、磷的差距同样具有显著差异。在模式Ⅶ中，泥沙携带的全氮为 6.213 kg/t，径流携带的全氮为 0.017 kg/t，二者比值约为 365 倍。这说明，坡度影响着养分在流失过程中在泥沙和径流中的配比，坡度越大，则养分浓度比越大。

分析发现，碱解氮、磷、钾在土壤中的含量较少，这部分的养分可以被农作物直接吸收，当发生土壤侵蚀时，碱解氮、磷、钾更具匀质性，故不同改造模式径流溶蚀携带的有效养分便大于泥沙冲刷携带的有效养分。以往研究表明，土壤养分流失主要以泥沙沉积物携带的养分流失为主，与径流携带的养分相比，泥沙携带的养分可以忽略。径流中的养分流失以可溶性的速效养分损失为主，从而迅速降低土壤的肥力，并引起水体的富营养化。

四、不同改造模式下逐月土壤养分流失动态过程

土壤养分的流失主要由泥沙与径流造成，而引起这两方面的主要因子就是降水，它是土壤失质失肥的主要动力。大气降水具有明显的季节特征，因此有必要将养分流失的季节动态与降水联系起来，以期找出二者的内在联系。

由图 6-9～图 6-11 可知，全氮、全磷、全钾的流失均存在季节性，其变化趋势与全年降水基本一致。除 12 月至次年 3 月未产生养分流失外，5 月养分流失达到最大，4 月养分流失最低。由观测站报表可以看到，5 月总降水量最大，其中有全年次最大降水量 46.9 mm，而 2014 年 4 月份降水情况则恰好相反。这说明了土壤养分的流失与降水，特别是雨强密切相关。

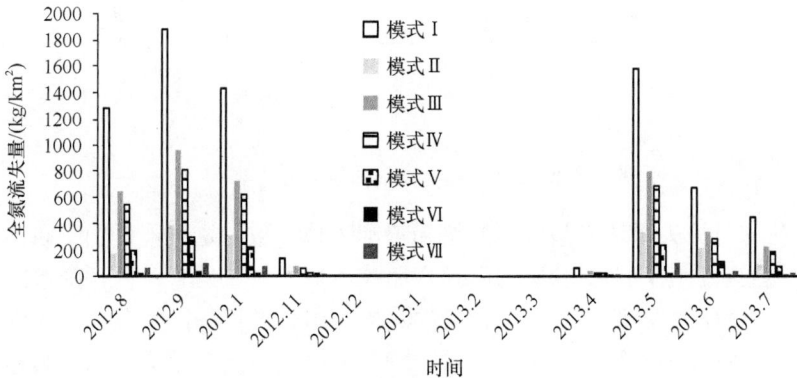

图 6-9　各模式全氮的季节动态

模式Ⅰ～Ⅴ内全磷与全钾的流失趋势基本一致，都是 5 月流失量最大，达到总流失量的 23.4%～25.1%，4 月流失量最小，仅为总流失量的 1.2%～2.3%，12 月至次年 3 月则无流失，这与年均降水量的趋势一致。而全氮的流失趋势则略有

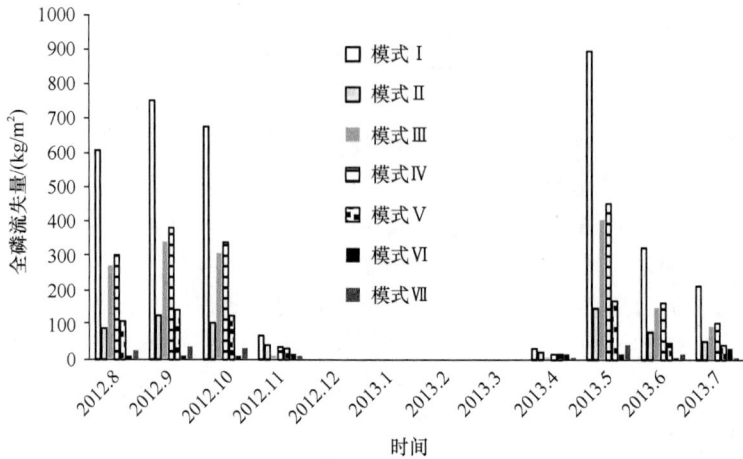

图 6-10　各模式全磷的季节动态

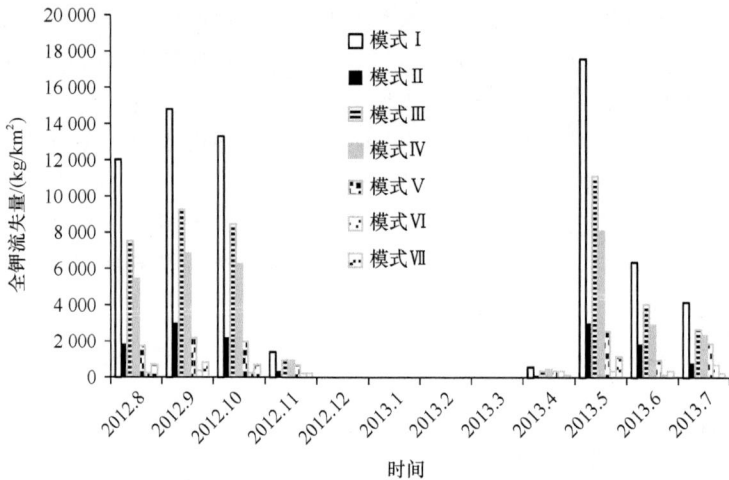

图 6-11　各模式全钾的季节动态

不同,在 9 月流失量达到最大,其余趋势则大体一致。这可能是由于磷素与钾素
都极易被土壤固定,土壤表层的颗粒物和胶体与之大量结合,一旦降水发生,便
随侵蚀的土壤流失,造成磷素与钾素的流失。这个过程与降水量、降水强度呈正
相关关系,所以 5 月降水量最大,磷、钾的流失量也达到最大。而氮素在土壤中
会发生硝化与反硝化作用,形成 $NH_4\text{-}N$ 与 $NO_3\text{-}N$,在 9 月可能以硝化作用为主,
且 9 月相比 5 月降水次数多,降水强度小,径流与土壤充分融合,加之土壤在夏
季孔隙度较大,径流携带的 $NO_3\text{-}N$ 下渗到土壤深层,地表流失的总氮就较少。同
理,5 月反硝化作用为主时,$NH_4\text{-}N$ 由于不易被土壤交换吸附,总氮流失较大。

　　从降水分布均匀度来看,8~11 月降水量为 204.7 mm,4~7 月降水量为

211 mm，相差仅 3%。但 8～11 月全氮、全磷、全钾的流失量（各改造小区平均值）分别占全年流失量的 57%、53%、61%，4～7 月全氮、全磷、全钾的流失量分别占全年流失量的 40%、44%、36%。而对照小区前者占 48%，后者占 49%，这说明下半年的养分流失量更大。一方面，上半年由于植物生长的需要，大量吸收营养成分，而下半年植物的凋落物得到累积和分解，养分开始释放归还土壤；另一方面，改造小区的生态环境正趋于稳定，前期改造时人为干扰带来的后果正慢慢消除，纯柏林的养分流失受降水因素影响较大，而养分流失随着降水、植物成长状况、地被物生长、人为干扰的变化而变化，其中人为干扰是短期主要影响因素。

五、小结

鉴于与水土保持密切相关的土壤本身理化性质、大气降水规律及地形坡度等自然因素无法在短时间内改变，目前减少水土流失最有效与最快捷的办法是利用植被因素来进行调控（傅涛等，2002；卢秀琴等，2000）。植被多层次的垂直结构，从林冠层开始，直至根系，分别起到了截留降水、降低降水动能、拦截泥沙迁移、改善土壤理化性质等作用，从而减少水土流失（李勇等，1990；饶良懿等，2008）。赵一鹤等（2012）在研究巨桉林不同土地利用方式的土壤侵蚀时，比较发现在巨桉林、灌木林、荒草地中，灌木林产流最为严重，荒草地产沙最为严重，而乔木层郁闭度高、草本层盖度高的巨桉林产流与产沙数量都最小，从而提出多层次的巨桉混交林能提高林地的抗侵蚀性。本书表明，以灌木层为主的人工林窗模式径流流失量最大（330.7 mm），以乔灌草混交模式为主的人工林窗模式径流（104.2 mm）、产沙量（83.6 t/km^2）在坡度相似的五种模式中均为最小。因为人工林窗模式内缺乏人工管理，自然更新能力差导致灌木低矮（郁闭度 40% 为五种模式倒数第二）、草本层稀少（盖度 35% 为五种模式最低）、裸地严重，物种单一，降水发生后地表汇流过快，根系及茎干部拦截下渗不足，所以产流量最大。而抚育间伐（郁闭度 50%）模式产沙量最大（354 t/km^2），这可能因为该样地前期受到人为活动影响较多，枯枝落叶层损失严重，且柏木低效林与巨桉工业林相比，林木蓄积量不足，树干纤细，林冠截留量少，各因素共同导致到达地表降水动能大于其余四种模式，而雨滴击溅和径流冲刷是水土流失，特别是泥沙侵蚀的主要动力（韦红波等，2002；沈慧等，2000），故而该模式产沙量最大。人工林窗（补阔）模式有较好的水土保持效益，是优良的林冠草混交模式，可以作为该地的水土保持林模式。

研究表明，坡面的产沙产流量除了取决于降水强度、降水量、植被因素、土壤因素外，还与坡度有很大的关系（李德利等，2011）。在本实验中，花椒地改造模式（模式Ⅵ、Ⅶ，平均坡度为5°），引进平均胸径/地径为0.6～0.7 cm，平均树高0.38～0.55 m的经济林树苗，在降水条件相同时，土壤侵蚀程度远小于其余五种改造模式（模式Ⅰ～模式Ⅴ，平均坡度为30°），径流深（22.3～72 mm）、土壤侵蚀量（20.5～75.7 t/km²）也远小于其余五种改造模式。这说明，水土保持效益不只与植被因素相关，还与坡度、降水强度、降水类型等密切相关，且主导因子不一定相同。

紫色土养分流失有明显的季节动态性，这与降水的季节动态性高度吻合（罗春燕等，2009）。在本实验中，各模式全氮、磷、钾与碱解氮、磷、钾养分流失大小规律为钾素>磷素>氮素，武卫国等（2007）提出华西雨屏区土壤养分流失量大小顺序为钾素>磷素>氮素，谢财永等（2010）对油茶（Camellia oleifera Abel.）林的养分损耗研究也得出相同规律。其中钾素、磷素的流失量5月达到最大，4月最小；而氮素则在9月流失量达到最大，其余规律一致。这是由于降水量、次降水强度在5月达到最大，强降水带来大量的土壤侵蚀，土壤的养分流失形态主要是泥沙结合态为主（蒋光毅等，2004；张丽萍等，2011），而磷素极易发生淋溶并被表层土壤固定，且此地土壤本身钾素含量较高，故而钾素和磷素在5月的流失量最大。改造区内植被在5月需要大量氮素来促进叶的发育，而且9月降水量仅次于5月，且多为绵延小雨，径流与土壤表层充分接触，而氮素又容易被土壤交换吸附，也导致径流内可溶性氮素含量较高。

土壤养分流失量在上下半年具有差异性，如不同套种模式油茶林养分流失量（包括氮、磷、钾、钙、镁元素）的基本格局是上半年高于下半年，且与地表径流量密切相关（李纪元等，2008）。而本实验中，养分流失为下半年高于上半年，原因可能如下：一是样地的建造于2012年3月才初步完成，在2012年8～11月进行观测时，人为干扰的因素还未完全消除，人力破坏影响了土层的原有结构；二是下半年植物的生长趋势不如上半年，同时各种枯落凋谢物的积累和分解对地表养分的归还增大了森林基础养分的含量；三是经过8个月的低效林改造后，各模式除对照地外，土壤水土保持能力显著提升。综上，在上下半年降水量差异不显著的情况下，下半年养分流失量要大于上半年养分流失量。

第七节　不同林分改造模式对次降雨水土流失的影响

2012年9月12日，该实验地发生一场降水过程，降水历时约60分钟，降水量为20.4 mm，过程连续且均匀，降水强度可认为20.4 mm/h。2013年5月4日，该试验地也发生一场降水过程，降水历时约60分钟，降水量为20.2 mm，过程连续而均匀，降水强度可认为20.2 mm/h。2013年5月27日，同样发生一场降水过程，降水历时约 60 分钟，降水量达到 40.4 mm，过程连续且均匀，降水强度可认为 40.4 mm/h。在这三次降水发生时，分别选取具有代表性的间伐改造小区（模式Ⅰ）、人工林窗（补阔）改造小区（模式Ⅴ）和对照小区（模式Ⅱ）进行径流、泥沙流失含量的观测，以期了解不同改造模式在次降水过程中水土流失情况。

一、各林分改造模式次降雨前土壤理化性质

土壤侵蚀的发生与土壤因子密切相关，土壤的抗侵蚀能力体现分散崩解、冲刷搬运、水分入渗等方面（徐燕和龙健，2005；何腾兵，1995）。降水前的土壤含水量对产生地表径流和土壤侵蚀有重要影响（吕甚悟，1992），尤其对初始产流有重要作用（蔡强国等，1998；Bodman，1994），通过影响土壤的入渗而对坡面土壤侵蚀产生影响。由于 3 次降水前未发生其他降水，每个小区土壤含水量变化范围为 0.2%～0.4%，基本一致，所以土壤含水量不是引起这 3 次土壤侵蚀差异的主要原因。

良好的土壤孔隙度与渗透率有利于雨水的下渗与再分配，一般来说，孔隙度与渗透率越大，则透水性与持水性就越强，土壤抗侵蚀能力越强。模式Ⅰ（抚育间伐）土壤渗透率经过为期 8 个月的改造，上升了 5.4%，而模式Ⅴ（补阔）土壤渗透率上升 14.7%；模式Ⅰ（间伐）土壤孔隙度经过为期 8 个月的改造，增大了 1.2%，而模式Ⅴ（补阔）土壤孔隙度增大了 6.4%。而模式Ⅱ（对照）在这 8 个月土壤渗透率与孔隙度都无明显变化，均低于其余两类经过低效林改造的土壤（表 6-15）。经方差分析得到，5 月与 9 月相比，模式Ⅰ、模式Ⅴ的渗透率存在着显著差异，而模式Ⅱ则无显著差异。除对照林外，不论是哪种改造模式，8 个月后都对土壤的孔隙度与渗透率有明显改良，原因包括减小林冠层郁闭度，增强了土壤微生物的活性，促使土壤团粒体的形成，加强了地表枯落物的分解速率等。

表 6-15　三个小区改造前后土壤部分理化性质的数值

降水时间	降水强度/（mm/h）	模式	含水量/%	容重/（g/cm³）	渗透率/%	孔隙度/%	有机质/%
2012.9.12	20.4	Ⅰ	15.27±2.7a	1.42±0.4a	2.04±0.5a	51.17±6.4a	2.216±0.2a
		Ⅱ	17.33±1.6a	1.43±0.4c	1.16±0.2c	50.19±5.2c	2.207±0.2c
		Ⅴ	16.82±2.3a	1.40±0.3d	2.37±0.6d	50.7±4.3d	2.294±0.2d
2013.5.4	20.2	Ⅰ	15.19±1.8a	1.38±0.3b	2.15±0.3b	51.81±5.4b	2.315±0.2b
		Ⅱ	17.52±2.7a	1.42±0.4c	1.15±0.2c	49.85±4.3c	2.208±0.2c
		Ⅴ	17.54±1.7a	1.33±0.2e	2.72±0.4e	53.98±5.7e	2.026±0.2e
2013.5.27	40.4	Ⅰ	15.75±1.2a	1.38±0.3b	2.16±0.3b	51.81±3.9b	2.315±0.2b
		Ⅱ	17.28±1.4a	1.42±0.1c	1.14±0.1c	49.88±4.2c	2.208±0.2c
		Ⅴ	16.91±1.5a	1.33±0.2e	2.73±0.5e	53.98±6.1e	2.026±0.2e

注：同一列同一小区，小写字母不同代表在不同时期土壤理化性质值有显著差异（$P < 0.05$）。

　　土壤容重也是土壤紧实度的敏感性指标，是表征土壤质量的重要参数之一，它与土壤的孔隙度和渗透率密切相关（张希彪和上官周平，2006）。由表 6-15 可知，模式 Ⅰ 和模式 Ⅴ 相比模式 Ⅱ，容重分别减小 2.8% 和 5.0%。经方差分析得到，5 月与 9 月相比，模式 Ⅰ 和模式 Ⅴ 的土壤容重存在着显著差异，而模式 Ⅱ 则无显著差异。这说明土壤容重与渗透率、孔隙度的规律一样，土壤物理性质都得到了改良，且效果为模式 Ⅴ 大于模式 Ⅰ。

　　土壤有机质，特别是腐殖质，是形成土壤水稳性团粒结构不可或缺的胶结剂，在土壤中数量虽少但意义重大，它有利于微生物的活动，从而改善土壤的物理性质，达到抗侵蚀的目的。在改造初期，模式 Ⅰ（间伐）的有机质含量在 8 个月后增大了 4.4%，而模式 Ⅴ（补阔）的有机质含量则减小了 11.7%，模式 Ⅱ（对照）有机质含量变化不明显。经方差分析得到，5 月与 9 月相比，模式 Ⅰ、Ⅴ 的土壤有机质存在着显著差异，而模式 Ⅱ 则无显著差异。

二、不同改造模式下次降水对土壤侵蚀过程的影响

　　初始产流时间是指从开始降水到地表形成径流的这一段时间，土壤泥沙侵蚀的动力因素主要来自于径流。影响坡面产流时间的因素有很多种，如降水强度、地表覆盖、土壤条件等。由于这 3 次次降水前连日干旱，小区间土壤含水量之差为 0.2%～0.4%，说明土壤含水量不是导致土壤侵蚀差异的主要原因。

　　对比图 6-12 与图 6-13 可知，在降水强度相同的条件下（20 mm/h），模式 Ⅰ 初始产流时间由 4 分钟变为 10 分钟，模式 Ⅴ 初始产流时间由 8 分钟变为 13 分钟，模式 Ⅱ 则不变，为 7 分钟，总的初始产流时间模式 Ⅰ（间伐）>模式 Ⅱ（对照林）>模式 Ⅴ（补阔）。这表明，经过 8 个月的低效林改造，土壤的初始产流时间得到延长，土壤涵水抗侵蚀能力变强。这可能是由于开窗后，林间空隙增大，地表阳光、氧气及水分充足，林下植被及其土壤得到改善。例如，模式 Ⅰ 土壤孔隙度、渗透率、有机质分别上升 5.4%、1.2%、4.4%；模式 Ⅴ 土壤孔隙度、渗透率、有机质分别上升 14.7%、6.4%、11.7%。可见，模式 Ⅴ 土壤改造效果最好，故产流时间最长。

　　对比图 6-13 和图 6-14 可知，坡面的侵蚀产沙过程可以分为两个阶段。第一阶段可以看做是坡面侵蚀的急剧增加阶段。降水发生时首先是雨滴直接作用土表层的溅蚀，这部分产生的侵蚀量很小；随着降水历时的延长，侵蚀逐渐由溅蚀变为破坏性更大的沟蚀、面蚀，此时侵蚀量迅速增大。第二阶段由于产流率与渗透率达到稳定状态，侵蚀量逐渐降低至稳定区间，因此可以看做是坡面产沙的稳定阶段。2012 年 9 月次降水时，模式 Ⅰ 的 0～27 分钟为坡面侵蚀增加阶段，侵蚀量从 2.36 g/cm^2 开始迅速增大，在 27 分钟达到最大值 23.21 g/m^2，27 分钟后坡面产

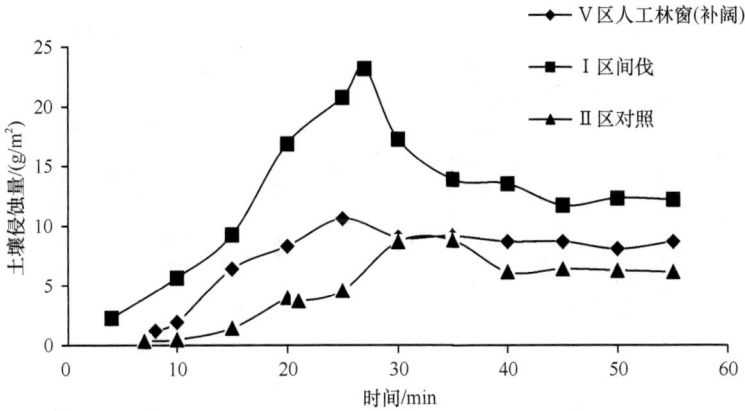

图 6-12 2012 年 9 月雨强为 20 mm/h 时土壤侵蚀过程

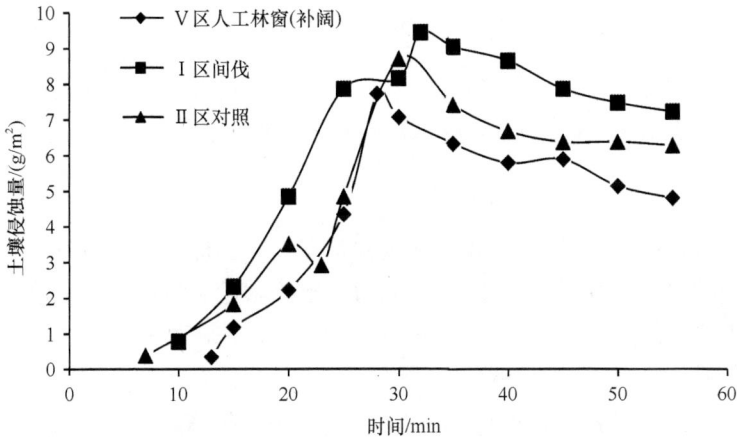

图 6-13 2013 年 5 月雨强为 20 mm/h 时土壤侵蚀过程

沙量稳定在 11.86～23.21 g/m^2。模式Ⅱ、模式Ⅴ的坡面侵蚀增加阶段分别为 0～30 分钟与 0～25 分钟,最大侵蚀产沙值分别为 8.81 g/m^2、10.75 g/m^2,后者侵蚀量大于前者的原因,可能是人工补阔初期,幼苗林冠层范围远小于对照柏木林,故降落到土壤表层的雨滴动能大于模式Ⅱ,形成了更大的面蚀过程,造成更大的水土流失。2013 年 5 月次降水时,模式Ⅰ、模式Ⅴ的坡面侵蚀急剧增加所需的时间分别为 10 分钟、13 分钟,大于 2012 年 9 月的 4 分钟、8 分钟,Ⅱ区则所需时间为 7 分钟不变。最大侵蚀量也由 23.21 g/m^2、10.75 g/m^2 下降到了 9.39 g/m^2、7.37 g/m^2,同比下降了 41%与 32%;稳定产沙量也同比下降了 39%、27%。

对比图 6-13 和图 6-14 可知,当其他条件相似,降水强度从 20 mm/h 到 40 mm/h 时,坡面侵蚀量的变化过程与之相似,其峰值侵蚀量分别达 106.28 g/m^2、88.69 g/m^2、

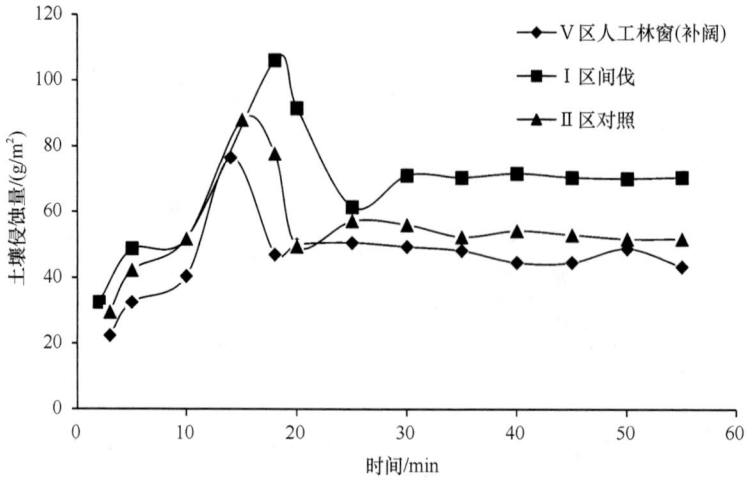

图 6-14　2013 年 5 月雨强为 40 mm/h 时土壤侵蚀过程

77.25 g/m^2，然后逐渐减小到谷值，再上升到第二个峰值，最后趋于平稳。这可能是搬运过程及雨滴击溅引起土壤结皮，抑制了土壤侵蚀。

三、小结

降水开始后，坡地的产流和产沙过程都存在一个滞后过程，称为初始产流时间。当降水强度大于土壤本身的入渗能力，雨滴溅蚀导致的细颗粒物质开始填充土壤孔隙阻塞其持水性能时，便会发生汇流产流过程，并进一步带来泥沙的侵蚀（吴发启和范文波，2005；吴普特和周佩华，1992）。各土地利用方式下产流起止时间不同，小雨强产流起始时间长，大雨强时产流时间短（宋玥和张忠学，2011）。经过 8 个月的低效林改造，土壤的初始产流时间得到延长，土壤抗侵蚀能力变强。

坡面在强降水条件下的侵蚀产沙过程存在着一定的规律性。许多研究者认为，土壤侵蚀量与降水量，特别是降水强度，呈正相关关系。当降水强度为 80 mm/h 的土壤流失量是降水强度为 40 mm/h 的 6.05 倍（罗伟祥等，1990）。但杨青森（2011）在黑土区的不同雨强条件下的土壤侵蚀过程研究发现，30 mm/h 雨强时坡面的总侵蚀量是 122.19 g/m^2，当雨强分别增大到 60 mm/h 和 90 mm/h 后，坡面总侵蚀量分别是 30 mm/h 雨强的 16.54 倍和 12.50 倍，说明土壤侵蚀量可能在一定的条件下才与降水强度呈正比。在本书中，当降水强度从 20 mm/h 升到 40 mm/h 时，后者土壤侵蚀量值约为前者的 9～11 倍。坡面产沙曲线图呈两段式发展，第一阶段坡面侵蚀的急剧增加，第二阶段当降水强度达 40.4 mm/h 时，坡面侵蚀趋于稳定。

第八节　结　　论

此次试验周期较短，仅 1 年左右的时间，只能看到柏木低效林不同改造模式初期的水土保持效益。

（1）各模式径流量大小每月规律较一致，基本符合人工林窗＞间伐＞宽带区＞对照＞人工林窗（补阔）＞花椒（无地被物）＞花椒（有地被物）的规律。土壤泥沙侵蚀量符合抚育间伐＞人工林窗＞宽带区＞对照＞人工林窗（补阔）＞花椒（无地被物）＞花椒（有地被物）。坡度是影响水土保持的首要因素，平均坡度为 5°的花椒林径流量及泥沙侵蚀量都远小于平均坡度为 30°的另 5 个样地。径流流失规律与泥沙侵蚀规律一致，间伐、人工林窗是水土流失量最大，人工林窗（补阔）的水土流失量最小。这说明，在低效林改造的初期，除人工林窗并引进乡土树种的水土保持效果好于对照林外，其余四种坡地改造方式都破坏了原柏木林的水土保持结构，是否有利于林地生态效益还有待观察。

（2）各改造模式小区中，全量氮、磷、钾与碱解氮、磷、钾的流失规律为：间伐＞人工林窗＞宽带区＞对照＞人工林窗（补阔）＞花椒（无地被物）＞花椒（有地被物），与泥沙侵蚀量的规律完全一致。泥沙携带的养分浓度远大于径流携带的养分浓度，同一模式中，有效钾在泥沙中的含量可以达到径流中的 30 倍（模式Ⅰ），而全钾则可达 2653 倍（模式Ⅳ）。

（3）坡面产沙曲线图呈两段式发展，第一阶段可以看做是坡面侵蚀的急剧增加的阶段，第二阶段可以看做是坡面产沙的稳定阶段。对比 2013 年 5 月两次次降水 20.2 mm/h 与 40.4 mm/h 可以发现，在降水强度增大 1 倍时，后者最大土壤侵蚀峰值为前者的 9～11 倍。同时，在较大降水强度时，坡面产沙过程在稳定区间之前存在着一个谷底值，这可能与土壤结皮相关。

人工林窗、宽带造林引种补种都是改善林地生态系统的有效措施，运用较好的阔叶树种可改善土壤物理性质，而土壤物理性质关系到不同界面能量交换与养分传输的能力，并直接影响到土壤水分的入渗、水分蒸发和产流过程。

第七章　酸性紫色土区不同植被类型的水土保持效应

第一节　样地设置与实验设计

一、实验材料

试验区概况同第三章第一节，研究以荒草地为对照，探讨张家坪林学教学实习基地巨桉（*Eucalyptus grandis*）和柳杉（*Cryptromeria fortunei*）林在有无地被物情况下的水土保持效益，巨桉和柳杉情况如下。

巨桉：桃金娘科桉树属双蒴盖亚属横脉组柳桉系树种，自然分布于澳大利亚东部沿海地带，通常树高为 45～55 m，胸径 1.2～2 m，在澳大利亚天然林中偶见树高 75 m，胸径达 3 m 的大树。巨桉生长迅速，干形通直、圆满，自然整枝良好，枝下高达整树的 2/3 以上。3 年生巨桉开始结实，具有较强的萌发能力。巨桉作为短周期工业纸浆原料树种，属于高度集约栽培的定向培育林分，应用前景十分广阔（冯茂松等，2006）。四川自 1986 年引入巨桉，经过引种和品比实验，于 1992 年开始营建巨桉子代林，目前巨桉已成为四川桉树的主要栽培种，主要分布于川中、川南、川东南、川西南边缘地带（胡天宇和李巨坤，1999；陈小红等，2000），主要栽培区在泸州、宜宾、富顺、荣县、乐山、沐川、眉山、丹棱、洪雅、彭山等地（鲜骏仁等，2005），到 2009 年，四川栽培面积已达 8 万 hm²。

柳杉：杉科柳杉属的常绿针叶乔木，为我国特有种，树高可达 54 m，其分布广，生长快，产量高，材性好，用途广。在东部，柳杉垂直分布在海拔 1000～1500 m 以下，在西部可达海拔 2000～2500 m（路安民，1999）。柳杉是我国南方优良速生丰产用材树种之一，也是四川盆地周边山地用于造林的重要树种（段文霞等，2007）。

二、实验设计

（一）研究对象

在张家坪林学教学实习基地建立 5 个 10 m×5 m 的人工径流小区，水平面积

50 m²,径流场四周设置围埝,围埝地面部分高 30 cm,埋深 40 cm,径流场下方设集水池。本书设置 5 种不同的植被覆盖模式,分别为模式Ⅰ:荒草地;模式Ⅱ:柳杉(5 年生,2222 株/hm²,去除灌草层和枯落物层);模式Ⅲ:柳杉(5 年生,2222 株/hm²,保留灌草层和枯落物层);模式Ⅳ:巨桉(5 年生,833 株/hm²,去除灌草层和枯落物层);模式Ⅴ:巨桉(5 年生,833 株/hm²,保留灌草层和枯落物层)。各径流小区基本情况见表 7-1。

表 7-1 各植被覆盖模式径流小区概况

模式	林龄	郁闭度/盖度/%	主要草本及枯落物厚度	坡度/(°)	林分密度/(株/hm²)	平均胸径/cm	平均树高/m
Ⅰ	—	0/100	喜旱莲子草、水蓼、粗齿冷水花、糯米草、马兰、常春藤等,枯落物层厚度 3 mm	5°	—	—	—
Ⅱ	5 年	60/0	—	5°	2222	5.02	3.97
Ⅲ	5 年	60/100	喜旱莲子草、水蓼、粗齿冷水花、千里光、灯芯草等,枯落物层厚度 2 mm	5°	2222	4.85	4.06
Ⅳ	5 年	80/0	—	5°	833	15.49	14.47
Ⅴ	5 年	80/100	喜旱莲子草、水蓼、粗齿冷水花、千里光、火炭母等,枯落物层厚度 2 mm	5°	833	14.06	15.35

注:Ⅰ. 荒草地;Ⅱ. 柳杉无地被;Ⅲ. 柳杉有地被;Ⅳ. 巨桉无地被;Ⅴ. 巨桉有地被。"—"表示无该项内容;拉丁名标注如下:喜旱莲子草(*Alternanthera philoxeroides*)、水蓼(*Polygonum hydropiper* Linn.)、粗齿冷水花(*Pilea sinofasciata*)、糯米草(*Apluda mutica* Linn.)、马兰(*Kalimeris indica*)、常春藤(*Hedera nepalensis*)、灯芯草(*Juncus bufonius* Linn.),下同。

(二)测定指标与方法

1. 降水、径流泥沙及其养分测定
具体方法见第二章。

2. 各植被覆盖模式土壤样品采集
于 2009 年 6 月采用环刀法在各径流小区对角线交叉点分上下两层(0~20 cm、20~40 cm)取土样,测定各植被覆盖模式土壤物理性质,每个位置重复 3 次。在每个径流小区按对角线法分 0~20 cm 和 20~40 cm 两个层次采混合土样 2 kg,带回实验室,1 kg 风干制样,过 2 mm 和 0.25 mm 筛,以供土壤养分和 pH 的测定;1 kg 新鲜土样过 2 mm 筛,存于 4℃冰箱中备用,用于测定土壤水溶性 C、N 和微生物量 C、N。

3. 各植被覆盖模式土壤养分、水溶性和微生物量 C 和 N 测定
土壤养分和 pH 测定方法见第二章,水溶性和微生物量 C 和 N 测定方法如下。
水溶性 C、N 的测定:称鲜土 5.00 g,水土比 5∶1,在室内常温下振荡 30 min(250 次/min)后,离心 10 min(7000 r/min),再用 0.45 μm 滤膜抽滤,滤液直接在 TOC-VP(有机碳分析仪)上测定(Ghani et al.,2003)。

微生物量 C、N 的测定：采用氯仿熏蒸-K_2SO_4 提取法测定（武俊英等，2006），称取鲜土样 10 g 两份：一份进行氯仿熏蒸；另一份不进行熏蒸，加入 0.5 mol/L K_2SO_4 50 mL，振荡 30 分钟后，用中速定量滤纸过滤，并通过 0.45 μm 微孔滤膜，用总有机碳分析仪测定总碳（total carbon，TC）、无机碳（inorganic carbon，IC）和总氮（total nitrogen，TN）。

第二节　不同植被覆盖模式的坡地产流产沙特征

一、降水特征与水土流失

降水量和雨强是影响坡面径流量与侵蚀强度的主要因子。郑郁善等（2003）研究表明麻竹（*Dendrocalamus latiflorus*）人工林地表径流发生的基本条件是降水量超过 10～20 mm，且地表径流量的大小与降水量线性正相关。本实验观测了 2009 年自然降水条件下各植被覆盖模式地表径流和泥沙发生情况（表 7-2）。由图 7-1 可见，2009 年 1～5 月和 10～12 月降水量小，月降水量多在 100 mm 以下，仅 4 月与 10 月的降水量超过了 100 mm，但＞10 mm 的降水次数却分别仅为 2 次和 3 次，因此各植被覆盖模式径流小区均未产生地表径流；2009 年 6～9 月，降水集中，降水量大，降水频率高，尤其是 7～8 月降水量和雨强最大，因而各模式径流小区在 6～9 月产生地表径流，且径流量随降水量和降水强度的增加而增加，各模式月径流量表现为 8 月＞7 月＞9 月＞6 月，年产沙量表现为 7 月＞8 月＞9 月＞6 月。

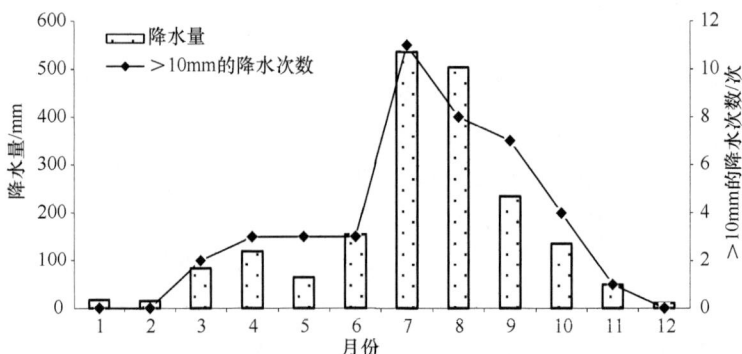

图 7-1　2009 年各月降水量与＞10 mm 降水次数

二、林草植被与水土流失

由表 7-2 可见，因研究区覆盖度较高，1～5 月和 10～12 月没有产流产沙，故本研究以 6～9 月径流产沙量作为年值，6～9 月的径流养分流失量也作为年值。各模式年径流量表现为：柳杉无地被＞巨桉无地被＞柳杉有地被＞巨桉有地被＞荒草地。4 种林分模式径流量分别是荒草地的 5.99 倍（柳杉无地被）、2.57 倍（柳杉有地被）、3.02 倍（巨桉无地被）和 1.84 倍（巨桉有地被）；有地被覆盖的柳杉和巨桉模式的径流量分别比对应无地被的模式降低了 57.10%和 39.28%；巨桉无地被和有地被覆盖两种模式的径流量分别比柳杉无地被和有地被模式降低了 49.53%和 69.35%。由此表明，荒草地的年径流量最小，无地被覆盖的两种林分模式最大，有地被覆盖的巨桉和柳杉模式居中，且柳杉两种模式的地表径流量高于对应的巨桉模式。

表 7-2 各植被覆盖模式径流小区地表径流量和产沙量

月份	总降水量/mm	>10mm 的降水次数	径流量/mm					泥沙量/（kg/hm²）				
			I	II	III	IV	V	I	II	III	IV	V
6	154.7	3	0	7.6	3.7	3.1	0	0	0.86	0.15	1.44	0
7	536.1	11	70.5	513.4	201.9	204.2	126.7	16.05	682.61	38.01	1124.46	12.66
8	503.4	8	106.7	462.2	225.6	316	198.6	10.16	379.43	21.52	450.41	11.14
9	234.3	7	0	78.3	24.2	12.4	0	0	91.81	5.77	10.64	0
合计	1428.5	29	177.2	1061.5	455.4	535.7	325.3	26.21	1154.71	65.45	1586.95	23.8

各模式年产沙量表现为：巨桉无地被＞柳杉无地被＞柳杉有地被＞荒草地≈巨桉有地被。4 种林分模式年产沙量分别是荒草地的 44.06 倍（柳杉无地被）、2.50 倍（柳杉有地被）、60.55 倍（巨桉无地被）和 0.91 倍（巨桉有地被）；有地被物覆盖的柳杉和巨桉模式的年产沙量分别比对应无地被的模式降低了 94.33%和 98.50%。由此可见，巨桉无地被模式的产沙量最高，柳杉两种模式居中，荒草地和巨桉有地被模式的产沙量最小，且有地被物覆盖的林分模式的产沙量低于无地被物的林分模式。此外，有地被物覆盖的巨桉模式的产沙量低于柳杉有地被，但巨桉无地被物覆盖的年产沙量却远高于柳杉无地被，这可能因为一方面巨桉树高在 14.0 m 左右，明显增加了林内雨滴的动能；另一方面也体现出地被物控制土壤侵蚀的显著作用。

三、小结

径流是陆地上重要的水文现象，是衡量森林保持水土、涵养水源、削减洪峰等效益的一个基本指标（方向京等，2001）。地表径流及其侵蚀量与地表植被状况、土壤物理性质、土壤渗透性能及土壤的抗蚀性能密切相关（李德生等，1993；袁建平等，1999；马琨等，2004）。

森林植被冠层的防蚀作用主要表现在截持降水、蒸腾蒸发，以及对林内雨滴动能的影响。森林冠层的截留量除受降水特征的影响外，林分类型、林龄、密度等因素也对冠层的截留量有较大影响。鉴于植被类型和郁闭度不同，黄土高原各植被类型冠层截留量占总降水量的 12%～30%（刘向东等，1993），且一般认为针叶林树冠截留率大于阔叶林（马雪华，1993；刘世荣等，1996）。本研究中，柳杉无地被的年径流量是巨桉无地被的 1.98 倍，可能是巨桉林冠层能明显减少地面实际受雨量，这是因为 5 年生巨桉的林冠层较 5 年生柳杉具有更大的冠幅和叶面积，林冠截留量更大。吴钦孝等（2000）认为在乔木林内，纵然雨滴终速有所降低，但由于其质量增加，在冠下高达到 7 m 以上时，林内雨滴动能反而比空旷地大。中国科学院水利部水土保持研究所宜川水文生态试验观测站的研究同样发现，油松和山杨（*Populus davidiana* Dode）林内雨滴动能分别比空旷地大 3.8 倍和 3.7 倍（赵鸿雁等，1991）。本研究中，巨桉无地被在年径流量仅为柳杉无地被的 50.47%的情况下，年侵蚀模数却为其的 1.37 倍，这是因为 5 年生巨桉林平均树高可达 14～15 m，冠下高在 10 m 左右；而 5 年生柳杉林平均树高仅 3～4 m，冠下高仅有 1 m 左右，在削减林内雨滴动能方面作用更明显。

任何植被都具有保持水土的功能，覆盖层高度大并不利于植被保持水土，贴近地面的覆盖层具有更强的水土保持能力。大量研究表明，灌草层和枯枝落叶层在防止土壤侵蚀方面发挥着重要的作用。郑粉莉等（2005）采用模拟降水试验，分析了草本层减少泥沙的效益，发现当草地地面覆盖率达 90%时，基本上无侵蚀发生。赵鸿雁等（2001）研究发现当油松林枯枝落叶厚度各为 1.0 cm 和 1.5 cm 时，土壤溅蚀量分别减少 79.6%和 94.0%；当枯枝落叶厚 2.0 cm 时，土壤溅蚀量为 0。在本研究中，柳杉有地被模式的年径流量和侵蚀量分别为柳杉无地被模式的42.90%和 5.67%，巨桉有地被模式的年径流量和侵蚀量分别为巨桉无地被模式的60.72%和 1.50%，荒草地的年地表径流量和产沙量均最低，这表明灌草层和枯落物层能明显减轻水土流失，特别是泥沙流失。

第三节　不同植被覆盖模式的地表径流可溶性养分流失特征

一、地表径流可溶性 N 流失特征

（一）地表径流可溶性总 N 流失量

坡地土壤 N 素流失是表层土壤 N 素与降水、径流相互作用的结果（张兴昌和邵明安，2000b）。由图 7-2 可以看出，2009 年 6～9 月各植被覆盖模式地表径流中可溶性总 N 流失量与径流量密切相关，7 月和 8 月径流量较大，因此可溶性总 N 流失量也较高。各模式间年可溶性总 N 流失量表现为：柳杉无地被＞柳

杉有地被＞巨桉无地被＞巨桉有地被＞荒草地，4 种林分模式年可溶性总 N 流
失量分别是荒草地的 6.22 倍（柳杉无地被）、3.39 倍（柳杉有地被）、2.09 倍（巨
桉无地被）和 1.55 倍（巨桉有地被），无地被物覆盖的柳杉模式的总 N 流失量
远高于其他模式。有地被和无地被覆盖的巨桉模式总 N 流失量分别比对应的两种
柳杉模式降低了 66.40%和 54.30%。由此可见，荒草地总 N 流失量最低，两种巨桉
林模式居中，两种柳杉林模式总 N 流失量最大。此外，有地被覆盖的柳杉和巨桉
模式总 N 流失量分别比对应无地被覆盖的模式降低了 45.57%和 25.96%，可见灌
草层和枯落物层的共同作用明显减少了地表径流中可溶性总 N 流失量。

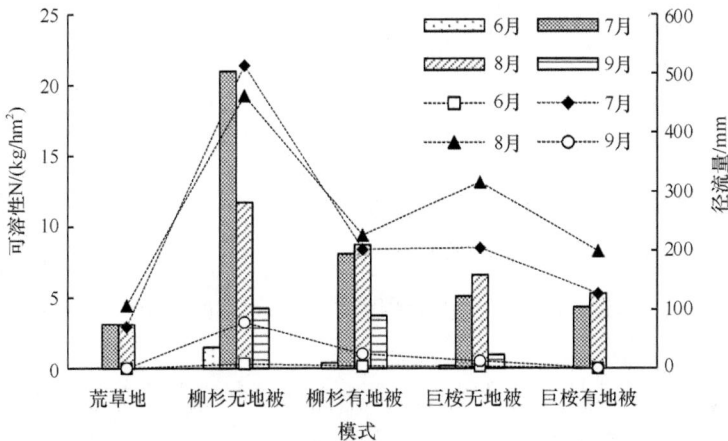

图 7-2　各植被覆盖模式地表径流可溶性氮流失量

图中柱形图表示各模式各月份地表径流中可溶性氮流失量；折线图表示各模式各月份径流量

（二）地表径流矿质氮素（NO_3^--N、NH_4^+-N）流失量

由表 7-3 可见，各模式 NO_3^--N 流失总量表现为：柳杉无地被＞柳杉有地被＞
巨桉无地被＞巨桉有地被＞荒草地，各林分模式 NO_3^--N 流失总量分别是荒草地的
7.18 倍（柳杉无地被）、3.26 倍（柳杉有地被）、1.40 倍（巨桉无地被）和 1.56 倍
（巨桉有地被）。由此可见，荒草地的 NO_3^--N 流失总量最低，两种柳杉模式最高，
两种巨桉模式居中。

各模式 NH_4^+-N 流失总量表现为：巨桉无地被＞柳杉无地被＞柳杉有地被＞巨
桉有地被＞荒草地。各林分模式 NH_4^+-N 流失总量分别是荒草地的 5.98 倍（柳杉
无地被）、3.20 倍（柳杉有地被）、6.25 倍（巨桉无地被）和 1.97 倍（巨桉有地被）。
由此表明，荒草地的 NH_4^+-N 流失总量最小，有地被物覆盖的柳杉和巨桉林模式居
中，无地被物覆盖的柳杉和巨桉模式流失总量最高。无论有无地被物覆盖，柳杉

林地表径流中 NO_3^--N 的流失量远大于巨桉林，而 NH_4^+-N 流失量差异较小。此外，有地被物覆盖使柳杉林径流中 NO_3^--N、NH_4^+-N 流失量较无地被物覆盖的柳杉林降低了 54.66% 和 46.44%，使巨桉林 NH_4^+-N 流失量比无地被物覆盖的巨桉林降低了 68.55%，而对巨桉林径流中 NO_3^--N 流失量影响不明显。

表 7-3　各植被覆盖模式地表径流矿质氮素（NO_3^--N、NH_4^+-N）流失量

模式	径流深 /mm	可溶性总氮流失量 / （mg/m²）	径流中矿质氮素浓度 / （mg/L）		径流中矿质氮素流失量 / （mg/m²）	
			NO_3^--N	NH_4^+-N	NO_3^--N	NH_4^+-N
荒草地	177.2	617.32	2.38	0.30	421.26	52.52
柳杉无地被	1061.5	3842.12	2.85	0.30	3024.84	314.00
柳杉有地被	455.4	2090.57	3.01	0.37	1371.58	168.18
巨桉无地被	535.7	1290.43	1.10	0.61	588.45	328.31
巨桉有地被	325.3	955.49	2.02	0.32	657.57	103.24

二、地表径流可溶性磷、钾离子流失量

由图 7-3 可见，各模式地表径流中 K^+ 流失量远高于可溶性 P。因为 P 素比较稳定，与土壤矿物质结合紧密（郄瑞卿等，2006），而土壤中 K^+ 易被淋洗而流失（林德喜等，2004）。

由于土壤，尤其是含 P 不高的亚表层土壤具有较强的固 P 能力，土壤渗漏水中的 P 浓度一般很低，地表径流的溶解和搬运是土壤 P 流失的主要途径（Summers et al.，1993；Sharpley and Withers，1994；王晓燕，2003）。在自然降水径流条件下，土壤侵蚀导致 P 等养分流失和土壤生产力的下降，而且 P 等养分随地表径流汇入各种水体，引起水体的富营养化和污染，成为水体富营养化的限制因子（沈冰等，1995；陈欣等，2000）。由图 7-3（a）可见，各模式地表径流可溶性 P 流失量表现为柳杉无地被＞柳杉有地被＞巨桉无地被＞巨桉有地被＞荒草地，荒草地的可溶性 P 流失量最低，两种柳杉林模式最高，两种巨桉林模式的可溶性 P 流失量居中。各林分模式可溶性 P 流失量分别是荒草地的 5.52 倍（柳杉无地被）、5.68 倍（柳杉有地被）、2.17 倍（巨桉无地被）和 1.45 倍（巨桉有地被）。巨桉两种模式的可溶性 P 流失量分别比对应柳杉模式降低了 60.62%（无地被）和 74.46%（有地被）。此外，巨桉有地被样地地表径流年可溶性 P 流失量比巨桉无地被样地降低了 33.25%，而有无地被物覆盖对柳杉林可溶性 P 流失的影响不明显。

由图 7-3（b）可以看出，各模式地表径流 K^+ 流失量表现为：柳杉无地被＞巨桉无地被＞柳杉有地被＞巨桉有地被＞荒草地。各林分模式年 K^+ 流失量分别是荒

草地的 5.99 倍（柳杉无地被）、2.57 倍（柳杉有地被）、3.02 倍（巨桉无地被）和 1.84 倍（巨桉有地被）。由此可见，无地被物覆盖的柳杉和巨桉林模式的年 K^+ 流失量最高，有地被物覆盖的林分模式居中，荒草地的 K^+ 流失量最低。无论去除还是保留地被物，柳杉林模式的 K^+ 流失量均高于对应的巨桉林模式。有地被物覆盖的柳杉和巨桉两种模式的 K^+ 流失量分别比无地被物覆盖的两种模式降低了 55.65% 和 52.22%，由此可见，保留林分灌草层和枯落物层能明显减少地表 K^+ 流失量。

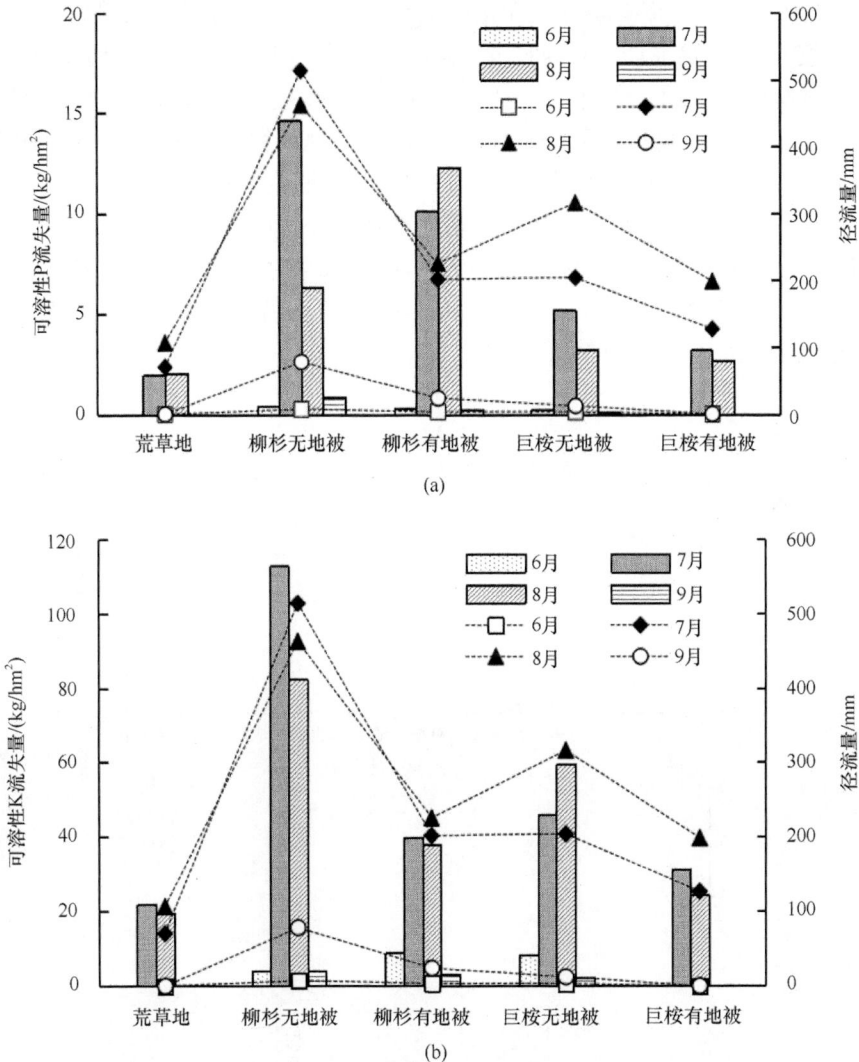

(a)

(b)

图 7-3　各植被覆盖模式地表径流可溶性 P 和 K 流失量

三、地表径流可溶性 C 流失量

从图 7-4 可以看出，荒草地和巨桉有地被在 6 月和 9 月因未产生地表径流，故无可溶性 C 流失，柳杉两种模式和巨桉无地被模式在 6 月和 9 月因径流量较小，可溶性 C 流失量也较低，分别在 5 kg/hm² 和 10 kg/hm² 以下。各模式地表径流可溶性 C 流失主要发生在降水集中的 7 月和 8 月。各植被覆盖模式之间以荒草地可溶性 C 流失量最低，各林分模式可溶性 C 年流失总量分别是荒草地的 4.33 倍（柳杉无地被）、3.03 倍（柳杉有地被）、3.49 倍（巨桉无地被）和 1.80 倍（巨桉有地被）。有地被物覆盖的柳杉和巨桉可溶性 C 流失量分别比无地被物覆盖的两种模式降低了 29.99%（柳杉）和 48.48%（巨桉）。有地被物和无地被物覆盖的巨桉林可溶性 C 流失量分别比柳杉林降低了 19.47%（无地被）和 40.73%（有地被），表明巨桉林分较柳杉更有利于土壤中可溶性 C 的保持。由图 7-4 还可以看出，7 月、8 月时地表径流中可溶性 C 以有机 C 为主，各模式总有机 C 与无机 C 比（TOC/IC）为 1.72～3.10（7 月）和 1.89～2.85（8 月）。而 9 月各模式地表径流中无机 C 则高于有机 C（IC/TOC）为 1.14～2.25。

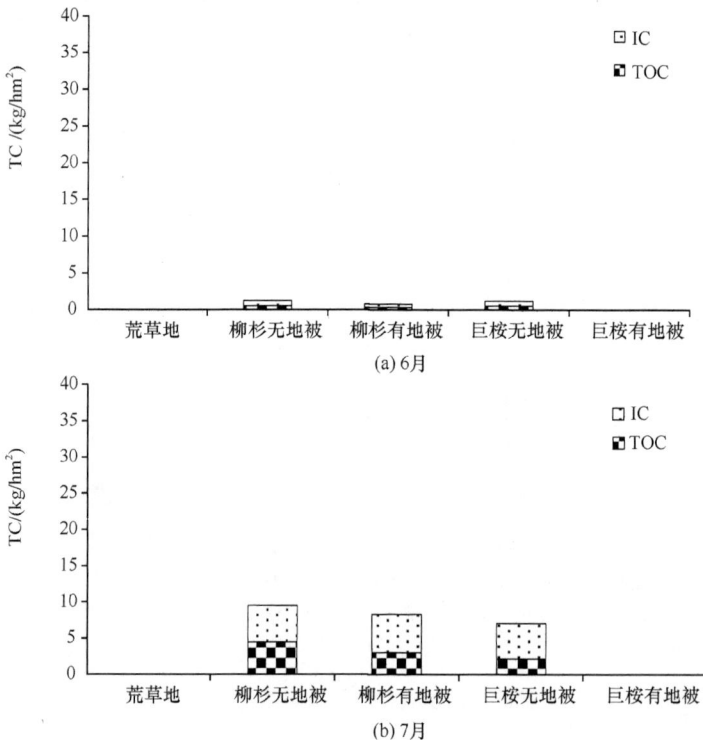

(a) 6月

(b) 7月

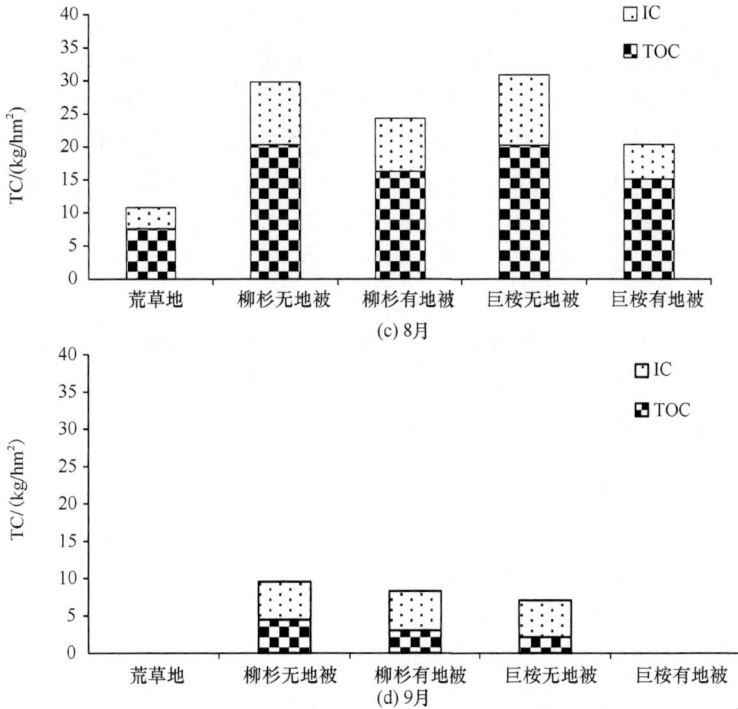

图 7-4　各植被覆盖模式 6～9 月地表径流可溶性 C 流失特征

图中 IC 指无机碳；TOC 指总有机碳

四、小结

　　径流养分的流失总量取决于两个因素，即流失的径流量和径流中的养分含量。李伟（2005）认为养分流失量更大程度取决于径流量，受养分浓度的影响较小。各模式 6～9 月地表径流可溶性总 N、可溶性 P、K⁺、可溶性 C 流失量均表现为荒草地最小，而柳杉、巨桉保留灌草层和枯落物层模式的流失量小于对应去除灌草层和枯落物层的林分，基本与地表径流量趋势一致，表明植被减少可溶性养分流失主要是通过减少地表径流量起作用的。地表径流可溶性总 N、可溶性 P 流失量柳杉有地被高于巨桉无地被，巨桉无地被的年径流量（535.77 mm）较柳杉有地被（455.47 mm）稍高，因此可以认为巨桉林分地表径流中可溶性总 N、可溶性 P 的含量较低，这可能是因为 N、P 是植物体内的大量元素，植物生长过程对其的消耗较大，而巨桉的生长速度明显大于柳杉，林分土壤中的 N、P 元素大量向植被层迁移，所以径流中溶解的土壤可溶性 N、P 减少。

　　矿质 N（NH_4^+-N+NO_3^--N）流失以径流流失为主，泥沙流失极少，后者仅占前者的 0.36%～15%（张亚丽等，2006）。Sharpley（1987）认为，草地覆盖可以减

少土壤 NO_3^--N 流失，但不能减少 NH_4^+-N 流失；胡远安等（2004）认为，随着植被覆盖度的增加，NO_3^--N 与 NH_4^+-N 的流失浓度增大；张兴昌和邵明安（2000a）认为，随植被覆盖度的增加，矿质 N 流失加剧；张亚丽等（2006）认为，草地植被对矿质 N 素地表流失有"双重效应"，一方面加剧了矿质 N 向地表径流中的释放，使径流养分浓度高于裸地浓度；另一方面不同程度地减少了地表径流量和泥沙量及其养分含量，两种效应共同决定了土壤矿质 N 素的地表流失量。矿质 N 流失量表现为：柳杉无地被＞柳杉有地被＞巨桉无地被＞巨桉有地被＞荒草地，与各模式 NO_3^--N 流失量表现一致，因为 NO_3^--N 不易被土壤吸附，土壤流失的 N 素以 NO_3^--N 为主（Cooper，1990；Hill，1996；司友斌，2000；颜明娟等，2007）。NH_4^+-N 流失总量表现为：巨桉无地被＞柳杉无地被＞柳杉有地被＞巨桉有地被＞荒草地，这可能是因为 NH_4^+-N 主要以吸附态形式存在，巨桉无地被模式的泥沙流失量最大，大量流失的泥沙进入蓄水池后将吸附的 NH_4^+-N 释放出来，使 NH_4^+-N 的浓度增加。

第四节　不同植被覆盖模式的土壤理化性质变化

一、不同植被覆盖模式土壤物理性质

（一）土壤容重

土壤容重是衡量土壤松紧状况的指标之一，它的大小取决于土壤的机械组成、结构及有机质含量等因素，它与土壤孔隙度和渗透率密切相关。容重小，表明土壤疏松多孔，土壤水分的渗透性和通气状况较好；容重大则表明土壤紧实板硬，透水透气性差。

比较各模式 0～20 cm 土壤容重可见，柳杉有地被显著低于另外 4 种模式（$P<0.05$），巨桉无地被则显著高于另外 4 种植被模式，柳杉无地被、巨桉有地被与荒草地 3 种模式之间差异不显著（$P>0.05$）。各模式 20～40 cm 土层土壤容重与 0～20 cm 表现基本一致。有地被物和无地被物覆盖的柳杉林分上下层土壤容重均显著低于对应的两种巨桉林分。此外，有地被物覆盖的柳杉林和巨桉林上下层土壤容重均显著低于对应无地被物覆盖的林分（$P<0.05$）。

（二）土壤孔隙状况

土壤孔隙是土壤结构的反映，结构好则孔性好，反之亦然。土壤孔隙度是土壤孔性的重要性状之一，孔隙度较大的土壤可以容纳较多的水分和空气，有利于增强土壤微生物的活动和养分的转化。

由表 7-4 可见，荒草地 0～20 cm 土壤非毛管孔隙度、毛管孔隙度、总孔隙度

表 7-4　不同植被覆盖模式土壤物理性质

土壤层次	植被模式	土壤容重 / (g/cm³)	非毛管孔隙度 /%	毛管孔隙度 /%	总孔隙度 /%	土壤通气度 /%	土壤自然含水量 / (g/L)	最大持水量 / (g/kg)	毛管持水量 / (g/kg)	最小持水量 / (g/kg)
20cm	I	1.48b	8.45b	36.06a	44.51b	17.65b	268.62ab	301.74b	244.44b	173.01a
	II	1.47b	7.87b	34.20bc	42.07c	15.00d	270.69a	287.01c	233.29bc	173.28a
	III	1.36c	10.09a	36.04a	46.13a	19.99a	261.39b	338.42a	264.40a	168.45ab
	IV	1.52a	7.39b	33.73c	41.12c	16.70c	244.17d	270.10d	221.57c	151.37b
	V	1.46b	9.41ab	35.27ab	44.68b	19.48a	251.98c	306.32b	241.83b	160.81b
40cm	I	1.58ab	8.41a	31.97b	40.38b	12.60c	277.78a	255.89c	202.62c	140.35c
	II	1.56b	5.09b	38.83a	43.92a	16.51b	274.08a	282.08a	249.39a	165.14a
	III	1.45c	8.87a	33.42b	42.29ab	15.18bc	271.19ab	290.84a	229.83b	160.45a
	IV	1.59a	4.21b	39.82a	44.04a	19.71a	243.33c	277.43b	250.88a	128.89d
	V	1.55b	8.42a	32.12b	40.54b	14.14c	263.95b	262.29c	207.82c	149.69b

注：表中不同小写字母表示各植被覆盖模式各土壤物理性质差异达 0.05 水平差异显著，下同。

和土壤通气度均处于较高水平，而 20～40 cm 土壤毛管孔隙度、总孔隙度和通气度却显著低于有地被物覆盖的两种林分模式，表层土壤孔隙状况较好，这与荒草地草本植物生长茂盛，及草本植物的根系集中分布于土壤上层有关。有地被物覆盖的柳杉和巨桉林分模式 0～20 cm 土壤非毛管孔隙度、毛管孔隙度、总孔隙度和通气度均显著高于无地被物覆盖的两种林分，而下层土壤（20～40 cm）的毛管孔隙度、总孔隙度和通气度等指标则是无地被物覆盖的林分模式显著高于有地被物覆盖的林分。这可能是因为无地被物的林分表层土壤通气状况差，林木根系向下层土壤发展，根系的穿插、分解改善了下层土壤的孔隙状况。由此表明灌草层和枯落物层的作用主要在于改善土壤非毛管孔隙状况及减轻降水动能对表土非毛管孔隙的破坏。

（三）土壤水分状况

由表 7-4 可见，荒草地和两种柳杉林上下层土壤自然含水量均显著高于巨桉两种模式，而荒草地与柳杉两种模式之间差异不显著。保留地被物层能显著提高巨桉林土壤自然含水量，但对柳杉林自然含水量影响较小。

有地被物覆盖的柳杉林和巨桉林上层土壤（0～20 cm）最大持水量均显著高于无地被物覆盖的两种林分模式，荒草地介于有地被和无地被林分之间，且两种柳杉林上层土壤（0～20 cm）最大持水量均显著大于对应的两种巨桉林。下层土壤（20～40 cm）最大持水量以柳杉两种模式最高，巨桉两种模式居中，荒草地最低，保留和去除地被物层对柳杉下层土壤最大持水量影响不显著。

有地被物覆盖的柳杉林和巨桉林 0～20 cm 土壤毛管持水量均显著高于无地被物覆盖的两种林分模式，荒草地介于有地被和无地被林分之间。而 20～40 cm 土壤毛管持水量以无地被物覆盖的柳杉和巨桉林最高，有地被物覆盖的两种林分居中，荒草地最低。无地被物覆盖的柳杉林上下层土壤毛管持水量与对应的巨桉林差异不显著，而保留地被物层的柳杉林上下层土壤毛管持水量显著高于有地被的巨桉林。

柳杉两种模式上下层土壤最小持水量均显著高于巨桉两种模式，荒草地介于柳杉林和巨桉林之间。保留地被物层对柳杉林上下层和巨桉林上层土壤（0～20 cm）最小持水量影响不显著，而显著增加巨桉林下层土壤（20～40 cm）最小持水量。

由此表明，荒草地 0～20 cm 与 20～40 cm 土壤自然含水量、最大持水量、毛管持水量、最小持水量与其土壤孔隙状况相似，即在 0～20 cm 土层呈现出较高水平，而 20～40 cm 土层的最大持水量、毛管持水量和最小持水量均较小。去除灌草层和枯落物层会降低表土持水能力，水分下渗困难，不利于水土保持。灌草层和枯落物层的共同作用改善了表土水分状况，有利于降水的下渗和储蓄，表现出对土壤水分有益的调节作用。

二、不同植被覆盖模式土壤化学性质

（一）有机质

土壤有机质是土壤的重要组成部分，是植物的养分来源和土壤微生物生命活动的能量来源。从表 7-5 可见，0～20 cm 土层土壤有机质含量总体表现为：柳杉有地被＞柳杉无地被＞荒草地≈巨桉无地被≈巨桉有地被。其中，柳杉有地被显著高于其他几种模式，而其他几种模式之间差异不显著。柳杉林分表土层（0～20 cm）土壤有机质含量均高于巨桉林分，保留地被物层能显著提高柳杉林表土层（0～20 cm）土壤有机质含量，但对巨桉林影响较小。

20～40 cm 土层土壤有机质含量明显低于 0～20 cm 土层，各模式之间总体表现为：荒草地＞柳杉无地被＞巨桉无地被＞柳杉有地被＞巨桉有地被。其中，荒草地和柳杉无地被以及柳杉有地被和巨桉有地被之间差异均不显著。

（二）全 N、全 P、全 K

由表 7-5 可见，巨桉有地被、柳杉有地被和荒草地 0～20 cm 土壤全 N 含量显著高于巨桉无地被和柳杉无地被，巨桉有地被、柳杉有地被和荒草地之间差异不显著。20～40 cm 土壤全 N 含量低于 0～20 cm 土层，各模式间表现为：荒草地＞巨桉无地被＞巨桉有地被＞柳杉无地被＞柳杉有地被，各模式之间差异均达显著水平（$P<0.05$）。

各模式 0～20 cm 土壤全 P 含量表现为：巨桉无地被＞巨桉有地被≈柳杉无地被≈柳杉有地被＞荒草地；巨桉无地被显著高于巨桉有地被，柳杉两类林分差异不显著，荒草地则显著小于其他植被覆盖模式。20～40 cm 土壤全 P 含量低于 0～20 cm 土层，且各模式之间差异不显著。

各模式 0～20 cm 土壤全 K 含量差异不显著。20～40 cm 土壤全 K 含量则表现为荒草地最高，有地被的林分模式高于无地被的林分，但除巨桉无地被显著低于其他模式外，其他各种模式间差异均不显著。

（三）碱解 N、有效 P、有效 K

由表 7-5 可见，柳杉有地被、巨桉有地被和荒草地 0～20 cm 土壤碱解 N 含量显著高于柳杉无地被和巨桉无地被，但柳杉有地被、巨桉有地被和荒草地之间差异不显著。20～40 cm 土层土壤碱解 N 含量明显低于 0～20 cm 土层，各模式间表现为：巨桉有地被＞柳杉有地被＞荒草地＞巨桉无地被＞柳杉无地被。由此可见，有地被的柳杉和巨桉模式的各土层土壤碱解 N 含量均显著大于对应去除地被物层的模式，这是因为灌草和凋落物对于提高土壤 N 素含量具有重要意义，既能快速提高土壤中碱解 N 的含量，又能长久保存土壤 N 素（刘杏兰等，1996）。保留地被物层的柳杉和巨桉林分 0～20 cm 土层土壤碱解 N 含量差异不显著，而有地被物覆盖的巨桉林 20～40 cm 土壤碱解 N 含量却是柳杉有地被的 1.32 倍，这可能与巨桉林 20～40 cm 土壤有机质的转化状况有关。

各模式 0～20 cm 土壤速效 P 含量表现为：柳杉有地被＞柳杉无地被＞巨桉无地被＞巨桉有地被＞荒草地，柳杉有地被显著高于其他模式，荒草地显著低于其他模式，其他 3 种模式之间差异不显著。20～40 cm 土壤速效 P 含量明显低于 0～20 cm 土层，各模式间表现为：荒草地＞巨桉无地被＞巨桉有地被＞柳杉无地被＞柳杉有地被，荒草地和巨桉无地被显著高于其他模式，其他各模式之间差异不显著。

各模式 0～20 cm 土壤有效 K 含量与全 K 表现相同，各植被模式间差异不显著。除柳杉无地被显著小于其他模式外，其他模式间 20～40 cm 土层土壤有效 K 含量差异不显著。

（四）土壤 pH

有机质分解产生的有机酸、氨等含量不同及降水对盐基离子、氢离子、铝离子和有机酸的淋溶强度不同，酸性物质积累的差异是引起土壤 pH 差异的主要原因（刘鸿雁等，2005）。由表 7-5 可见，各模式 0～20 cm 土壤 pH 表现为：柳杉无地被＞柳杉有地被＞荒草地＞巨桉有地被＞巨桉无地被。各模式 20～40 cm 土壤pH 中柳杉两种模式显著高于荒草地和巨桉两种模式。巨桉两种模式上下层土壤pH 均较低，这是因为巨桉的凋落叶量大且更易分解，分解过程中产生大量酸性物质，使得土壤中有机酸含量更高，则 pH 较低。

表 7-5　不同植被覆盖模式土壤养分状况

土壤层次	植被模式	$W_{有机质}$ /（g/kg）	$W_{全氮}$ /（g/kg）	$W_{全氮}$ /（g/kg）	$W_{全磷}$ /（g/kg）	$W_{全钾}$ /（g/kg）	$W_{水解氮}$ /（mg/kg）	$W_{有效磷}$ /（mg/kg）	$W_{有效钾}$ /（mg/kg）	pH
0～20cm	I	20.99b	1.04ab	1.04ab	0.12c	15.73a	111.22a	15.71c	43.05a	3.40b
	II	22.84b	0.96c	0.96c	0.14b	15.44a	101.08b	34.47b	37.17b	3.61a
	III	26.94a	1.04ab	1.04ab	0.14b	15.51a	111.47a	38.72a	39.98b	3.58a
	IV	20.85b	1.02b	1.02b	0.15a	15.26a	90.51c	34.35b	43.76a	3.21c
	V	20.47b	1.07a	1.07a	0.14b	15.53a	111.45a	33.60b	41.52a	3.38b
20～40cm	I	13.36a	0.82a	0.82a	0.10a	16.80a	67.51b	20.21a	34.43a	3.46b
	II	13.05a	0.68d	0.68d	0.10a	15.97a	51.46c	7.83c	28.86b	3.69a
	III	7.77c	0.56e	0.56e	0.10a	16.37a	68.91b	7.53c	35.69a	3.67a
	IV	10.82c	0.76b	0.76b	0.11a	15.10b	59.42bc	10.95b	37.31a	3.40b
	V	9.84bc	0.72c	0.72c	0.10a	16.73a	90.81a	9.57c	36.10a	3.43b

（五）不同植被覆盖模式土壤 NO_3^--N、NH_4^+-N

土壤 N 素 80% 以上以有机态存在，有机态 N 中的绝大部分不能被植物直接吸收利用，只有经过矿化作用，才能被植物吸收利用，土壤有机 N 的矿化过程表征着土壤供 N 潜力。森林土壤中 N 的矿化与固定对生态系统中 N 的有效性起非常重要的作用（周才平等，2001）。一般认为，N 的有效性往往影响森林生态系统的生产力。由图 7-5 可见，各模式土壤矿质 N 素以 NH_4^+-N 为主，NH_4^+-N 含量是 NO_3^--N 的 1.89~5.36 倍（0~20 cm）和 3.63~32.20 倍（20~40 cm）。土壤颗粒和土壤胶体对 NH_4^+-N 具有很强的吸附作用，使得大部分可交换态 NH_4^+-N 吸附于其表面，成为不易移动的结合态 N，从而保存在土壤中（司友斌，2000）。

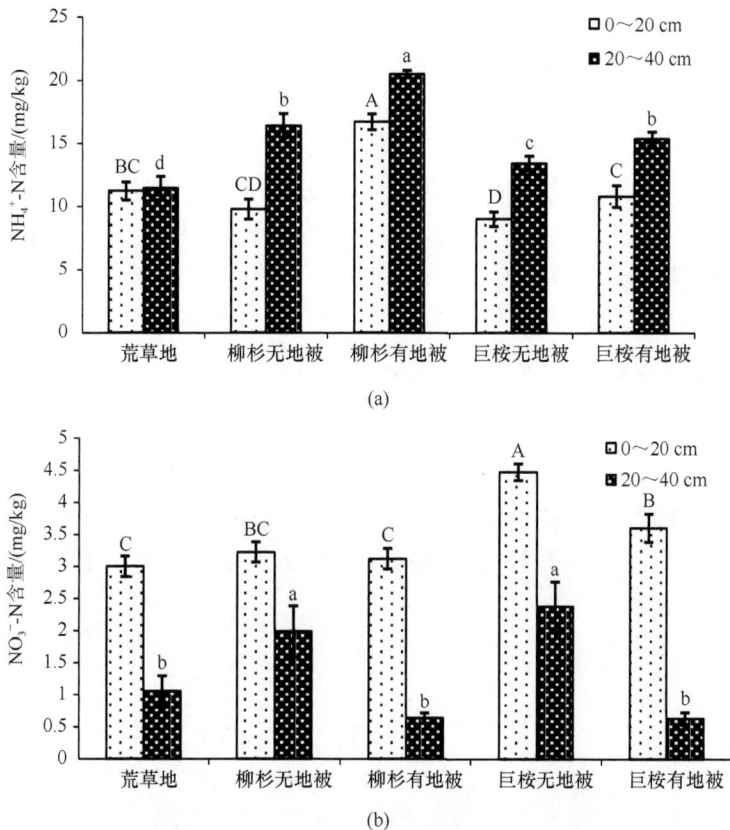

(a)

(b)

图 7-5　各植被覆盖模式土壤 NO_3^--N、NH_4^+-N 含量

各土层中不同植被覆盖模式之间字母不同表示差异显著（$P<0.05$），下同

除荒草地 20~40 cm 土层土壤 NH_4^+-N 含量与 0~20 cm 土层差异不明显外，其他各模式 20~40 cm 土层土壤 NH_4^+-N 含量是 0~20 cm 土层的 1.22~1.68 倍。

各模式 0～20 cm 土壤 NH_4^+-N 含量表现为：柳杉有地被＞柳杉无地被＞巨桉有地被＞巨桉无地被＞荒草地，柳杉有地被显著高于其他模式，其他模式之间差异较小。各模式 20～40 cm 土壤 NH_4^+-N 含量表现为：柳杉有地被＞荒草地＞巨桉有地被＞柳杉无地被＞巨桉无地被，柳杉有地被显著高于其他模式，其他模式之间差异较小。由此表明，柳杉有地被模式上下层土壤 NH_4^+-N 含量均显著高于其他模式；荒草地上下层土壤 NH_4^+-N 含量均较低；保留和去除地被物层的两种柳杉模式上下层土壤 NH_4^+-N 含量均高于对应的巨桉模式；保留地被物层的柳杉和巨桉模式上下层土壤 NH_4^+-N 含量均高于去除地被物层的两种模式。

NO_3^--N 在土壤层次的分布上，表现出与 NH_4^+-N 相反的规律，即 0～20 cm 土壤 NO_3^--N 含量高于 20～40 cm 土层，是 20～40 cm 土层的 1.44～5.71 倍。各模式 0～20 cm 土壤 NO_3^--N 含量表现为：巨桉无地被＞巨桉有地被＞柳杉无地被＞柳杉有地被＞荒草地，巨桉无地被显著高于其他模式，荒草地和两种柳杉模式差异不显著。各模式 20～40 cm 土壤 NO_3^--N 含量表现为：巨桉无地被＞柳杉无地被＞荒草地＞柳杉有地被≈巨桉有地被，荒草地、柳杉有地被和巨桉有地被之间差异不显著。由此可见，在各模式中荒草地上下层土壤 NO_3^--N 含量均处于较低水平；巨桉两种模式的 0～20 cm 土层土壤 NO_3^--N 含量均高于柳杉两种模式，而在 20～40 cm 土层两种林分模式之间差异不显著；除柳杉 0～20 cm 土层外，无地被物覆盖的柳杉和巨桉模式土壤 NO_3^--N 含量均显著高于有地被物覆盖的模式。

（六）不同植被覆盖模式土壤有机 C 与水溶性 C、N

1. 不同植被覆盖模式土壤有机 C

如图 7-6 所示，各模式 0～20 cm 土壤有机 C 含量总体表现为：柳杉有地被＞柳杉无地被≈荒草地≈巨桉无地被≈巨桉有地被，柳杉有地被显著高于其他模式，其他各模式之间差异不显著。20～40 cm 土壤 SOC 含量明显低于 0～20 cm 土层，

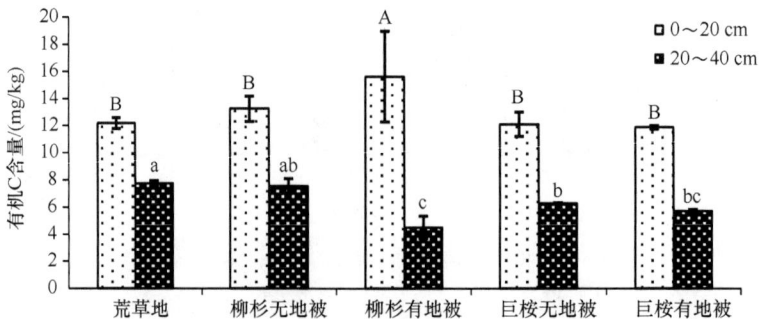

图 7-6　各植被覆盖模式土壤有机碳含量

荒草地 20～40 cm 土层 SOC 含量显著高于柳杉有地被和两种巨桉模式，而与柳杉无地被之间差异不显著；有地被物层的柳杉林 0～20 cm 土壤 SOC 含量显著高于无地被物层的柳杉林，但 20～40 cm 土壤 SOC 含量显著低于无地被物层的柳杉林，而巨桉林两种模式差异不显著。

2. 不同植被覆盖模式土壤水溶性 C、N

土壤水溶性 C 是指具有一定溶解性、在土壤中移动比较快、易氧化分解和矿化，对植物、微生物来说活性比较高的那部分土壤 C。由图 7-7（a）可见，各模式 0～20 cm 土壤水溶性 C 含量表现为：柳杉有地被≈巨桉有地被＞柳杉无地被≈巨桉无地被≈荒草地，有地被物覆盖的柳杉和巨桉林可溶性 C 含量显著高于无地被物覆盖的两种模式和荒草地，而其他各模式之间差异不显著；20～40 cm 土壤水溶性 C 含量明显低于 0～20 cm 土层，各模式间表现为：柳杉无地被＞巨桉无地被＞荒草地＞柳杉有地被＞巨桉有地被，荒草地和两种有地被的林分模式之间差异不显著，无地被物覆盖的柳杉和巨桉模式显著高于有地被物层的模式。由此表明，保留地被物层有利于促进表土层土壤水溶性 C 的积累，而下层土壤水溶性 C 含量低且孔隙状况差不利于有机质转化。

由图 7-7（b）可见，各模式 0～20 cm 土壤水溶性 N 含量表现为：巨桉无地被＞巨桉有地被≈柳杉有地被＞柳杉无地被＞荒草地，巨桉无地被显著高于其他模式，而其他模式之间差异不显著；20～40 cm 土壤水溶性 N 含量明显低于 0～20 cm 土层，各模式间表现为：巨桉无地被＞柳杉无地被＞柳杉有地被＞巨桉有地被＞荒草地，巨桉无地被显著高于其他模式，而其他模式之间差异不显著。由此可见，在各模式中，荒草地上下层土壤水溶性 N 含量最低；巨桉无地被上下层土壤水溶性 N 含量均显著高于其他模式，其他模式之间差异不明显；去除地被物层有利于巨桉林土壤中水溶性 N 的积累，而对柳杉林土壤水溶性 N 含量影响不明显。

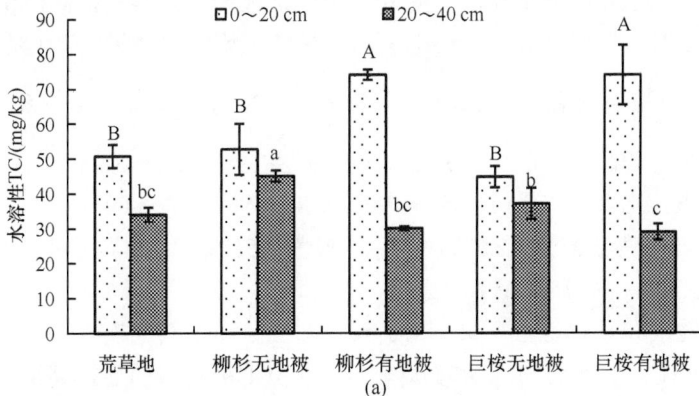

(a)

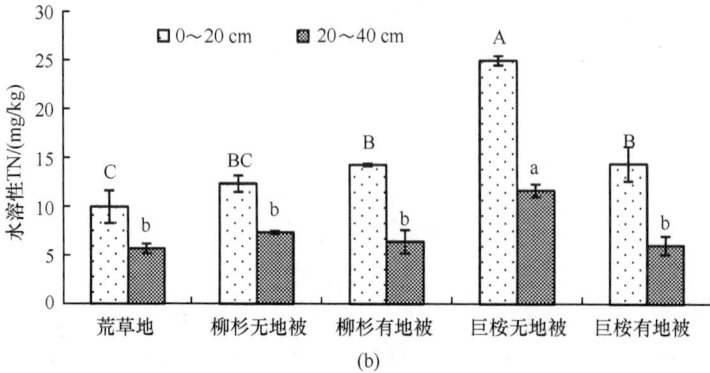

(b)

图 7-7　各植被覆盖模式土壤水溶性 C 和水溶性 N 含量

（七）不同植被覆盖模式土壤微生物量 C、N

由图 7-8（a）可见，各模式 0～20 cm 土壤微生物量 C（soil microbial biomass carbon，SMBC）表现为：巨桉有地被≈荒草地＞柳杉两种模式≈巨桉无地被，巨桉有地被和荒草地显著高于柳杉两种模式和巨桉无地被，而柳杉两种模式和巨桉无地被 3 种模式之间差异不显著；20～40 cm 土壤微生物量 C 明显低于 0～20 cm 土层，各模式之间表现为：荒草地≈巨桉两种模式＞柳杉两种模式。在各模式中，荒草地和巨桉有地被模式上下层 SMBC 均处于较高水平，柳杉两种模式上下层 SMBC 均最低。保留地被物层能显著提高巨桉林表土层土壤微生物量 C，但对巨桉下层土壤和柳杉林土壤微生物量 C 影响较小。

由图 7-8（b）可见，巨桉有地被和荒草地 0～20 cm 土壤微生物量 N（soil microbial biomass nitrogen，SMBN）显著高于巨桉无地被和两种柳杉林；荒草地和两种巨桉林 20～40 cm 土壤微生物量 N 含量显著高于两种柳杉林，其中荒草地与巨桉两种模式之间差异不显著。此外，保留地被物层能显著提高巨桉林表土层土壤微生物量 N，但对巨桉林下层土壤和柳杉林土壤微生物量 N 影响较小。

（八）不同植被覆盖模式土壤微生物量 C、N 与土壤 C、N 关系

由表 7-6 可知，0～20 cm 各模式 SM_{BC}/S_{OC} 为 0.81%～1.95%，SM_{BN}/TN 为 2.05%～2.77%；土壤 C/N 为 11.05～14.97，SM_{BC}/SM_{BN} 为 5.60～8.17。20～40 cm 各模式 SM_{BC}/S_{OC} 为 0.23%～1.67%，SM_{BN}/TN 为 0.51%～1.41%，土壤 C/N 为 7.99～11.14，SM_{BC}/SM_{BN} 为 7.49～11.03。

巨桉有地被和荒草地上下层 SM_{BC}/S_{OC} 都明显高于其他模式，巨桉无地被居中，柳杉两种模式上下层 SM_{BC}/S_{OC} 均较低；保留地被物层明显提高了巨桉林上下层和柳杉林下层土壤 SM_{BC}/S_{OC}，而对柳杉林上层土壤 SM_{BC}/S_{OC} 影响较小。

(a)

(b)

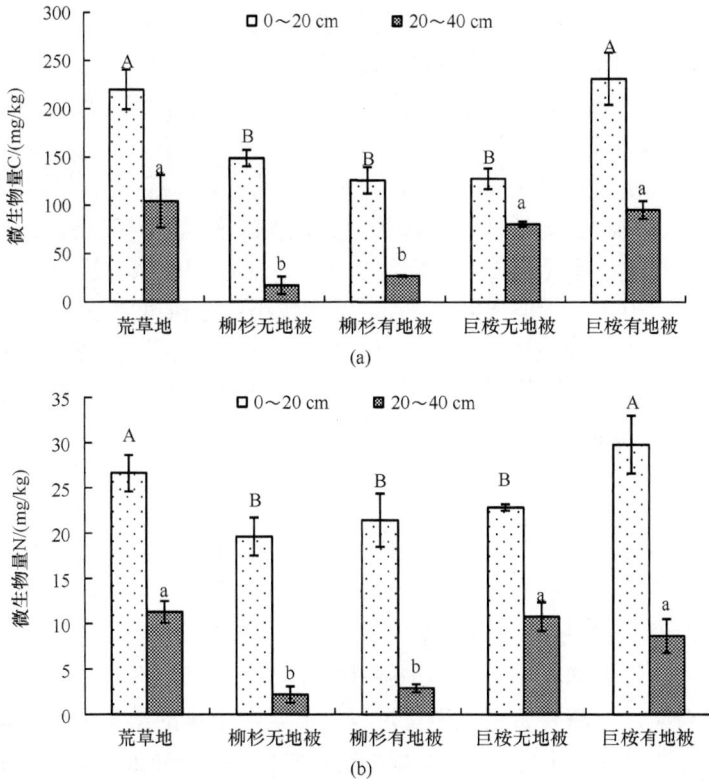

图 7-8　各植被覆盖模式土壤微生物量 C、N 含量

表 7-6　土壤微生物量 C、N 与土壤 C、N 的比例关系

土壤层次	植被模式	SM_{BC}/S_{OC}/%	SM_{BN}/TN/%	C/N	SM_{BC}/SM_{BN}
	I	1.81	2.59	11.71	8.17
	II	1.13	2.05	13.80	7.59
20cm	III	0.81	2.06	14.97	5.89
	IV	1.06	2.23	11.83	5.60
	V	1.95	2.77	11.05	7.76
	I	1.35	1.38	9.44	9.22
	II	0.23	0.32	11.14	7.91
40cm	III	0.60	0.51	7.99	9.34
	IV	1.29	1.41	8.21	7.49
	V	1.67	1.20	7.96	11.03

注：SM_{BC}/S_{OC} 又称微生物熵，任天志等（2000）认为在评价土壤过程或土壤健康变化时，土壤微生物熵能较为准确地反映土地利用和管理措施对土壤的影响，其对土地利用变化的响应非常敏感，可作为评价长期培肥过程中土壤质量变化的生物学指标，以往研究表明，SM_{BC}/S_{OC} 为 0.5%～4.0%。

各模式 0～20 cm 土壤 SM_{BN}/TN 差异较小，巨桉有地被最高，荒草地和巨桉无地被居中，柳杉林最低。荒草地和巨桉林 20～40 cm 土壤 SM_{BN}/TN 明显高于柳杉林。保留地被物层能提高巨桉林表土层土壤 SM_{BN}/TN，但对巨桉林下层和柳杉林土壤 SM_{BN}/TN 影响较小。

柳杉林两种模式 0～20 cm 土壤 C/N 最高，荒草地和巨桉两种模式最低；20～40 cm 土壤 C/N 以柳杉无地被模式较高，其他模式之间差异较小。去除地被物层明显提高了柳杉林下层土壤 C/N，但对柳杉林表土层和巨桉林影响较小。

各模式 0～20 cm 土壤 SM_{BC}/SM_{BN} 差异较小；巨桉有地被 20～40 cm 土壤 SM_{BC}/SM_{BN} 远高于其他模式，其他几种模式 20～40 cm 土层土壤 SM_{BC}/SM_{BN} 较低。保留地被物层明显提高了柳杉下层和巨桉林土壤 SM_{BC}/SM_{BN}，但降低了柳杉林表土层土壤 SM_{BC}/SM_{BN}。

三、小结

土壤容重与土壤孔隙度是土壤结构的反映，容重小，表明土壤疏松多孔，土壤水分的渗透性和通气状况较好；容重大则表明土壤紧实板硬，透水透气性差。柳杉、巨桉保留地被物层林分的土壤物理性状在 0～20 cm 均优于对应去除地被层的林分，因为保留灌草层和枯落物层林分土壤表层有更多有机质生成和转化，大量的研究表明，土壤有机质在转化过程中影响着土壤的结构和团聚体的形成及其稳定性、土壤的持水性能，增加土壤的物理稳定性（Trujillo et al.，1997；Herrick and Wander，1997；Karlen et al.，1999）；而 20～40 cm 土层毛管孔隙度、总孔隙度、土壤通气度、毛管持水量显著小于对应去除地被物层的林分，最小持水量却显著大于对应去除地被物层的林分，表明保留灌草层的两种林分 20～40 cm 土壤孔隙状况较差，不利于水分的下渗。保留与去除地被物层模式上下层土壤物理性质的巨大差异与植物生长及土壤自身的结构性质等复杂因素有关。

土壤有机 C 是土壤养分的重要组成部分，也是生态系统中极其重要的生态因子，它不仅与土壤肥力和植物营养的生物有效性相关，影响植物的生产力，而且与土壤结构关系密切，反映土壤质量。森林 SOC 来源于枯枝落叶及动植物的遗体，以原状动植物遗体、碎屑或有机质形式存在于土壤中，土壤 C 库大小决定于生物物质输入量、分解释放 C 量和进入水系统的损失 C 量，与气候、干扰因子特征（时间、强度、方式等）及地上部分生物量变化密切相关（李正才等，2007）。土壤微生物作为土壤有机物质转化的执行者，其数量及其周转对植物 SOC 和主要养分（如 N、P）的有效性及其在陆地生态系统中的循环有着深刻的影响（Srivastava et al.，1991；Smith and Paul，1991；Wu，1991；He et al.，1997；Zhou et al.，1998；Zaman et al.，1999），在维持土壤营养物质的循环中具有十分重要的作用。土壤微生物生物量是土壤有机质的活性部分，是评价土壤环境质量重要的指标（Wardle，1992；Bauhus et al.，1998）。SMBC 的消长反映微生物利用土壤 C 源进行自身细胞建成并大量繁殖和微生物细胞解体使 SOC 矿化的过程（陈国潮和何振立，1998；王继红等，2004）。本研究中巨桉有地被 0～20 cm 深度的 SMBC 显著高于巨桉无地被，所以在有机质输入量较大的情况下巨桉有地被的 SOC 含量与去除地被物的林分差异不显著；柳杉有地被 0～20 cm 的 SMBC 较柳杉无地被稍低，SOC 含量则显著高于柳杉无地被。20～40 cm 保留灌草层两种模式 SMBC 高于对应去除地被物层的模式，但 SOC 却低于对应去除地被物层的模式。

微生物在转化有机物时，必须从有机物中获取它所需要的能量（由有机物分解产生 CO_2 的过程，其实质是 C 的消耗）和营养（N），C/N 值越高的基质，越难被分解（李君剑等，2007）；基质 C/N 值越低者，越容易分解（段文霞等，2007）。C/N 值逐年增加，对 SOC 的保持具有重要意义（Morris et al.，2007）。0～20 cm 巨桉有地被土壤 C/N 较巨桉无地被低，柳杉有地被却较柳杉无地被高；20～40 cm 两种林分不同模式之间表现相同，都是保留地被物层的模式较低；巨桉两种模式 0～20 cm 土壤 C/N 均明显低于柳杉。不同模式间 SMBC 及土壤 C/N 的差异可以解释柳杉、巨桉保留灌草层和枯落物层林分与去除地被物层林分 SOC 的异常现象，也可以与这几种模式的土壤孔隙状况相联系，解释保留灌草层的两种林分 20～40 cm 土壤孔隙状况较差的现象。

有机 N 的矿化作用受许多环境因素影响，包括水分、温度、土壤 pH、土壤质地和黏土矿物类型、TN、土壤有机质及 C/N 等（Reich et al.，1997；Ju and Li，1998；Cheng et al.，2005；Wang et al.，2006）。李紫燕等（2008）研究发现影响有机 N 矿化的主要因素是土壤有机 N 和有机质的含量，矿化 N 累积量与土壤 TN、土壤有机质含量呈极显著正相关关系。

土壤 NH_4^+-N 和 NO_3^--N 是矿质 N 的主要存在形式，也是植物从土壤中吸收 N 素的主要形态。但土壤矿质 N 组成往往受光照、水分和温度等环境因子和土壤 pH、凋落物数量和质量、土壤动物、微生物种群和活性等基质条件的影响（苏波等，2002）。因此，不同地域不同时间，森林土壤矿质 N 组成可能存在很大差异。湿润亚热带地区以降水量大、温度和土壤风化程度高、淋溶强烈为特点。在这样的环境条件下，土壤一般呈酸性，不易发生氨挥发损失，硝化作用弱则使土壤无机 N 保持在 NH_4^+-N 状态。李贵才等（2001）测得云南哀牢山中山湿性常绿阔叶林地区的原生木果柯林、栎类次生林和人工茶叶地土壤在干季期间 NH_4^+-N 占无机 N 总量的 95%以上。孟盈等（2001）发现云南西双版纳森林土壤的 NH_4^+-N 含量也较高，龙山林、季节雨林和橡胶林年均 NH_4^+-N 分别约占 67%、78%和 82%。本研究中，各模式土壤矿质 N 素以 NH_4^+-N 为主，且 20～40 cm 含量高于 0～20 cm，这与不同土层矿质 N 的转化及植物的利用不同有关。保留地被物层的两种模式土壤

NH_4^+-N 含量分别高于去除地被物层的两种模式,而柳杉两种模式土壤 NH_4^+-N 含量分别高于巨桉两种模式,表明地被物层有利于土壤矿质有效 N 的积累,巨桉 NH_4^+-N 含量较低则可能与其生长对 N 的吸收更多有关。巨桉两种模式 0~20 cm 土壤 NO_3^--N 含量高于其他 3 种模式;柳杉、巨桉去除地被物层模式 20~40 cm 土壤 NO_3^--N 含量显著高于柳杉和巨桉保留地被物层的模式,而 NO_3^--N 易流失,其含量较高不利于土壤无机 N 保持。

第五节　结　论

本试验设置了荒草地、柳杉林无地被、柳杉林有地被、巨桉林无地被、巨桉林有地被 5 种坡面植被覆盖模式,测定了各植被覆盖模式的产流产沙特征、径流可溶性养分流失情况及土壤理化性质,得出以下结论。

(1) 各径流小区产流产沙时间与降水量高峰期一致;在各种植被覆盖模式中,荒草地的产流产沙量最低,保留地被物层的两种林分模式居中,去除地被物层模式最高;巨桉有地被的产流产沙量明显低于柳杉林,但去除灌草层和枯落物层处理使巨桉林产沙量远高于其他模式;保留灌草层和枯落物层能有效降低柳杉林和巨桉林产流产沙量。

(2) 荒草地地表径流中水溶性养分(水溶性总 N、NO_3^--N、NH_4^+-N、可溶性 P、K^+、水溶性总 C)流失量最低,去除地被物的两种模式大于保留地被物层的模式;除 NH_4^+-N 外,柳杉林两种模式各水溶性养分流失量均大于巨桉林;除巨桉林的 NO_3^--N 外,保留灌草层和枯落物层能明显降低柳杉和巨桉林水溶性养分流失量。

(3) 柳杉、巨桉保留灌草层和枯落物层林分的土壤物理性状在 0~20 cm 均优于对应去除地被物层的林分,其中土壤容重、总孔隙度、土壤通气度、最大持水量、毛管持水量的差异分别达到了显著水平。20~40 cm 土层毛管孔隙度、总孔隙度、土壤通气度表现为,巨桉无地被>柳杉无地被>柳杉有地被>巨桉有地被;同时,柳杉有地被、巨桉有地被的毛管持水量显著小于对应去除地被物层的林分,最小持水量却显著大于对应去除地被物层的林分,表明保留灌草层的两种林分 20~40 cm 土壤孔隙状况较差,不利于水分的下渗,出现这种情况的原因可能与去除灌草层林分林木的根系更多地向下层土壤发展有关。

(4) 柳杉、巨桉保留灌草层和枯落物层林分 0~20 cm 土壤全 N、碱解 N 显著高于对应去除地被物层的林分,全 P、全 K、有效 P、有效 K、有机质差异不显著;20~40 cm 土壤全 N、有机质则表现为去除地被物层的模式显著高于对应保留地被物层的模式。巨桉两种林分在 0~20 cm 与 20~40 cm 土层的 pH 都较其他模式低。

（5）各模式土壤矿质 N 素以 NH_4^+-N 为主，且在土壤层次的分布上表现出与大部分养分指标不同的规律，即 20～40 cm 含量较 0～20 cm 高。保留地被物层两种林分的土壤 NH_4^+-N 含量在 0～20 cm 与 20～40 cm 土层，土壤水溶性 C 在 0～20 cm 土层，都显著大于对应去除地被物层的林分；保留地被物层两种林分的土壤 NO_3^--N 却在 0～20 cm 与 20～40 cm 土层，土壤有机 C、土壤水溶性 C 在 20～40 cm 土层，都显著低于对应去除地被物层的林分。柳杉两种模式土壤 NH_4^+-N 含量分别高于巨桉两种模式，NO_3^--N 含量却较低。巨桉有地被 0～20 cm 和 20～40 cm 的 SMBC、N 显著高于其他各模式。

第八章　石灰性紫色土区植被建设的水土保持效应

第一节　研究区概况

鹤鸣观小流域地处四川省南部县升水乡（105°38′～105°39′E，31°31′～31°32′N），属嘉陵江一级支流西河流域中游，河床以砂岩、沙砾、块石为主，多为白垩纪砂岩及砂质黏土岩，土壤为黏土和砂壤土。流域属亚热带季风气候，汛期 5～10 月，降水以 7～9 月最为集中，引起水土流失的降水多为中雨及大雨（袁再健等，2006）。

该地土壤以石灰性紫色土为主，有机质含量低，抗蚀抗冲性差。自然植被类型组成较为简单，区域内原始森林极少，大部分为天然次生林和人工林。流域内主要树种为桤木（*Alnus cremastogyne*）、马尾松、柏木、麻栎等，以桤柏混交及柏木次生林为主。流域早期种植粮食作物，然而严重的水土流失致使坡耕地肥力不断下降，对农业生产产生了一定的影响；后期结合整地工程和林草措施对流域进行生态恢复，取得了显著效果。Ⅰ、Ⅱ号支沟出口站从 1983 年就开始观测，Ⅰ号支沟出口观测站 20 世纪 90 年代中期被塘库淹没而被迫停止观测，因此选取研究观测数据系列最长的Ⅱ号支沟（图 8-1）。Ⅱ号支沟海拔 394～680 m，面积 0.42 km²，干流长度为 0.350 km，沟道平均比降为 310‰；为中、强度侵蚀区，区域内水土流失主要表现为面蚀、沟蚀（表 8-1）。本研究的径流小区位于Ⅱ号支沟左侧分水岭坡面，长 20 m，宽 10 m，坡度均为 22°～25°，小区具体情况见表 8-2；小区次降水采用人工雨量器与虹吸式自记雨量计同步观测校正；小区产流产沙采用人工取样结合室内处理进行计算。

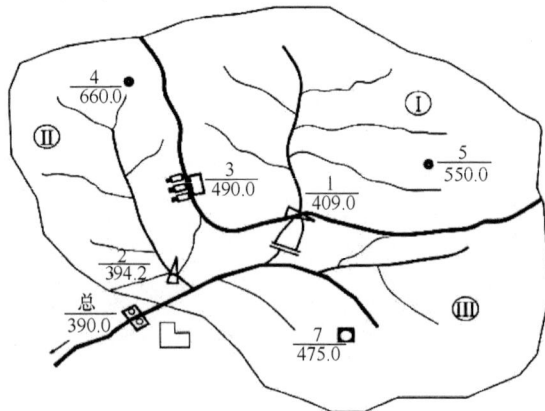

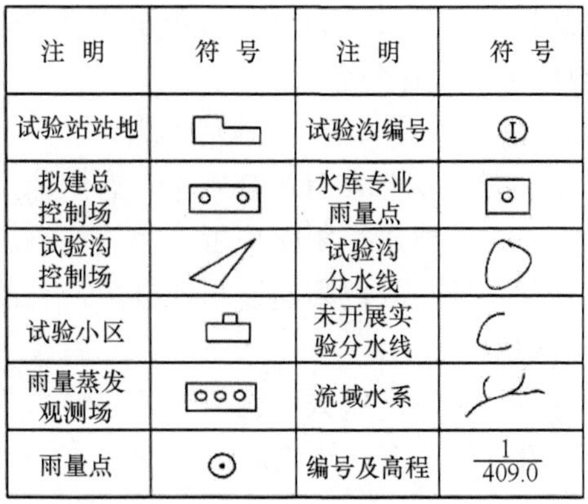

注 明	符 号	注 明	符 号
试验站站地	⌐_⌐	试验沟编号	①
拟建总控制场	⊙⊙	水库专业雨量点	⊡
试验沟控制场	◿	试验沟分水线	◯
试验小区	⊡	未开展实验分水线	C
雨量蒸发观测场	⊙⊙⊙	流域水系	⋎
雨量点	⊙	编号及高程	$\frac{1}{409.0}$

图 8-1 鹤鸣观小流域 I 号和 II 号支沟水文观测布置图

表 8-1 小流域基本情况

试验沟	流域特征值				侵蚀状况			
	流域面积 /km²	平均比降 /‰	长度 /km	河网密度 /(km/km²)	流域形状	林草覆盖率 /%	侵蚀面积 /km²	沟壑密度 /(km/km²)
I	0.705	189.8	1.054	2.68	扇形	25.46	0.481	4.4
II	0.420	310.3	0.889	2.06	羽毛形	21.96	0.243	3.7

表 8-2 径流小区实施水土保持措施前后基本情况

小区编号	水土保持措施	备注
I-1	自然破坏	场内允许放牧、割伐，破坏植被，多年场内植被覆盖率最大约为30%
I-2	混交造林	人工整治为带状台地，有截留壕两条，以桤柏混交造林
II-1	封坡育草	按当地习惯封坡、伐薪，自然生长黄荆、马桑、茅草等，每年最大覆盖率可达80%
II-2	人工补植	按当地习惯封坡，场内人工点种马桑、黄荆及巴茅等，每年冬季可伐薪炭150余千克
III-1	荒坡垦种	按当地垦荒种植方式，种番薯，间种绿、黄豆或红苕与玉米套种，坡面呈横向开沟提围，每年最大覆盖率为50%～60%
III-2	青砖护埂	分六台横坡垒作减少坡度，增加植被防治流失，坡地内种红苕、绿豆间套种植，每年收红苕及绿豆等作物

注：小区编号 I-1 和 I-2 分别代表 I 小区 1983～1990 年和 1991～2001 年两个时段，其他小区编号含义同上。

第二节 研 究 方 法

集水区选择升钟水土保持试验站 1985～2001 年的流域逐日降水观测资料、卡口站逐日径流量和输沙量；径流小区选取 1983～2001 年逐日雨强及降水历时，结合降水过程线计算次降水量，径流量和输沙量采用径流小区进行观测计算。数据资料及研究区相关资料摘自《四川省水土保持试验观测成果汇编》（1983～1990年）和《四川省水土保持试验站观测成果资料汇编》（1991～2001年）。在使用过程中，对数据进行了多次核对和检查，以保证数据的准确性。采用逐日数据累计到月、年等时段内，进行相应的统计分析。

因径流小区于1991年进行植被调整，土地扰动大，故不计入对比研究。此外，由于流域面积小，枯期（11月至次年4月）基本上没有产流产沙数据，故流域尺度资料采用汛期（5~10月）数据进行相应分析。鹤鸣观小流域Ⅱ号支沟地处深山区，土地利用为林地和荒草地，农地和建设用地极少，且没有库坝工程建设，故将植被建设作为人类活动形式。

坡面尺度上采用径流系数及输沙模数讨论植被调整前后次降水与产流产沙间的关系，更直观地反映产流特征、泥沙流失所占比例及水土流失年际变化特征。

（一）径流系数

径流系数指一定汇水面积上任一时段的径流总量与该时段降水量之比。径流系数反映了降水转变为径流的比例，综合体现了流域内自然地理要素对降水形成径流过程的影响，可以在一定程度上说明域内水循环的程度，以及水循环随时间的变化（郭华等，2007）。掌握流域径流系数的变化特征对区域水资源、水循环，以及洪涝灾害的分析具有重要意义（邓珺丽等，2011）。其计算公式如下：

$$\alpha = R/P \tag{8-1}$$

式中，a 为径流系数；R 为某时段内的径流量；P 为同期降水量。

（二）输沙模数

流域输沙模数是流域输沙量与流域汇流面积之比，是一个表示流域侵蚀产沙强度的定量指标（师长兴，2010）。流域输沙模数是研究流域侵蚀产沙规律，也是进行水土保持规划、水利工程设计等生产建设的基本依据。其计算公式如下（韦红波等，2003）：

$$M = \frac{10000 \times PV}{P\text{-}AREA} \tag{8-2}$$

式中，M 为流域的输沙模数；PV 为流域的输沙量；P-AREA 为流域的面积。

使用方差分析得到各小区次产流产沙量与降水特征值间的相关系数，并通过回归分析建立降水因子、径流及产沙间回归关系，进而对次降水条件下产流产沙各项具体特征值均值通过方差分析得出不同植被调整方式对产流产沙的影响差异，从而综合分析植被调整对坡面产流产沙的影响。数据统计分析及图表生成采用 Excel 2010 软件，方差分析及有关线性分析采用 SPSS 19.0 软件进行。

集水区尺度下，通过 Spearman 秩相关系数法、双累积曲线法、流量历时曲线及水土保持分析法综合评价植被建设的产流产沙效益。

（三）要素的变化趋势分析

根据流域年径流深及年泥沙量变化，结合植被建设实施时间把研究时段划分为基准期（1985～1990 年）与评价期（1991～2001 年）。径流的趋势分析采取 Spearman 秩相关检验非参数统计法，对数据序列的时间趋势性进行检测。通过分析水文序列 X_i 与其时序 Y_i 的相关性来检验水文序列是否具有趋势性。在运算时，水文序列 X_i 用其秩次 Y_i（即把序列 X_i 从小到大排列时 X_i 所对应的序号）代表，则秩次相关系数的计算公式如下（涂安国等，2013）：

$$r = 1 - 6\sum_{i=1}^{n} d_i^2 / \left(n^3 - n \right) \tag{8-3}$$

式中，r 为 Spearman 秩次相关系数；d_i 为变量 X_i 和 Y_i 的差值；X_i 为原时间顺序排列序号；Y_i 为泥沙量和径流量从小到大排列的序号；n 为元素个数。

r 的取值范围在–1 到+1 之间。若 $r<0$，表示有下降趋势；若 $r>0$，则表示有上升趋势。r=+1 为完全正相关；r=–1 为完全负相关。$|r|$越接近 1 表示相关程度越高；$|r|$越接近 0 表示相关程度越低。一般认为$|r|>0.8$ 时相关程度高。同时比较 Spearman 秩相关系数 r 与自由度为（N–2），水平为 α 时的临界值 t_{α} 的显著性。如果$|r| > t_{\alpha}$，则表明变化趋势显著。

（四）流量历时曲线（flow duration curve，FDC）

分析流域某一给定流量与发生频次关系的流量历时曲线，表示某一流量超过某一流量记录的时间比例，综合描述流域地表径流从枯水到丰水整个阶段的特征，可较好地反映流域降水径流特性（蔺鹏飞等，2015）。故流量历时曲线常应用于土地利用方式变化引起的区域水文特征变化和环境效应研究中。

FDC 有时段的概念，不同时段有不同的 FDC，本书应用日平均径流构建 FDC。在趋势分析基础上采用日径流数据构建曲线，分析植被建设前后时期丰水（5%）、平水（50%）和枯水（95%）等不同频率下的径流情势，求出流域进行植被建设前后相同频率下的径流深之差与实施前同一频率下径流深的百分比，即可将其视为实施前后不同频率径流的相对变化比例。

（五）双累积曲线法

双累积曲线法是利用两个数据序列累积曲线的斜率变化分析变化趋势，此方法常用来检验两个参数关系的一致性及其变化趋势。它是目前分析水文要素一致性或长期变化趋势最简单直观的方法。绘制年降水量-年径流泥沙累积曲线，若流域下垫面特性保持稳定，则径流主要受区域降水条件影响（极端降水事件除外），两变量各自累积值在直角坐标系表示为一条直线；如果曲线发生偏转，则流域下垫面条件发生一定变化，便可确定斜率转折点为降水-径流泥沙关系受植被建设影响发生变化的时间。以此进行时段划分，确定基准期时段，将基准期实测值变量间建立的关系式代入评价期，得到仅降水量变化而不考虑下垫面变化情况下评价期模拟的径流累积值（胡彩虹等，2011）。

（六）分离判别法

采用流域水文模拟途径分析植被建设对流域地表径流和泥沙的影响，依据区域实测水文过程变化特性和区域植被建设的具体状况来划分基准期与评价期。利用基准期的降水及径流泥沙资料确定相应的水文模型，保持模型参数不变，将植被建设影响期间的降水及径流泥沙资料输入模型还原出模拟径流量和泥沙量，反映出无植被建设影响下流域的产流产沙过程（张建云和王国庆，2007）：

$$\Delta W_{T} = W_{HR} - W_{B} \tag{8-4}$$

$$\Delta W_{H} = W_{HR} - W_{HN} \tag{8-5}$$

$$\Delta W_{C} = W_{HN} - W_{B} \tag{8-6}$$

$$\eta_{H} = \frac{\Delta W_{H}}{\Delta W_{T}} \times 100\% \tag{8-7}$$

$$\eta_{C} = \frac{\Delta W_{C}}{\Delta W_{T}} \times 100\% \tag{8-8}$$

式中，ΔW_{T} 为径流泥沙在植被建设前后变化量；ΔW_{H} 为植被建设对径流、泥沙的影响量，即评价期实测值与模拟值间的减少量；ΔW_{C} 为降水因子对径流、泥沙的影响量；W_{B} 为基准期的实测径流、泥沙量；W_{HR} 为植被建设影响时期的实测径流、泥沙量；W_{HN} 为植被建设影响时期的模拟径流、泥沙量。由水文模型计算得出，η_{H} 和 η_{C} 分别为植被建设和降水因子对径流泥沙影响的百分比。

第三节　植被调整对紫色土区坡面产流产沙的影响

一、1983～2001 年次降水特征

本研究的降水数据采用 1983～2001 年（1997 年、1998 年缺测）的监测数据。由表 8-3 可知，研究期间共计 2139 次降水，其中引起小区产流的共 141 次降水，占总降水次数的 6.6%。该区降水年际变化明显，1983 年总降水量达 950.9 mm，而 1996 年仅为 98.9 mm，相差达 852 mm。对所有引起产流的次降水分析，最大值为 194.9 mm，最小值 6.4 mm，平均值为 46.1 mm；引起产流的降水次数和降水

量占总降水量比例整体呈逐年下降趋势，降水历时总和也呈减少趋势。同时引起产流的次降水平均雨强和平均历时呈逐年上升趋势。说明植被建设后期的地表状况和植被发生了剧烈变化，水土流失得到明显遏制（李静苑等，2015）。

表 8-3　引起产流的次降水特征

年份	降水次数	降水次数占引起产流降水次数比例/%	降水量/mm	降水量占引起产流降水次数比例/%	降水历时总和/h	次降水平均雨强/（mm/h）	次降水平均历时/h
1983	24	17.0	950.9	75.2	201.2	5.5	8.4
1984	12	9.8	566.2	57.4	97.5	5.0	7.9
1985	9	6.0	504.0	56.7	86.1	8.5	9.6
1986	4	3.7	141.8	27.8	35.7	5.2	8.9
1987	16	13.1	640.7	63.8	132.9	7.6	8.3
1988	14	10.7	382.2	44.8	83.5	7.5	6.0
1989	13	11.0	477.2	50.9	107.9	6.3	8.3
1990	8	7.0	262.0	39.5	59.2	5.3	7.4
1991	11	7.9	448.4	57.3	72.8	7.3	6.6
1992	8	4.3	316.7	38.0	78.5	4.8	9.8
1993	5	4.0	405.6	43.2	75.5	6.5	15.1
1994	2	1.8	119.9	18.1	32.8	3.7	16.4
1995	4	3.3	216.9	30.1	52.5	4.5	13.1
1996	2	1.7	98.9	22.5	109.6	20.3	54.8
1999	2	2.4	284.6	26.2	36.6	9.3	18.3
2000	3	3.0	340.8	33.5	57.2	9.9	19.1
2001	4	2.7	338.6	36.8	65.0	8.3	16.3

二、植被调整后产流产沙年际变化特征

由图 8-2 可知，植被调整后年均降水量较调整前减少约 10%，3 个小区植被调整后径流系数和含沙率均呈下降趋势。调整前Ⅰ、Ⅱ和Ⅲ小区径流系数平均值分别为 0.240、0.254 和 0.267，含沙率平均值分别为 6.9%、4.0%和 15.4%，调整后分别下降了 95.4%、90.2%、78.3%和 88.4%、80.0%、81.2%。由此可知，植被调整前未采取有效水土保持措施，因而水土流失严重，调整后明显改善。1983～1990 年，人工扰动严重，且地面覆盖度低，3 个小区间产流相差较小，但Ⅲ小区产沙较大，分别为Ⅰ、Ⅱ小区的 2.24 倍、3.87 倍。1992～2001 年，Ⅲ小区产流产沙远超Ⅰ、Ⅱ小区，产流分别为Ⅰ、Ⅱ小区的 5 倍、2.5 倍，产沙则分别为其 2.84 倍、4.42 倍。Ⅰ和Ⅱ小区为乔灌林地，林冠层和枯枝落叶层能有效截留降水，降低雨滴击溅能力，延缓径流发生，而Ⅲ小区为耕地，地表植被结构单一，加之无枯落物及腐殖质等拦蓄降水，耕作后地表土壤逐渐疏松，极易引起水土流失。

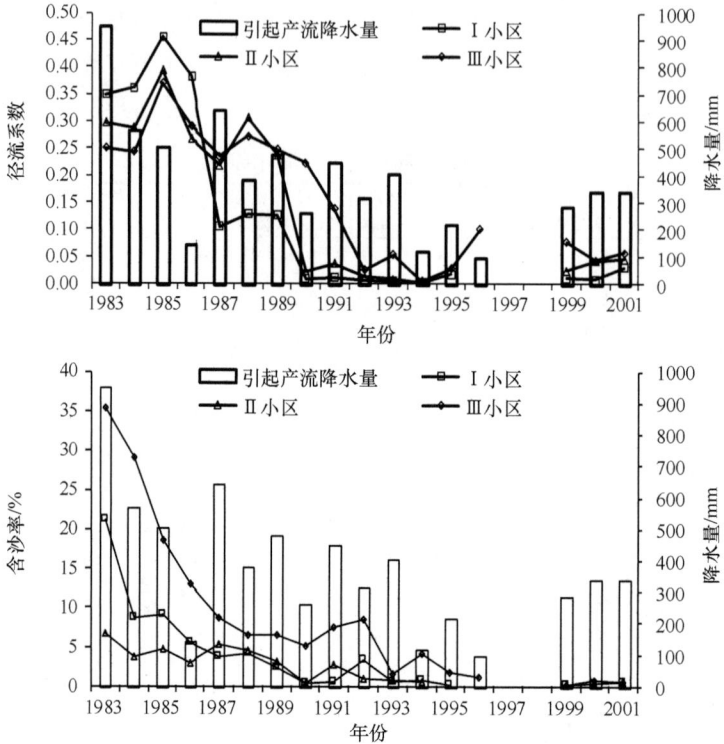

图 8-2 小区径流系数与含沙率年际变化特征

三、植被调整前后次降水与产流产沙特征的相关分析

降水对坡面的产流汇流有直接影响。其中较为常见的降水指标有降水量（P）、降水强度（I）、降水历时（T），部分研究还采用了降水量与降水强度乘积（PI）及降水量与降水历时乘积（PT）等复合指标对次降水进行分析。

由表 8-4 可知，1983～1990 年，三个小区径流量（Q）及产沙量（S）与 5 个变量均呈正相关。除Ⅰ小区径流量与降水强度（I）外均呈极显著相关（$P<0.01$），且与降水量（P）相关性最大；同时，三个小区的产沙量与 P、I、PI、PT 都呈极显著相关。Ⅰ、Ⅲ小区与降水量（P）相关性最大，而Ⅱ小区与降水量与降水强度乘积（PI）相关性最大。此阶段无水保措施，产流产沙受降水影响大。自然破坏及荒坡垦种小区坡面缺乏植被，雨量较大时不能有效拦蓄降水并产生入渗，极易产生径流和侵蚀，随着历时延长或雨强加大，坡面产流及土壤侵蚀也会随之增长；而自然草坡植被覆盖度高，当雨量较小或雨强较弱时能部分拦蓄，但随着雨量增加或雨强增强，地表蓄水量趋于饱和，雨水不再下渗，降水转为地表径流。

表 8-4 各小区次径流量和产沙量与降水特征值的相关系数

指标	小区	P	T	I	PT	PI
Q	I-1	0.854**	0.447**	0.144	0.776**	0.562**
	II-1	0.903**	0.410**	0.263**	0.733**	0.715**
	III-1	0.907**	0.388**	0.337**	0.724**	0.778**
	I-2	0.517**	0.348	0.22	0.529**	0.247
	II-2	0.600**	0.264	0.17	0.504*	0.440*
	III-2	0.694**	0.12	0.157	0.486**	0.601**
S	I-1	0.625**	0.168	0.269**	0.482**	0.514**
	II-1	0.613**	0.062	0.521**	0.348**	0.731**
	III-1	0.677**	0.166	0.356**	0.486**	0.633**
	I-2	0.355	0.147	0.088	0.275	0.201
	II-2	0.349	0	0.353	0.186	0.341
	III-2	−0.75	−0.02	0.264	−0.13	0.122

*和**分别表示相关程度达显著（$P<0.05$）和极显著水平（$P<0.01$）。

1992~2001 年，3 小区径流量与 5 个变量均呈正相关。3 小区径流量与降水量（P）均呈极显著相关，此外III小区还与 PT、PI 呈极显著相关关系，I小区与降水量和降水强度的乘积（PT）呈极显著相关且其相关性最大，II、III小区与其相关性最大。同时，3 小区产沙量与 5 个变量基本为正相关，仅III小区与 P、T、PT 呈负相关。I、III小区与降水量（P）相关性最大，II小区与降水强度（I）相关性最大。植被调整后，I小区郁闭度高，林下植被复杂，底层落叶多，降水初期能有效拦蓄降水，仅在地表土壤水分超过一定限度才会产流；II小区以灌木为主，能拦截部分降水，但蓄水能力较弱，地表入渗量低，多转为地表径流；III小区作物间种，植被类型简单，拦蓄降水及抗冲能力较差，雨强较大时降水难以入渗，地表蓄水量随着降水进行逐渐趋于饱和，同样会产流。

在土壤侵蚀过程中，雨滴击溅分离土壤颗粒以及地表径流冲刷转运都会导致土壤流失。通过回归分析，线性拟合得出降水、产流与产沙两两之间的线性方程（表 8-5）。1983~1990 年，三者两两间拟合度较高，降水和径流拟合度最高，拟合度区间为[0.280，0.822]。此阶段植被覆盖度低，极易产生径流，进而侵蚀产生泥沙；II小区有草皮被覆，能拦蓄部分降水，产沙受降水量与平均雨强乘积共同影响；III小区降水与产沙、产流与产沙间的拟合线性方程斜率明显高于I、II小区，其土壤侵蚀状况随径流状态变化显著；1992~2001 年 3 小区两两间线性方程拟合度均不高，且多与降水量相关性最大，植被调整后由于实施了相应的水保措施，植被结构更为复杂，在一定程度上减少了降水和径流对地表土壤的侵蚀，坡面抗蚀性提高。总体来说，降水与径流间的相关性最大，而指标中降水量和产流产沙之间的相关性最大。

表 8-5　降水因子、径流及产沙间的回归关系

小区	降水与径流	R^2	降水与产沙	R^2	径流与产沙	R^2
I-1	$Q = 0.092P - 1.369$	0.728	$S = 0.681P - 9.030$	0.391	$S = 1.654H - 0.618$	0.641
II-1	$Q = 0.088P - 1.091$	0.815	$S = 0.029PI + 0.927$	0.534	$S = 0.707H + 0.545$	0.474
III-1	$Q = 0.091P - 1.049$	0.822	$S = 1.087P - 12.740$	0.458	$S = 2.394H + 1.675$	0.488
I-2	$Q = 0.0002PT - 0.005$	0.280	$S = 0.002P + 0.0004$	0.125	$S = 0.113H + 0.060$	0.451
II-2	$Q = 0.007P - 0.234$	0.360	$S = 0.030I + 0.087$	0.124	$S = 0.085H + 0.141$	0.357
III-2	$Q = 0.022P - 0.751$	0.481	$S = -0.006P + 2.262$	0.005	$S = 0.031H + 1.729$	0.003

四、次降水条件下不同土地利用方式坡面侵蚀综合统计分析

通过对 3 小区降水过程中 129 组（其中第一阶段 100 组，第二阶段 29 组）径流侵蚀参数进行统计分析，结果显示，1983～1990 年，III 小区径流量、产沙量和含沙率三项径流侵蚀特征统计参数均值均大于前两者，径流系数也较大，说明荒坡耕作小区对降水产生径流与侵蚀最为敏感。I 小区在大部分参数统计值最分散，说明自然破坏荒坡抗击溅和冲刷能力很弱，地表土壤稳定性差，随降水变化波动明显。径流系数方面，II 小区＞III 小区＞I 小区，而产沙量则 II 小区＞I 小区＞III 小区，由此可知，草坡根系虽浅，拦蓄雨水能力弱，但地表被覆大，能迅速有效减沙（表 8-6）。对 3 小区各指标进行方差分析可发现，仅有 III 小区在产沙量上与其他小区有显著差异，这与坡耕地坡面坡度较大，易引起水土流失有关。

表 8-6　次降水产流产沙特征值均值统计分析

指标	I-1	II-1	III-1	I-2	II-2	III-2
径流量/m³	2.385±3.135a	2.464±2.819a	2.545±2.885a	0.199±0.361a	0.315±0.512a	0.820±1.314b
产沙量/kg	19.068±32.333a	9.251±14.474a	32.257±49.440b	0.189±0.303a	0.287±0.391a	1.987±3.501b
径流系数	0.242±0.190a	0.266±0.170a	0.260±0.160a	0.011±0.014a	0.021±0.026a	0.044±0.052b
含沙率/（kg/m³）	0.005±0.006a	0.003±0.003a	0.012±0.013b	0.002±0.005a	0.001±0.001a	0.006±0.011b

注：同行指标后不同小写字母表示差异达显著水平（$P < 0.05$）。

1992～2001 年，3 小区四项统计参数的均值与标准差大小基本呈 III 小区＞II 小区＞I 小区，可知青砖护埂小区最易受降水影响产流产沙。3 小区径流系数、产沙量及含沙率均呈递增趋势，相同坡度不同植被调整形式下坡面拦蓄水沙能力大小依次为混交造林＞人工补植＞青砖护埂小区，这是由于桤柏混交林及薪炭林地表植被

相对结构复杂，能有效拦蓄降水，而横坡垄作小区地表植被简单根系较浅，蓄水减沙能力最弱。

各小区间对比可知，Ⅰ、Ⅱ小区在植被调整前后微地形均无明显差异，而Ⅲ小区坡改梯后微地形发生了改变。通过同一小区植被调整前后对比可以发现，3小区的4项指标在植被调整后均大幅度减小。由此可知，植被调整后，Ⅰ、Ⅱ小区植被覆盖度较植被调整前有所增加，植被类型趋于复杂，能够成功拦蓄部分降水，从而减少径流小区的产流产沙；而Ⅲ小区由坡改梯，减缓了耕地坡度，同时进行作物种植，能有效减缓土壤侵蚀。这同样说明，采用植被调整的水土保持措施对于紫色土区坡面是切实有效的，对土地加以利用不仅能获得相应的社会经济效益，还能有效改善土壤理化性质，提高土地抗蚀抗冲刷能力。

五、小结

坡面尺度上，各小区产流呈年内、年际分布不均；相同降水条件下植被调整前后不同利用土地径流变化对降水的响应差异明显，3小区植被调整后产流产沙明显减少，径流系数分别减少95.4%、90.2%、78.3%，含沙率分别减少88.4%、80.0%、81.2%，均呈下降趋势；植被调整前产流量大小顺序为自然荒坡垦种＞封坡育草＞自然破坏，产沙量为自然荒坡垦种＞自然破坏＞自然草坡，植被调整后产流产沙大小顺序均为青砖护埂＞人工补植＞混交造林。植被调整前3小区产流产沙与降水量等指标呈极显著相关，且降水、径流与产沙间线性拟合度较高，植被调整后降水指标相关性明显降低且线性方程拟合度下降。综上表明，植被建设能有效减少坡面产流产沙。

植被能通过其树冠、树根、凋落物，以及地表植被的草本层来控制和减缓土壤侵蚀（Gyssels et al.，2005；武卫国等，2007）。Ⅰ小区植被调整为混交林地后郁闭度升高，加之林下植被及枯落物使地表植被复杂，减流减沙效果明显。草灌植物能迅速形成郁闭，减弱雨滴击溅对土壤产生的破坏，增加地表糙率，延缓径流流速，拦蓄降水。Ⅱ小区最初受降水影响较大，后由自然草坡改为薪炭灌木林，可在降水初期进行拦截，而后地表蓄水量随降水进行逐渐降低，转变为地表径流。此外，马桑等水保树种还能提供薪炭木材，带来一定生态和经济效益。Ⅲ小区由荒坡耕种变为横坡垄作，坡度减缓，雨滴击溅和地表径流冲刷使地形产生改变（秦凤等，2013），而作物套作能增加植被覆盖度，一定程度上减缓了地表径流流速。但由于改变前后均为耕地，人类活动影响大，减水减沙能力较弱。乔灌植被无论蓄流还是拦沙能力都优于耕地，加之合理的植被调整措施使其效果更明显，这与有关学者开展的研究结果是一致的（江青龙等，2011；Peng and Wang，2012；Gyssels et al.，2005；秦凤等，2013；王丹丹等，2013），增加地表覆盖和合理布置耕作措施均能有效减少坡面水土流失。

第四节　石灰性紫色土集水区植被建设的水土保持效应

一、径流泥沙演变趋势分析

鹤鸣观小流域水土流失十分严重，河道径流泥沙含量高，长江防护林工程不断推进后，径流含沙量显著减少。由表 8-7 和图 8-3 可知，1990 年以后输沙模数呈明显下降趋势，年降水量较植被建设前减少约 8.1%，年径流量及输沙模数则分别减少了 34.6%及 89.9%。输沙模数和径流深伴随降水量均呈同步变化，1997~1998年，降水量大幅增加，输沙模数变化较小，年径流量及输沙模数的 Spearman 秩相关系数为负值，其中输沙模数秩相关系数在 0.01 水平上呈显著性变化，降水量和径流量的变化未达到显著性水平。随着时间的推移，输沙量有显著减小趋势，但径流量下降趋势微弱，说明植被建设能够显著减少土壤侵蚀，但对年径流的作用不明显。

表 8-7　鹤鸣观流域 II 号支沟水文三要素年际变化趋势的 Spearman 秩相关分析

变量	年降水量/mm	年径流深/mm	年输沙模数/[t/(km²·a)]
基准期均值（1985~1990 年）	767.8	226.0	1 607.7
评价期均值（1991~2001 年）	705.5	147.8	162.3
秩相关系数	0.025	−0.181	−0.627
P 值	0.343	0.715	0.007

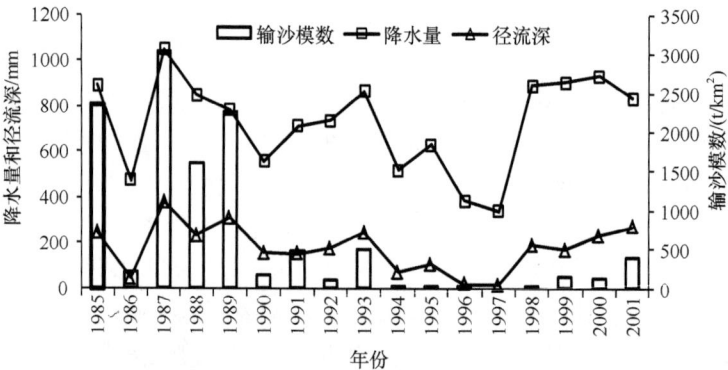

图 8-3　鹤鸣观流域 II 号支沟产流产沙年际变化特征

二、植被建设的水文效应

与基准期相比，评价期的日径流深在发生频率为 80%之前较小且差值趋于缩小，而在频率为 80%之后较大且差值趋于增大（图 8-4）。丰水期日径流量和平水期日径流量分别减少了 84.2%和 76.3%，而枯水期流量则大幅增加，较基准期增加了 650.0%。这说明植被建设在减少年径流总量时也在一定程度上削弱和调控了丰水、平水流量（表 8-8），同时导致枯水径流剧烈变化（张宽地等，2015）。

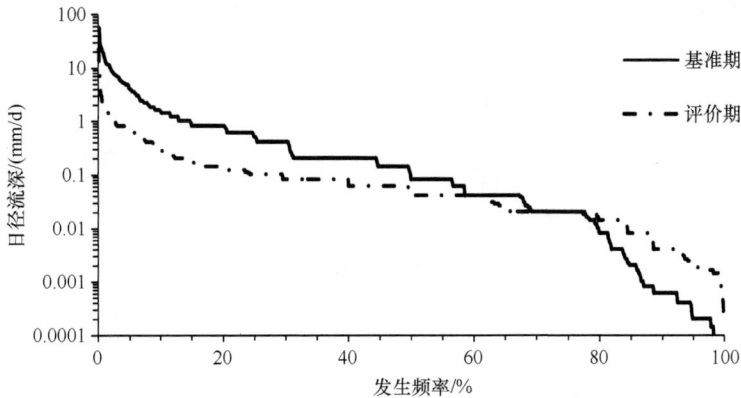

图 8-4　鹤鸣观小流域不同阶段径流量历时曲线

表 8-8　鹤鸣观流域不同阶段日径流深 FDC 的流量特征指标

时段	日径流深/（mm/d）			变化率/%		
	丰水	平水	枯水	丰水	平水	枯水
基准期	11.9145	0.3653	0.0002			
评价期	1.8844	0.0864	0.0015	−84.2	−76.3	650.0

注：表中丰水代表发生频率为 5%时的日径流深，丰水变化率表示评价期较基准期发生频率为 5%的变化比率。以此类推。

　　根据以上分析结果，植被建设后，枯水部分变化剧烈，径流量大幅上升，丰水和平水变化相对较为平缓，径流量有所下降，流域流量历时曲线趋于平缓，日径流量变化较基准期趋于均匀。植被建设增强了流域下垫面的降水入渗能力，增加了径流的下渗量和截留量，延缓径流发生，影响流域产汇流机制，因而丰水和平水流量有所减缓。降水是流域径流的主要来源，林草冠层在极端降水等事件中，最大储蓄水量达到饱和后有利于产流，且水土保持措施的实施有利于流域涵养水源，补给枯季流量，故在植被建设后枯水流量反而有所增加（张亭亭等，2014）。

三、植被建设的减流减沙作用

　　由图 8-5 可知，累积降水量与累积径流深、累积输沙量均呈正相关。极端降水事件虽然增加了曲线的波动幅度，但年径流深与年降水量总体呈线性增加，植

被措施对径流影响较小。由年降水量-年输沙量关系可知,1989年后斜率明显偏小,
这表明前期简单的治理措施有所成效。1991 年后曲线向下偏转基本呈水平,
1995~1997 年曲线斜率趋于水平,成为水沙的平稳下降段,1997 年以后年降水
量恢复性增加,使得双累积曲线继续向下偏转的幅度得到了遏制,说明输沙量
明显减少,植被建设对减沙效果显著,也进一步验证 1991 年为植被建设生效的
转折年。

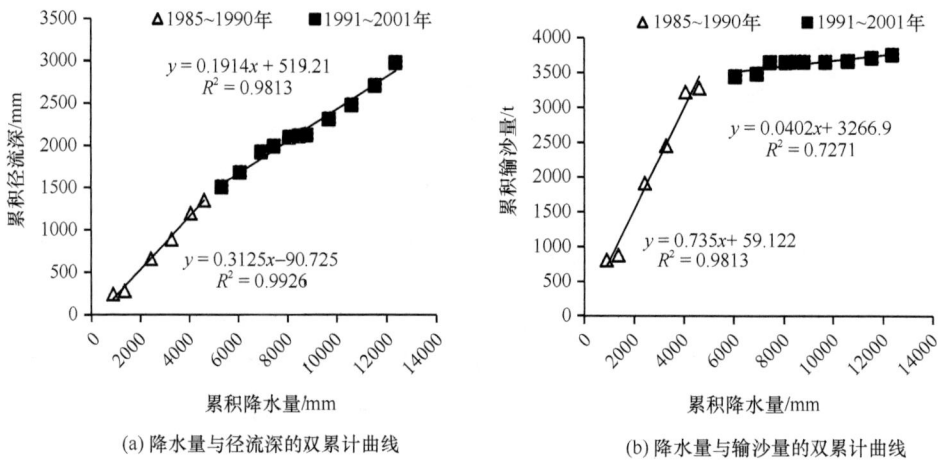

(a) 降水量与径流深的双累计曲线　　　　　　(b) 降水量与输沙量的双累计曲线

图 8-5　鹤鸣观 II 号流域产流产沙的双累积曲线

20 世纪 80 年代前,由于自然条件及人类活动破坏,水土流失十分严重。1987
年开始进行前期水土保持治理,1991 年实施以林草措施为主的治理措施,使水土
流失得到进一步治理,这是该时期流域水沙减少的重要原因。水沙关系在 90 年代
初发生转变,沿程减弱。随着流域综合治理的不断开展,依据双累计曲线法计算
得出,至 2001 年植被建设已累计减少径流 798.9 mm,减少输沙 5096.8 t(图 8-5),
降水对流域减水减沙的影响力在逐步减弱。植被建设是流域泥沙减少的主要驱动
力,也逐渐成为影响流域输沙变化的主要因素。对基准期年降水量与径流量和输
沙量累积值分别进行拟合,得到拟合曲线及方程并进行计算。相比拟合计算的累积
径流量,评价期实测累积径流量减少了 32.6%,实测输沙量减少了 89.4%,减流减
沙作用明显。由表 8-9 可知,通过分离判别法定量分析,植被建设在流域减水减沙
方面的贡献率分别可达到 92.9%和 94.3%。由于植被能够通过林冠层和地被层降低
降水的击溅作用来削弱雨滴对地表土层的溅蚀动能,同时通过增加林下植被在土
壤中的根系含量提高土壤入渗,从而可以有效减少地表产生的径流。植被建设可
以改善土壤特性,增加土壤中有机质含量,改善土壤团聚体结构,从而提高土壤

的抗冲抗蚀能力，减少土壤输沙量。由于小流域尺度上的径流由地表径流和地下径流组成，故植被建设在年尺度上对径流的影响较小，但对径流的年内分配的作用较大。土壤侵蚀主要发生在土壤表层，植被通过根系固土、改善土壤结构、增加入渗等方式显著地减少了泥沙的输移量，故而减沙效果优于减流。

表 8-9　植被建设对鹤鸣观Ⅱ号流域径流输沙变化的贡献

时段	降水量/mm	径流/mm		输沙量/t		植被建设贡献率/%	
		实测值	计算值	实测值	计算值	径流深	输沙量
基准期	767.8	226.0	252.0	546.6	574.3		
评价期	705.5	147.8	219.6	55.2	518.5	92.9	94.3

四、小结

（一）植被建设调节沟道作用

评价期期间没有增加工程措施，和基准期相比，荒地大量减少，林地增加了约1倍，说明很多荒地转变为林地，而林地对流域径流变化的敏感性最强（Zheng et al.，2013）。通过图8-4可知，流域评价期年径流量较基准期有一定的减少，说明随着森林植被覆盖度增加，枯落物层也随之加厚，地表粗糙度增加，滞缓了地表径流速度，再加上森林植被发达的根系结构，有助于优先流的生成，从而增加了土壤入渗。多数降水先与土壤相互作用，而后转变为地下水或蒸发（张淑兰等，2010），随着树木生长，更多降水被截留蒸发，年降水变化不明显的情况下蒸散发增加又必定导致径流减少。但由于小流域尺度上的径流由地表径流和亚地表径流组成，降水通过不同介质传输后大部分仍会汇集到沟道中，故植被建设在年尺度上对径流的影响较小。年降水量与年径流量的线性相关性较强，说明降水是引起紫色土区沟道径流变化的主要因素。但植被建设对径流的年内分配的作用得到了凸显，有较明显的消洪补枯作用。在植被覆盖度较高的流域，汛期部分降水可先被地被物及其土壤层截留储存起来，补充到地下，而壤中流和地下径流流动速度很慢，从而可以减弱洪峰流量，保留在地面以下的水分通过泉水或侧向渗透等方式在枯水时期会对沟道径流进行一定的补充，从而达到调节径流年内分配的作用（郑江坤等，2017）。

（二）植被建设控制土壤侵蚀作用

简单的流域前期治理使得林草面积迅速增加，但占总面积比例较小，部分工程措施在1990年后已失去作用。植被建设等人类活动极大扰动了下垫面，下垫面

变得疏松，抗蚀性减弱，使得流域侵蚀产沙量在 1991 年有所增加，而后随着植被
生态功能的稳定发挥，土壤侵蚀量显著减少，在年尺度上减沙效果优于减流。这
一方面由于植被能够通过林冠层和地被层削弱降水的击溅作用，减小雨滴对地表
的溅蚀动能，从而可减少击溅侵蚀量；另一方面植被建设可以增加土壤中有机质
含量，改善土壤团聚体结构，从而提高土壤的抗冲抗蚀能力，减少输沙量（赵跃
中等，2014）。此外，土壤侵蚀主要发生在土壤表层，植被通过根系固土、改善土
壤结构、增加入渗等方式也会显著减少泥沙的输移量（蔺鹏飞等，2015；张亭亭
等，2014）。许炯心（2010）在多沙粗沙区的研究中也有类似分析。同时，径流对
流域输沙有重要影响，流量小于某一临界值时，单位径流输沙量与其呈正相关关
系；流量超过临界值，单位径流输沙量才与泥沙补给量有关（郑明国等，2007）；
伴随下垫面输沙条件的改变，降水产流和侵蚀产沙能力降低，沟道流量锐减导致
年输沙量也显著减少。综上可知，森林植被对流域土壤侵蚀的控制作用更为明显，
这种主导作用与国内外学者相关研究结论较为一致（Xu et al., 2013; Zuazo, 2008）。

第五节　结　　论

坡面尺度上，经过整地和植被恢复后，产流产沙明显减少，径流系数和含沙
率均呈下降趋势；整地前 3 小区产流产沙与降水量等指标呈极显著相关关系，且
降水、径流与泥沙间线性拟合度较高，整地后降水指标相关性明显降低，且线性
拟合度下降；不同土地利用产流产沙差异明显。整地前（1983～1990 年）产流量
从大到小依次为自然荒坡垦种、封坡育草和自然破坏，而产沙量从大到小依次为
自然荒坡垦种、自然破坏和封坡育草，整地后（1992～2001 年）产流产沙量均表
现为：青砖护埂＞人工补植＞混交造林。

集水区尺度上，1985～2001 年鹤鸣观Ⅱ号支沟年降水和年径流深没有显著性
变化，输沙量却显著减少，说明以植被建设为主的人类活动对流域产沙的作用更
加明显。评价期流量历时曲线较基准期平缓，日径流深年内分配趋于均匀，说明
植被建设在评价期表现的削洪增枯效果明显。大规模的植被建设对该区的固土保
水作用明显，控制水土流失的贡献率达到 90%以上，且固土作用强于保水。考虑
到上下游用水安全需求，以后进行植被建设时，考虑控制土壤侵蚀的同时须保证
水资源的供给，从而制订合理有效的水土保持措施。

第九章　中性紫色土区林地表层土壤理化性质
对滑坡的响应特征

第一节　研究区概况

　　研究区位于四川省绵阳市北川县，境内大地构造以北川大断裂地段为界，东南面属龙门山主中央断裂带，西北面属龙门山后山断裂带；该区峰峦起伏，沟壑纵横，山脉大致以白什、外白为界，地势西北高，东南低，最高峰海拔 4769 m，最低点海拔 540 m，密布的溪流顺山势自西北向东南奔流出境；境内主要土壤类型为紫色土、黄壤土、黄棕壤、暗棕壤、亚高山草甸土和高山草甸土，植被呈带状分布，主要有常绿阔叶林、常绿落叶混交林、针阔叶混交林、高山和亚高山草甸。该区属亚热带湿润季风气候，四季分明，气候温和，多年平均气温 15.6℃，雨量丰沛，多暴雨，平均降水量 1399 mm，降水集中在 6～9 月，占全年降水量的 71%～76%，且空间分布不均。试验区擂鼓镇全境皆山，处于中性紫色土区，土壤质地以砾石土为主，次为壤土和黏土，粗骨性强，地质条件差，水文条件复杂，山体岩石破碎，沟谷谷坡较大，是滑坡、崩塌、泥石流易发区。全镇各类森林面积 10000 hm^2 左右，其中天然林 7333 hm^2，人工林 2667 hm^2，森林覆盖率 76%（麦积山等，2015）。

第二节　研究方法

　　采样区位于擂鼓镇凤凰山（31°46′N，104°25′E），滑坡前全部覆盖为柏木林，郁闭度高。地震后部分山体发生剧烈滑坡，植被及表层土壤流失殆尽，地表裸露；2010 年和 2011 年在当地政府和一些国际组织的资助下，对滑坡体采取了工程固坡和灌草措施，一定程度减少了该区的水土流失。设置样地如下，Ⅰ样地为滑坡区，2011 年按 2m×4m 的株行距人工栽植刺槐幼苗；Ⅱ样地为滑坡区和未滑坡区之间的过渡区域，存在少量面蚀和沟蚀，主要分布有草灌类植被；Ⅲ样地是未破坏区，未受滑坡影响，植被保持原状（表 9-1、图 9-1）。2013 年 7 月，使用森林罗盘仪（DQL-1）和海拔仪（Magellan-500E），基于网格法布置 45 个样点（图 9-1），然后在每个样点重复采样两次，用土铲削去地表覆盖物，露出土壤，分别用土刀取土壤表层原状土（20 cm×20 cm×10 cm）后带回实验室。将原状土中较大的土块沿其自然破碎面轻轻掰开成直径 1cm 左右的小土块，样品风干后，将土壤中的植物落叶、残根、砾石、动物残体等挑出，土壤待测。同时，在每个样点用手持 GPS 定位，并记录下海拔、坡度、砾石裸露率、人为干扰等信息。

表 9-1　样地基本情况

样地编号	样地类型	坡度	土壤颗粒组成/%			备注
			黏粒	粉粒	砂粒	
I	滑坡区	27°	8.5	4.4	87.1	2011 年按株行距 2 m×4 m 人工栽植刺槐幼苗，幼苗长势较差
II	过渡区	25°	12.0	7.7	80.2	滑坡区和未破坏区之间的过渡区域，存在少量面蚀和沟蚀，主要分布草灌类植物
III	未破坏区	26°	13.0	8.0	76.9	未受滑坡影响，植被保持原状

图 9-1　研究区采样点布设

本实验数据使用 K-S（Kolmogorov-Smirnov）检验法分析数据是否符合正态分布（显著性水平 $\alpha=0.05$），以确保数据符合克里金（Kriging）空间插值要求；

采用 GS+Version 9.0 软件进行半方差函数分析和块金值（C_0）、基台值（C_0+C）、块基比[$C_0/（C_0+C$）]和变程（A）等参数的计算，模拟出来的模型参数作为 Kriging 插值依据；采用 ArcGIS 10.0 软件进行 Kriging 等值线绘制，进行空间分析。方差、相关性分析等采用 SPSS 17.0。

第三节 滑坡体表层土壤团聚体、颗粒组成和养分含量特征

一、风干性土壤团聚体组成

通过干筛法测得土壤机械稳定团聚体含量（土壤团聚体的总量），包括非水稳定性和水稳定性团聚体含量。由表 9-2 可知，在 3 类样地中各粒级土壤团聚体的含量存在显著性差异。Ⅰ区中各级团聚体含量比较相近，其中 1～0.5 mm 团聚体含量最高，达 25.93%，且＞5 mm 和 0.5～0.25 mm 的团聚体含量与 1～0.5 mm 和＜0.25 mm 团聚体含量间存在显著性差异。Ⅱ区中＞5 mm 和 5～2 mm 的团聚体含量均与 2～1 mm、1～0.5 mm、0.5～0.25 mm、＜0.25 mm 的团聚体含量存在显著性差异。Ⅲ区中＞5 mm 和 5～2 mm 的团聚体含量分别与其他各粒级团聚体含量存在显著性差异，而＜2 mm 的各粒级团聚体含量之间均无显著性差异。Ⅱ区和Ⅲ区中＞5 mm 的土壤团聚体含量最高，分别为 41.25% 和 47.84%，且显著高于Ⅰ区。

表 9-2 土壤风干团聚体粒径分布特征 （%）

样地编号	粒径					
	＞5 mm	5～2 mm	2～1 mm	1～0.5 mm	0.5～0.25 mm	＜0.25 mm
Ⅰ	10.82aA	15.96aAB	16.4aAB	25.93aB	8.11aA	22.79aB
Ⅱ	41.25bA	33.01bA	8.39bB	10.24bB	2.38bB	4.73bB
Ⅲ	47.84bA	28.23abB	6.99bC	7.56bC	2.53bC	5.86bC

注：同行不同大写字母表示不同粒级间差异显著（$P<0.05$），同列不同小写字母表示不同样地间差异显著（$P<0.05$）；下同。

二、水稳性团聚体组成

土壤水稳性团聚体是保持土壤结构稳定的重要物质，是衡量土壤抗侵蚀能力的指标之一。由表 9-3 可知，＞2 mm 土壤水稳性团聚体在三样地中的比例均为最高，其中Ⅱ样地最高，Ⅰ样地最低，分别为 67.05% 和 29.34%，且Ⅱ区、Ⅲ区中＞2mm 的水稳性团聚体含量显著大于其他粒级含量。同时，在Ⅰ样地中各粒级水稳性团聚体含量分别与Ⅱ、Ⅲ区中对应粒级含量存在显著性差异，Ⅱ区、Ⅲ区样地中各对应粒级水稳性团聚体含量之间均无显著性差异。土壤水稳性团聚体含

量总体随团聚体粒径减小而减少。

　　土壤中>0.25 mm 的土壤团聚体是土壤中最好的结构体，通常被称作土壤团粒结构体，其数量往往决定土壤稳定性状况。综合来看，本书中>0.25 mm 的土壤团聚体含量顺序为Ⅰ样地<Ⅲ样地<Ⅱ样地，Ⅱ和Ⅲ样地的>0.25 mm 土壤团聚体含量明显大于Ⅰ区，说明滑坡对土壤团聚体的破坏较大。

表 9-3　土壤水稳性团聚体粒径分布特征　　　　　　　　（%）

样地编号	>2 mm	2~1 mm	1~0.5 mm	0.5~0.25 mm	<0.25 mm
Ⅰ	29.34aA	24.81aAB	20.96aAB	11.97aB	12.12aB
Ⅱ	67.05bA	14.15bB	8.45bB	5.77bB	4.57bB
Ⅲ	61.31bA	14.34bB	12.1abB	6.27bB	5.95bB

三、土壤团聚体的稳定性特征

　　不同粒级土壤团聚体对土壤的保持与供应、水力性质、孔隙组成和生物运动等均具有不同作用，土壤团聚体的大小分布情况和土壤的质量之间存在更加紧密的关系。通常用土壤团聚体的平均重量直径（MWD）和几何平均直径（GMD）这两种指标来反映团聚体大小分布状况，其值越大，表示土壤团聚体的团聚度越高，稳定性越好。从表 9-4 可知，干筛处理下，三种样地的 MWD 值和 GMD 值均表现为：Ⅰ区<Ⅱ区<Ⅲ区，且Ⅰ区与Ⅱ区、Ⅲ区存在显著性差异，Ⅰ区的 MWD 值较Ⅱ区、Ⅲ区分别减少 52.6%和 54.3%，GMD 值较Ⅱ区、Ⅲ区分别减少 58.0%和 59.1%，这表明滑坡对土壤团聚体大小分布状况影响较大。

　　湿筛处理下，Ⅰ区与Ⅱ区、Ⅲ区的水稳性团聚体 MWD、GMD 值存在显著性差异，Ⅱ区和Ⅲ区无显著性差异，其中Ⅰ区的 MWD 和 GMD 值最小，分别为 1.14 和 0.96，其 MWD 值较Ⅱ区、Ⅲ区分别减少 26.9%和 30.5%，GMD 值较Ⅱ区、Ⅲ区分别减少 32.4%和 35.6%。Ⅱ区和Ⅲ区的稳定性较好，Ⅰ区的稳定性最差，说明滑坡破坏了表层土壤团聚体的稳定性。三种样地干筛法测得的 MWD 值分别是湿筛法 MWD 值的 1.43 倍、2.20 倍和 2.18 倍，GMD 值分别是湿筛法的 1.26 倍、2.03 倍和 1.99 倍。这是因为风干性团聚体在水的浸泡作用下，大量非水稳性团聚体发生分解，所以用水稳性团聚体的 MWD 和 GMD 值来评价土壤团聚体实际稳定情况更加合理。

　　土壤团聚体粒径分布的分形维数表征土壤水稳性团聚体对土壤结构与稳定性的影响趋势，其分形维数越小，土壤结构和稳定性越强，抗蚀能力就越好。由表 9-4 可知，三样地的土壤团聚体分形维数相比，Ⅰ区与Ⅱ区、Ⅲ区均存在显著性差异，Ⅱ区与Ⅲ区之间无显著性差异。干筛处理下，Ⅰ区的分形维数最大（2.47），Ⅱ区和Ⅲ区均为 2.1，说明Ⅰ区的土壤团聚体稳定状况最差。这是由于滑坡对表层土壤的巨大机械扰动，严重分散土壤团聚体，所以非水稳性团聚体的分形维数显著大于其他两个样地。水稳性团聚体分形维数的变化顺序为Ⅰ（2.17）＞Ⅱ（1.99）＞Ⅲ（1.86），其中Ⅰ区的分形维数值显著大于Ⅱ区与Ⅲ区，Ⅱ区与Ⅲ区间无显著性差异。由此可见，Ⅰ区表层土壤受滑坡扰动影响而导致土壤抗蚀能力最弱，Ⅱ区次之，Ⅲ区最强。

表 9-4 不同样地土壤团聚体稳定性参数

样地编号	干筛			湿筛		
	MWD/mm	GMD/mm	D	MWD/mm	GMD/mm	D
Ⅰ	1.63a	1.21a	2.47a	1.14a	0.96a	2.17a
Ⅱ	3.44b	2.88b	2.1b	1.56b	1.42b	1.99b
Ⅲ	3.57b	2.96b	2.1b	1.64b	1.49b	1.86b

注：同列不同字母表示差异显著（$P<0.05$）。MWD 代表土壤团聚体平均重量直径；GMD 代表几何平均直径，D 表示土壤颗粒分行维数。

四、土壤颗粒组成及其与土壤颗粒质量分形维数的关系

土壤粒径分布对土壤肥力、水力以及土壤侵蚀等有着重要影响。不同粒级土壤颗粒含量组成不同类型的土壤质地，从而影响土壤的物理、化学和生物过程。如图 9-2 所示，3 样地中各土壤颗粒粒级的组成比例存在一定差异，均以砂粒含量最高（均大于 75%），且显著大于其他两个粒级土壤颗粒含量，黏含量最低（均小于 15%）。Ⅰ区中粉粒含量显著小于Ⅱ区和Ⅲ区，Ⅱ区、Ⅲ区间无显著性差异，Ⅰ区中砂粒含量显著大于Ⅱ区、Ⅲ区，Ⅱ区和Ⅲ区间无显著性差异。

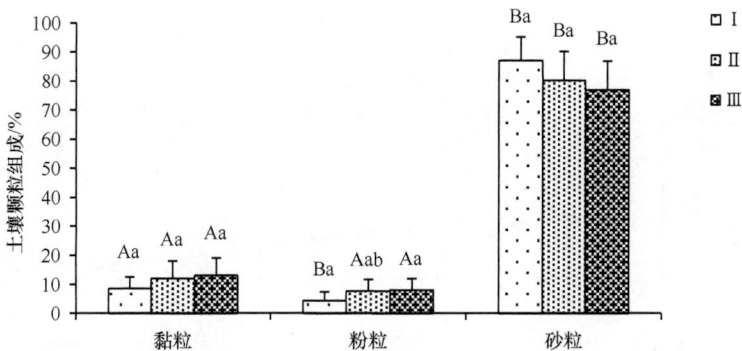

图 9-2 不同样地类型下土壤颗粒组成
不同大写字母表示同一粒级不同样地间在差异显著（$P<0.05$）；不同小写字母表示同一样地不同粒级间差异显著（$P<0.05$）

土壤颗粒分形维数 D 值与土壤质地关系密切，反映了不同粒级土壤颗粒分布

情况。由图 9-3 可知，黏粒含量与 D 值呈极显著对数正相关（$R^2=0.985$，$P<0.01$），其方程的决定系数 R^2 最大，说明 D 值受黏粒含量的影响最大。粉粒含量与 D 值

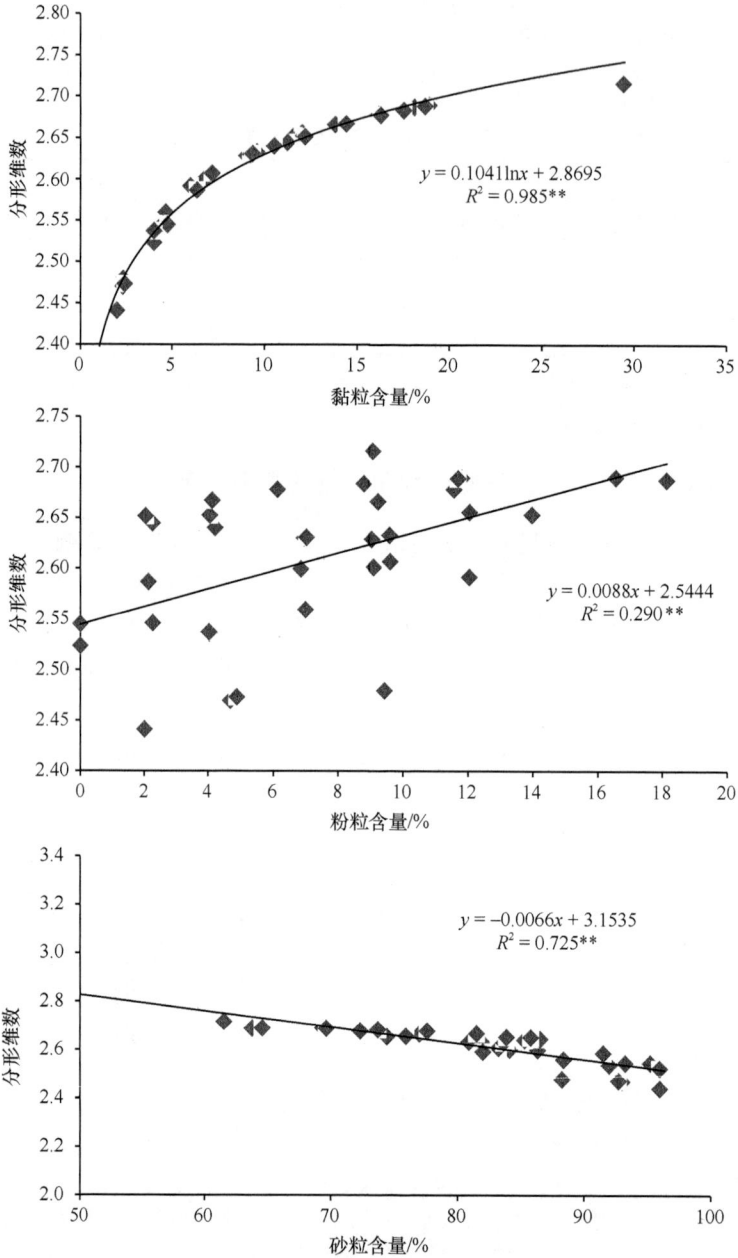

$$y = 0.1041\ln x + 2.8695$$
$$R^2 = 0.985^{**}$$

$$y = 0.0088x + 2.5444$$
$$R^2 = 0.290^{**}$$

$$y = -0.0066x + 3.1535$$
$$R^2 = 0.725^{**}$$

图 9-3 不同粒级与土壤颗粒质量分形维数的关系

呈正相关，但回归方程拟合效果较差（R^2=0.290，$P<0.01$）。砂粒含量与 D 值呈极显著负相关（R^2=0.725，$P<0.01$）。当黏粒含量小于 6% 时，D 值随黏粒含量的增加而陡增，然后增加幅度逐渐放缓。当砂粒含量大于 65% 左右时，D 值随砂粒含量的增加而锐减。总之，土壤中黏粒等细颗粒含量越高，土壤质地越细，其分形维数越高。

五、土壤养分统计特征

从表 9-5 可以看出，研究区内土壤全氮（TN）、全磷（TP）、全钾（TK）、碱解氮（AN）、有效磷（AP）、有效钾（AK）与有机碳（SOC）的含量范围分别是 0.12～5.90 g/kg、0.01～1.40 g/kg、0.067～0.64 g/kg、15.61～469.64 mg/kg、0.19～1.63 mg/kg、16.90～879.70 mg/kg 和 16.00～142.52 g/kg；土壤 TN、SOC、AK 的平均含量分别为 1.86 g/kg、44.57 g/kg、156.70 mg/kg，含量较丰富；土壤 AN 含量为 115.55 mg/kg，属中等丰富水平；土壤 TP、TK 和 AP 属极缺乏水平，其平均值分别为 0.36 g/kg、0.34 g/kg 和 1.22 mg/kg。变异系数（CV）能够反映数据的离散程度，它被划分为：弱变异性：（CV<10%）、中等变异性（10%≤CV≤100%）、强变异性（CV>100%）这三种等级（胡克林等，1999）。本试验中，各土壤养分变异程度表现为 AP>AK>AN>TN>TP>SOC>TK，其中土壤 AP 属于高强度变异（变异系数>100%），其他土壤养分含量的变异系数为 38.2%～95.3%，属中等变异强度。

表 9-5　土壤养分统计分析

土壤养分	均值	标准差	变异系数/%	范围	偏度	峰度
TN	1.86 g/kg	1.44	77.4	0.12～5.90 g/kg	1.17	0.49
TP	0.36 g/kg	0.27	75.0	0.01～1.40 g/kg	1.90	4.14
TK	0.34 g/kg	0.13	38.2	0.067～0.64 g/kg	−0.04	0.15
AN	115.55 mg/kg	95.30	82.5	15.61～469.64 mg/kg	1.79	3.53
AP	1.22 mg/kg	2.40	196.7	0.19～1.63 mg/kg	5.98	38.04
AK	156.70 mg/kg	141.38	90.2	16.90～879.70 mg/kg	3.34	15.25
SOC	44.57 g/kg	29.30	65.7	16.00～142.52 g/kg	1.75	2.76

六、滑坡对土壤养分含量的影响

由表 9-6 可知，研究区土壤养分含量整体表现为从由样地Ⅰ到样地Ⅲ递增，随海拔变化无明显变化规律。样地Ⅰ中 TN、TP、TK、AN、AP、AK 和 SOC 含量依次为样地Ⅲ的 30.9%、89.7%、50.0%、28.4%、20.3%、27.3% 和 40.9%，样地Ⅱ相应的养分含量依次为样地Ⅲ的 64.6%、87.2%、71.7%、70.5%、31.1%、49.8%

和 62.2%。土壤 TN 含量在海拔梯度 H_2 和 H_4 上从样地 I 到样地III递增，分别增加了 6.2 倍和 3.8 倍，且在 H_2 梯度上差异显著。土壤 TP 值在本研究中未表现出明显变化规律。TK 和 AK 含量在五个海拔梯度均从样地 I 到样地III递增。AN 值在海拔梯度 H_2、H_3 和 H_4 上均从样地 I 到样地III递增。除海拔梯度 H_4 以外，AP

表 9-6　不同海拔和样地类型的土壤养分特征

土壤养分	样地类型	海拔/m					
		580～610 (H_1)	610～630 (H_2)	630～650 (H_3)	650～670 (H_4)	670～710 (H_5)	均值
TN/（g/kg）	I	0.67Aa	0.76Ba	1.13Aa	0.99Ab	0.84Ba	0.88A
	II	1.35Aa	1.34Ba	0.90Aa	2.68Aa	2.93Aa	1.84B
	III	0.86Aa	4.71Ab	2.77Ab	3.78Ab	2.12ABb	2.85C
	均值	0.96a	2.27a	1.6a	2.48a	1.96a	—
TP/（g/kg）	I	0.45Aa	0.47Aa	0.19Aa	0.36Aa	0.30Aa	0.35A
	II	0.24Aa	0.31Aa	0.21Aa	0.30Aa	0.66Aa	0.34A
	III	0.41Aa	0.59Aa	0.32Aa	0.31Aa	0.33Aa	0.39A
	均值	0.36a	0.46a	0.24a	0.32a	0.43a	—
TK/（g/kg）	I	0.27Aa	0.23Aa	0.24Aa	0.25Aa	0.18Aa	0.23A
	II	0.35Aa	0.38Ba	0.33Aa	0.26Aa	0.32ABa	0.33B
	III	0.50Aa	0.46Ba	0.46Ba	0.46Aa	0.43Ba	0.46C
	均值	0.37a	0.36a	0.34a	0.32a	0.31a	—
AN/（mg/kg）	I	45.04Aa	34.24Aa	62.54Aa	56.68Aa	49.12Aa	49.52A
	II	137.78Aa	138.96Ba	84.60Aa	116.50Aa	136.75Aa	122.92A
	III	85.26Aa	231.96Ba	160.88Ba	284.24Ba	109.08Aa	174.28B
	均值	89.35a	135.05a	102.67a	152.47a	98.32a	—
AP/（mg/kg）	I	0.55Aa	0.47Aa	0.34Aa	0.50ABa	0.6Aa	0.49A
	II	0.69Aa	0.79Aa	0.74Ba	0.90Aa	0.65Aa	0.75A
	III	2.20Aa	1.33Aa	1.39Ba	0.84Aa	6.28Ba	2.41B
	均值	1.15a	0.86a	0.82a	0.75a	2.51a	—
AK/（mg/kg）	I	70.10Aa	79.1Aa	82.5Aa	80.01Aa	50.8Aa	72.51A
	II	116.02Aa	125.8Aa	121.10Aa	156.22ABa	141.6ABa	132.15A
	III	128.5Aa	270.4Ba	222.92Aa	309.32Ba	396Ba	265.43B
	均值	104.87a	158.43a	142.17a	181.85a	196.13a	—
SOC/（g/kg）	I	26.90Aa	22.52Aa	31.60Aa	27.50Aa	26.10Aa	26.94A
	II	31.10Aa	29.12Aa	29.30Aa	53.20Aa	31.90Ba	40.92A
	III	31.70Aa	94.14Bb	56.30Aab	97.60Ab	49.50ABab	65.84B
	均值	29.90a	48.59a	39.07a	59.43a	45.83a	—

注：不同大写字母和小写字母分别表示不同样地类型和不同海拔段间差异显著（$P<0.05$）。

含量在其余海拔梯度均从样地 I 到样地III递增。SOC 含量在海拔梯度 H_1、H_2、H_4 上从 I 到III样地呈现出明显递增规律。由各样地养分均值可知，土壤 TN 和 TK 含量在样地 I，样地 II 和样地III之间差异显著，但土壤 TP 含量则无显著性差异。除 TN、TK 和 TP 以外，其余养分含量在样地 I 和 II 之间差异不显著，但都与样地III差异显著。然而各养分均值在各海拔段之间差异均不显著。

第四节　滑坡体表层土壤团聚体、颗粒组成和养分的空间结构特征

空间结构特征的主要参数包括块金值、基台值和变程等，它们都是空间分析的基础。其中块金值（C_0）为样本距离为零时的半方差值，表示因测量误差、小于取样尺度、采样误差或实验误差而引起的随机变异，若块金值大则表明在较小的尺度上对于某个过程不可忽略（苏松锦等，2012）。变程（A）反映因子的空间自相关性，只有在变程范围内各变量之间才具有空间相关性，否则被认为是相互独立的（王军等，2002）。结构方差（C）是指由结构因素引起的变异，通常由土壤母质、地形和气候等因素造成。基台值用 C_0+C 表示，它表示系统内的总变异，块金值与基台值之比为块基比 $C_0/(C_0+C)$，它表示随机因素的空间异质性占系统总变异的比例和土壤性质的空间依赖性。如果该比值较高，表明其变异主要由随机部分造成的，反之则说明引起的空间变异程度主要由结构性因素造成。假如该比值接近 1，那么该变量在整个尺度上具有恒定的变异。大量研究结果表示，$C_0/(C_0+C)$ 值作为因子的空间相关度可分为三个等级：当 $C_0/(C_0+C)<25\%$ 时，变量具有强烈的空间相关性；$C_0/(C_0+C)$ 在 25%～75% 时，为中等空间相关性；而 $C_0/(C_0+C)>75\%$ 时，变量空间相关性很弱。同时，半变异函数的残差（RSS）越小、决定系数（R^2）越大，则表明函数的拟合程度越好。

一、土壤团聚体稳定性参数的空间结构特征

由表 9-7 可知。干筛处理下，MWD 和 GMD 的最优半方差函数拟合模型为高斯模型，D 的最优拟合为球状模型。湿筛处理下，MWD 的最优拟合模型为线性模型，GMD 和 D 的最优拟合为指数模型。两种处理方式下土壤团聚体稳定性参数的块金值均较小，说明由实验或采样尺度误差引起的随机变异较小，且参数拟合模型的拟合度好，都能较好地反映其空间变异特征。

土壤团聚体稳定性参数的变程排序为：干筛 GMD（382.3 m）＞干筛 MWD（364.6 m）＞湿筛 MWD（147.6 m）＞湿筛 D（99.6 m）＞干筛 D（73.4 m）＞湿筛 GMD（69.6 m）。其中干筛 GMD 的变程最大，说明其空间连续性相对较好，

可能需要大尺度分析。湿筛 D、干筛 D 和湿筛 GMD 变程之间的差距很小，其空间自相关性的距离差距相当。各稳定性参数的块基比中除了湿筛 MWD 为中等强度空间自相关以外，其余各团聚体稳定性指标的块基比均小于 25%，表现为强烈空间自相关性。这表明土壤团聚体稳定性参数具有重要的空间结构，其空间变异主要受结构性影响。

表 9-7　土壤团聚体稳定性参数半方差函数模型及相关参数

参数	模型	块金值 C_0	基台值 C_0+C	块金值/基台值 $C_0/(C_0+C)$	变程 A/m	决定系数 R^2	残差 RSS
干筛 MWD	高斯	0.638	3.286	0.194	364.6	0.56	7.10×10^{-1}
干筛 GMD	高斯	0.6060	3.222	0.188	382.3	0.74	2.51×10^{-1}
干筛 D	球状	0.0104	0.055	0.189	73.4	0.65	2.30×10^{-4}
湿筛 MWD	线性	0.0810	0.124	0.653	147.6	0.33	2.10×10^{-3}
湿筛 GMD	指数	0.0001	0.135	0.001	69.6	0.36	2.30×10^{-3}
湿筛 D	指数	0.0200	0.131	0.153	99.6	0.65	1.32×10^{-3}

二、土壤颗粒组成空间结构特征

由表 9-8 可知，黏粒含量的最优半方差函数拟合模型为球状模型，粉粒和砂粒含量的最优拟合模型为指数模型。且三种粒径拟合的模型决定系数较大，残差很小，能够有效地反映土壤颗粒的空间特征。

表 9-8　土壤颗粒组成半方差函数模型及相关参数

粒径	模型	块金值 C_0	基台值 C_0+C	块金值/基台值 $C_0/(C_0+C)$	变程 A/m	决定系数 R^2	残差 RSS
黏粒	球状	0.0028	0.0061	0.459	94.8	0.87	2.60×10^{-6}
粉粒	指数	0.0001	0.0019	0.001	57.5	0.45	3.50×10^{-5}
砂粒	指数	0.0008	0.0100	0.080	77.6	0.68	2.10×10^{-5}

三种粒径的土壤颗粒块金值均很小，分别为 0.0028、0.0001 和 0.0008，变程之间差距不大，其中黏粒最大（94.8 m），粉粒最小（57.5 m），即它们的空间自相关性相当。黏粒的块基比为 45.9%，表现为中等空间相关性。粉粒和砂粒的块基比均小于 25%，表现为强烈的空间自相关，说明其空间变异主要受结构性因素的影响，受随机性影响较小。

三、土壤养分空间结构特征

从表 9-9 可以看出，土壤 TN 和 AN 的最优拟合模型为高斯模型，土壤 TK、

AP、AK、SOC 的最优拟合模型为球状模型，只有土壤 TP 为指数模型。研究区各土壤养分半方差函数的最优拟合模型的拟合度都较好，均能够很好地反映其空间性质，而这 7 种土壤养分中土壤 TP 拟合模型的决定系数最小（0.289），说明土壤TP 在空间变化上相对不稳定。

研究区 7 种土壤养分指标的块金值均小于 0.5，说明存在由实验或采样误差引起的随机变异。土壤 TP 的变程最大，土壤 SOC 的变程最小，土壤 TK、AP、AK 的变程相当。这 7 种土壤养分变程的变化顺序为：TP（1232.7 m）＞AN（541.3 m）＞TN（468.4 m）＞TK（136.0 m）＞AK（128.7 m）＞AP（116.6 m）＞SOC（93.5 m）。除土壤 AP 和 SOC 属中等强度空间自相关以外，其他土壤养分指标的块基比都小于25%，具有强烈空间自相关性。综上，土壤养分空间变异主要是由土壤母质类型、群落结构等结构性因素造成的。

表 9-9　土壤养分半方差函数模型及相关参数

土壤养分	模型	块金值 C_0	基台值 C_0+C	块金值/基台值 $C_0/$（C_0+C）	变程 A/m	决定系数 R^2	残差 RSS
TN	高斯	0.476	2.383	0.200	468.4	0.823	0.040
TP	指数	0.050	0.206	0.243	1232.7	0.289	$2.93×10^{-3}$
TK	球状	0.002	0.018	0.111	136.0	0.867	$1.85×10^{-5}$
AN	高斯	0.291	2.592	0.112	541.3	0.788	0.045
AP	球状	0.168	0.602	0.279	116.6	0.400	0.117
AK	球状	0.117	0.515	0.227	128.7	0.887	$9.34×10^{-3}$
SOC	球状	0.090	0.314	0.288	93.5	0.392	0.025

第五节　滑坡体表层土壤团聚体、颗粒组成和养分的空间分布格局

一、土壤团聚体稳定性参数空间分布

在半方差函数分析的基础上，利用克里金插值法绘制出土壤团聚体稳定性参数的空间分布图（图 9-4）。对研究区整体而言，干筛和湿筛的 MWD 和 GMD 值大致呈现出由样地Ⅰ至样地Ⅲ逐渐增加的规律，但干筛和湿筛的 D 值空间分布规律大致相反。干筛 MWD 值中的 0.44～1.6 低值区主要位于研究区左侧，高值区位于研究区右上角。干筛 GMD 值的空间分布规律与干筛 MWD 基本一致，其中 GMD

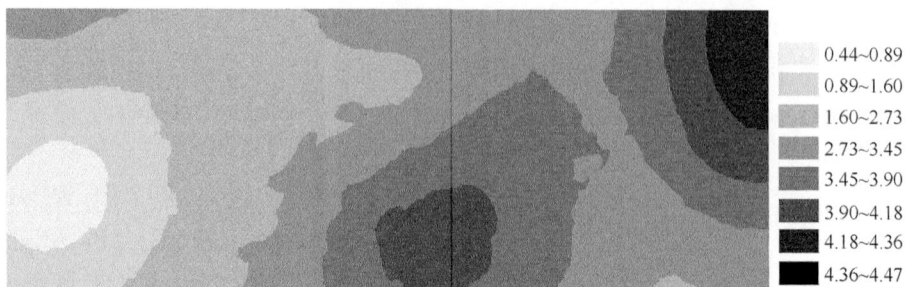

	0.44~0.89
	0.89~1.60
	1.60~2.73
	2.73~3.45
	3.45~3.90
	3.90~4.18
	4.18~4.36
	4.36~4.47

(a) 干筛MWD

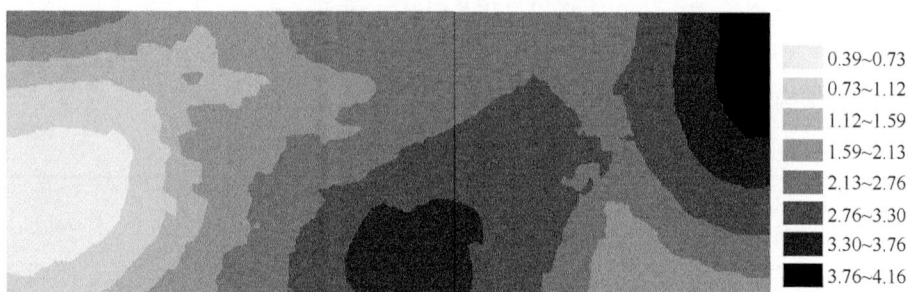

	0.39~0.73
	0.73~1.12
	1.12~1.59
	1.59~2.13
	2.13~2.76
	2.76~3.30
	3.30~3.76
	3.76~4.16

(b) 干筛GMD

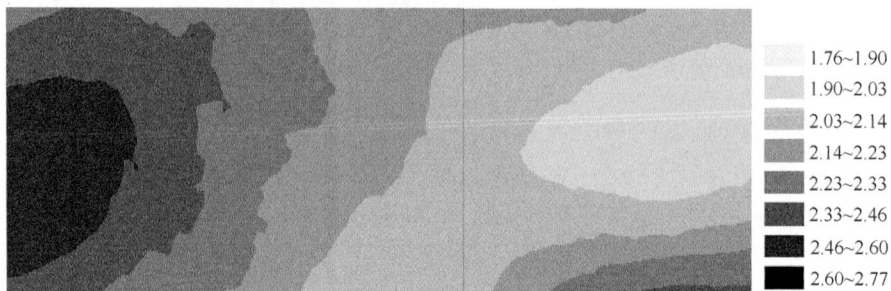

	1.76~1.90
	1.90~2.03
	2.03~2.14
	2.14~2.23
	2.23~2.33
	2.33~2.46
	2.46~2.60
	2.60~2.77

(c) 干筛D

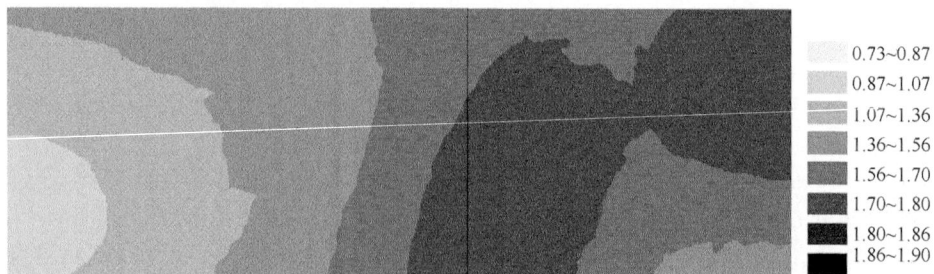

	0.73~0.87
	0.87~1.07
	1.07~1.36
	1.36~1.56
	1.56~1.70
	1.70~1.80
	1.80~1.86
	1.86~1.90

(d) 湿筛MWD

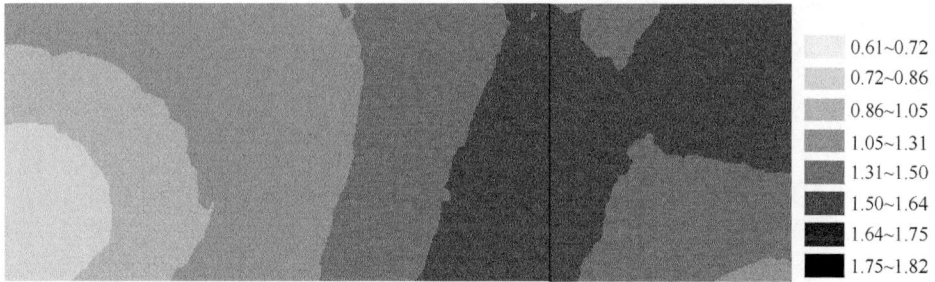

(e) 湿筛GMD

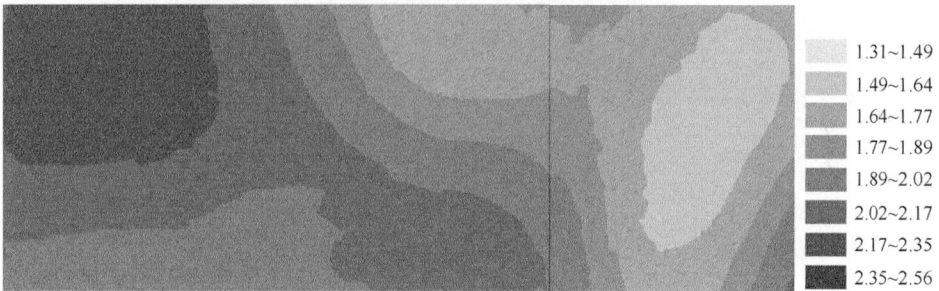

(f) 湿筛D

图 9-4　土壤团聚体稳定性参数空间分布图

值为 1.12～3.30 的面积所占比例最大。其 D 值为 2.46～2.77 的高值区位于研究区左侧，呈现出从左至右逐渐递减的条带状分布格局。湿筛处理下，MWD 和 GMD 的空间分布格局非常相似，均表现为从左至右逐渐增大的带状分布，低值区均位于研究区左侧，高值区位于研究区右上侧，且高值区的面积大于低值区。D 值为 2.35～2.56 的高值区位于研究区左上侧，D 值为 1.31～1.49 的低值区位于研究区右侧。

二、土壤颗粒组成空间分布

由图 9-5 可知，研究区表层土壤黏粒含量呈斑块状分布，低值区位于研究区左侧，含量为 17.9%～29.4% 的高值区位于研究区右上侧，黏粒含量整体表现为由左至右逐渐增加的分布规律。土壤粉粒含量总体表现为从左至右逐渐增加的带状分布，但其渐变幅度较小。含量为 1.0%～3.3% 的低值区位于研究区左侧，低值区面积占研究区总面积的 25% 左右。土壤砂粒含量的高值区位于研究区左侧，而低值区主要分布在研究区右侧，表现出与黏粒和粉粒相反的空间分布规律。总体来看，土壤砂粒含量最高，均大于 60%。通过比较黏粒和砂粒的空间分布图可知，砂粒含量与黏粒含量有较明显的互补关系。

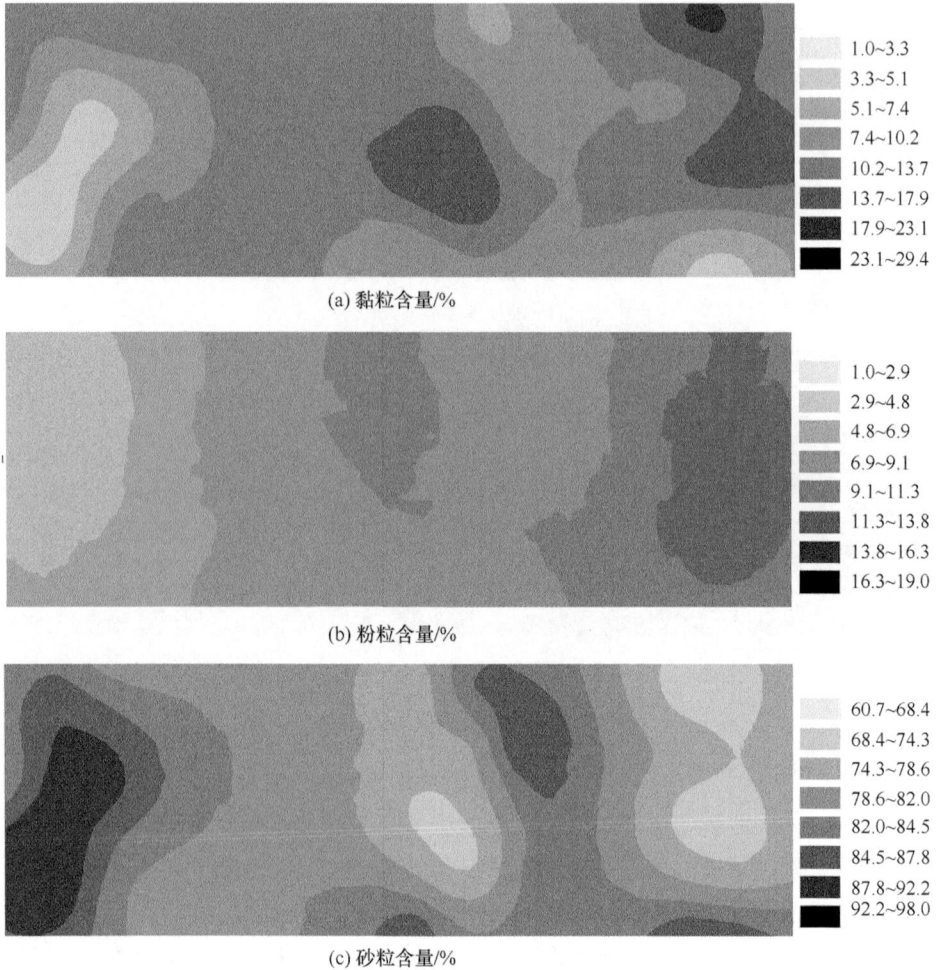

	1.0~3.3
	3.3~5.1
	5.1~7.4
	7.4~10.2
	10.2~13.7
	13.7~17.9
	17.9~23.1
	23.1~29.4

(a) 黏粒含量/%

	1.0~2.9
	2.9~4.8
	4.8~6.9
	6.9~9.1
	9.1~11.3
	11.3~13.8
	13.8~16.3
	16.3~19.0

(b) 粉粒含量/%

	60.7~68.4
	68.4~74.3
	74.3~78.6
	78.6~82.0
	82.0~84.5
	84.5~87.8
	87.8~92.2
	92.2~98.0

(c) 砂粒含量/%

图 9-5　土壤颗粒组成空间分布

三、土壤养分空间分布

由图 9-6 可以看出，7 种土壤养分中，除土壤 TP 以外的其他土壤养分指标含量在研究区域均为左侧低于右侧，整体而言呈现出土壤养分含量自右向左逐渐减少的趋势。土壤 TN 含量分布呈斑块状分布，高值区出现在研究区右侧，且表现出随海拔降低而下降的规律。这主要是因为上坡部分主要植被为柏木林和草灌植物，而下坡只有草灌类植物，并且上坡的植被覆盖率高于下坡，更有利于养分的积累，所以海拔越低 TN 含量越低。土壤 TP 含量的高值，集中出现于整个研究区中偏左侧，在该区左侧呈由上到下递增分布，但在水平分布上无明显递变规律。土壤 TK 含量在 0.01～0.28 g/kg 的面积占总面积的 50%左右，从左至右呈现高低

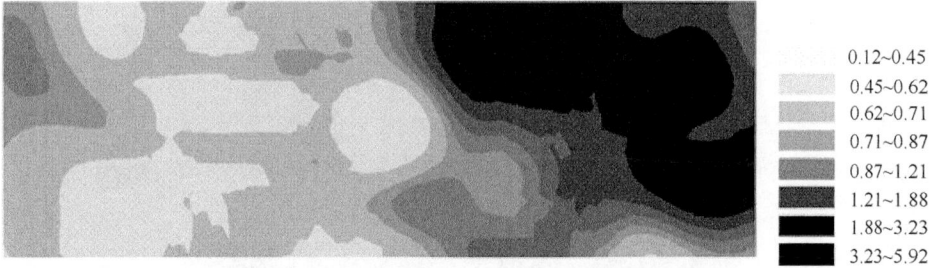

	0.12~0.45
	0.45~0.62
	0.62~0.71
	0.71~0.87
	0.87~1.21
	1.21~1.88
	1.88~3.23
	3.23~5.92

(a) TN含量

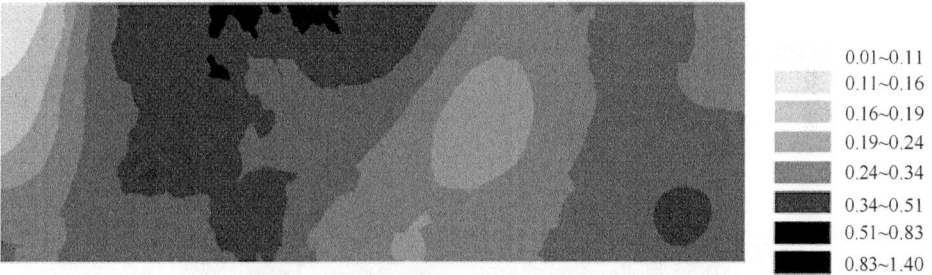

	0.01~0.11
	0.11~0.16
	0.16~0.19
	0.19~0.24
	0.24~0.34
	0.34~0.51
	0.51~0.83
	0.83~1.40

(b) TP含量

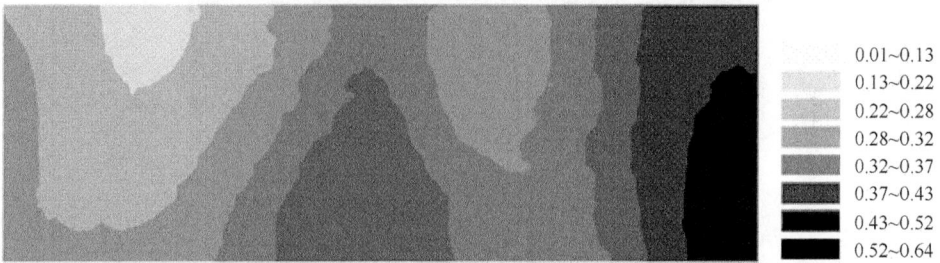

	0.01~0.13
	0.13~0.22
	0.22~0.28
	0.28~0.32
	0.32~0.37
	0.37~0.43
	0.43~0.52
	0.52~0.64

(c) TK含量

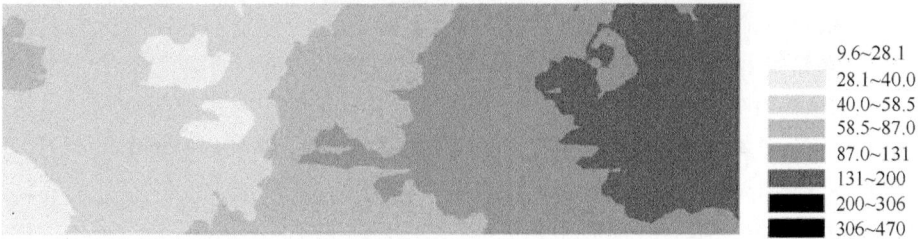

	9.6~28.1
	28.1~40.0
	40.0~58.5
	58.5~87.0
	87.0~131
	131~200
	200~306
	306~470

(d) AN含量

	0.09~0.42
	0.42~0.52
	0.52~0.56
	0.56~0.66
	0.66~1.0
	1.0~2.10
	2.1~5.50
	5.5~16.00

(e) AP含量

	6.8~50.3
	50.3~70.4
	70.4~79.7
	79.7~99.8
	99.8~143
	143~237
	237~440
	440~879

(f) AK含量

	10.4~18.8
	18.8~23.2
	23.2~25.6
	25.6~30.0
	30.0~38.4
	38.4~54.4
	54.4~84.8
	84.8~143

(g) SOC含量

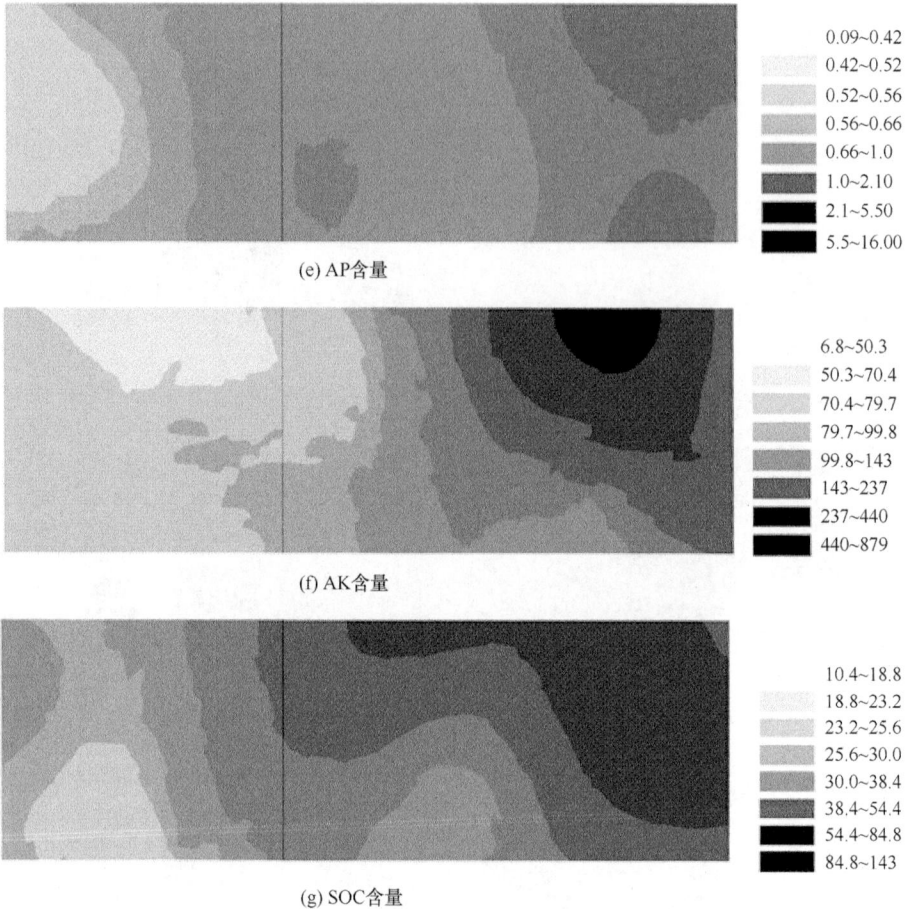

图 9-6　土壤养分空间分布图（g/kg）

值交错变化的分布规律，其最小值与 AK 含量最小值均出现在研究区左上角。土壤 AN 值呈从右向左递减的带状分布，含量最高处主要集中在研究区右侧，与 SOC 分布规律相似。这是由于水解性氮与有机质之间通常存在显著的正相关关系。土壤 AP 值分布较为均匀，变化缓和，从左至右呈较为规律的递增趋势，其含量在 0.09～0.42 mg/kg 的面积约占总面积的 20%。土壤 AK 空间异质性明显，在研究区右侧表现出随海拔的降低而递减的规律，而在左侧则无明显变化规律，其最高值位于研究区的右上角。土壤 SOC 含量的分布规律较为明显，为从右上到左下递减的带状分布。

四、小结

本书对滑坡区（Ⅰ）、过渡区（Ⅱ）和未破坏区（Ⅲ）这三个样地的土壤团聚体组成和稳定性特征进行了分析。通过干筛法对土壤团聚体数量和大小分布进行分析,样地Ⅰ表层>5 mm 的土壤团聚体数量显著性低于Ⅱ和Ⅲ样地,而<0.25 mm 的微团聚体数量显著大于样地Ⅱ与Ⅲ。这是因为Ⅰ样地受地震滑坡的外营力干扰导致大土壤团聚体破碎分散,因此Ⅰ样地中粒径较小的土壤团聚体所占比例较大。湿筛处理下,不同样地的土壤稳定性团聚体组成特征和风干性团聚体的基本一致。土壤团聚体稳定性分析结果表明,样地Ⅰ中表层土壤在干筛和湿筛处理下的 MWD 和 GMD 值均显著性小于样地Ⅱ和Ⅲ,而土壤团聚体分形维数 D 值显著性大于Ⅱ、Ⅲ,样地Ⅱ与Ⅲ之间的土壤团聚体稳定性参数差异不大。干筛法的 MWD 和 GMD 值均比湿筛法的大,这与谭秋锦等(2014)的研究结果一致。综合来看,Ⅰ样地土壤稳定性最差,Ⅱ样地次之,样地Ⅲ土壤稳定性最好。主要原因是样地Ⅰ受地震滑坡影响较大,植被破坏殆尽,大量土壤黏粒、有机质等土壤团聚体的胶结剂损失,进而导致土壤团聚体稳定性降低,土壤抗蚀能力下降。样地Ⅱ受滑坡影响较小,并有草灌类植被覆盖,因此与样地Ⅲ的土壤稳定性差异较小。

从土壤团聚体稳定性参数空间分布图(图 9-4)可以发现,干筛和湿筛 MWD 与 GMD 的高值区主要位于研究区右上部,中值区主要分布在中下部,低值区主要位于该区左侧,而干筛和湿筛的 D 值与其空间分布规律相反。这可能是因为研究区右侧未受地震、滑坡影响,地表土壤受扰动较小且植被覆盖良好,地表枯落养分归还,增加土壤有机质含量,且植被根际微生物量丰富,而土壤有机质、黏土矿物和菌丝等是促进土壤团聚体的形成和提高团聚体稳定性的主要胶结物质(史奕等,2002;姚贤良等,1990)。

土壤颗粒组成可表征土壤质地、结构组成和土壤通透性等结构组成特征。本研究发现,整个研究区土壤颗粒砂粒含量所占比例最大,粉粒含量比例最小,即本研究区土壤为砂质土壤。由图 9-5 可知,土壤颗粒质量分形维数 D 值与砂粒含量呈极显著性负相关,与黏粒和粉粒含量呈极显著性正相关,但与粉粒的相关性相对较弱。这与党亚爱等(2009)对黄土高原典型土壤剖面土壤颗粒组成分形特征的研究结果较为一致,但与土壤颗粒体积分形维数的研究结果有所不同。石占飞等(2011)研究发现 D 值与黏粒、粉粒和砂粒的质量百分比含量均呈极显著性相关。从土壤颗粒组成空间分布图可以看出(图 9-5),研究区右侧和中侧位置黏粒含量最高,左侧和中上侧位置砂粒含量最高。这主要是由于本研究区左侧坡面表层土壤受滑坡扰动影响巨大,大量土壤细颗粒物质随滑坡的发生而流失,且植被破坏严重,地表处于裸露状态,造成表层土壤细颗粒被降水冲刷和大风吹蚀,不利于成土作用,甚至进一步加剧了水土流失。所以该位置土壤颗粒以粒径较大的砂粒为主。研究区的中上部位置砂粒含量高,中部中间位置黏粒含量高的现象,可能是因为研究区中部为地震、滑坡过渡区,主要受植被因素的影响,而研究区中部的坡面草灌类植被覆盖率上坡位面小于中下坡位，所以中坡位对土壤细颗粒物质的拦截富集作用优于上坡位。

研究区土壤养分含量整体水平较低，变异程度较大，土壤 AP 为高强度变异，其余养分都为中等强度变异，主要是该区山体岩石破碎，水文条件复杂，加之受地震和滑坡影响，地质地貌和植被分布改变等因素造成。土壤养分有限或缺乏直接影响植物对土壤有效养分的吸收与利用，不利于滑坡体上植被的恢复，进而加大养分流失，这将严重制约该区生态环境修复。因此，应结合植物措施和布设工程措施来改善局部环境，为植被生长创造有利条件。

土壤各养分指标的变异函数模型拟合均较好，仅土壤 TP 的变异函数模型拟合度较低，空间变异结构较差。土壤养分空间异质性是随机因素和结构因素综合作用的结果，随机因素促使其空间相关性减弱，结构性因素加强其空间相关性（郭旭东等，2000）。土壤 AP 和 SOC 表现为中等强度空间自相关性，表明它是结构性因子和随机因子共同作用的结果。土壤 TN、TP、TK、AN 和 SOC 均为强烈空间自相关，其变异主要是地震和滑坡改变其地形，使得土壤类型重新分布，改变了植被结构或母质分布特征。研究区土壤 TP 的变程最大，具有较好的空间连续性，表明环境因素在较大尺度上控制着 TP 的空间异质性（张伟等，2013）。其余各养分变程的顺序为 SOC＜AP＜AK＜TK＜TN＜AN。土壤 TK、AP、AK、SOC 的变程较小，分别为 136 m、116.6 m、128.7 m 和 93.5 m，说明这几种养分的空间连续性尺度较小。

从 Kriging 插值图（图 9-6）可以看出，研究区除土壤 TP 以外，所有土壤养分含量从滑坡区至未破坏区均呈递增趋势。这与吴聪等（2012）研究结果较一致，即滑坡会导致土壤各养分含量大幅降低，但不同区域同一养分含量降幅存在差异。造成本研究区土壤的这种分布规律的原因是滑坡对其坡面表层扰动极大，影响了土壤的理化性质，改变了坡面微地貌，使大量表层土壤及养分损失。土层浅薄且植被只有人工栽种的刺槐幼林，这使得水土和养分流失严重，生态环境质量大大降低。过渡区受滑坡影响较小，土壤中石砾含量较大，但坡面表层土壤含量仍大于滑坡区，且坡面分布着较多的草灌植物，在一定程度上能防止土壤颗粒和养分的流失，故而各养分含量高于滑坡区。未破坏区植被覆盖率高，能有效防止表层土壤物质及其养分的流失，同时林下大量的枯落物为有机质积累也创造了良好条件，因此该样地区域养分含量最高。而土壤 TP 特殊的分布规律是由于土壤 TP 主要来源于基岩风化，并通过植物的表聚作用在表层土壤积累（刘丛强，2009）。研究区中偏左的位置受滑坡破坏而生产大量碎石，则通过风化作用供给植物吸收的磷的来源就多，加之此处草本植物稀少，减少了磷素消耗，所以 TP 含量没有表现出从左至右增加的规律。海拔对土壤养分影响显著。张伟等（2008）研究表明，土壤养分随海拔增加存在"倒挂现象"，而本研究中土壤养分含量在海拔范围内无明显变化规律，这一方面是因为滑坡对研究区生态系统造成了极大扰动，致使土壤养分空间分布格局复杂多样；另一方面因滑坡发生时间短，土壤养分分布规律与海拔之间还未形成明显关系。该地震、滑坡体地形破碎，地表破坏严重，土壤养分变异强度较大，空间变异明显，各土壤养分都具有明显的空间自相关格局，探明土壤养分空间分布特征能有效指导滑坡区的生态恢复重建。

第六节　土壤团聚体和颗粒组成与土壤养分的相关性分析

一、风干性土壤团聚体与土壤养分的相关性

研究区各粒级风干性土壤团聚体与土壤各养分之间的相关性见表 9-10。土壤 TN 与＞2 mm 的团聚体呈正相关，且与 5～2 mm 团聚体呈显著性正相关（$P<0.05$），相关系数为 0.38。而 TN 与＜2 mm 粒级的团聚体均呈负相关，且与＜0.25 mm 的团聚体呈极显著性负相关（$P<0.01$），其相关系数为–0.43。土壤 TP 与＞0.25 mm 粒径的土壤团聚体均呈正相关，而与＜0.25 mm 粒径的团聚体呈负相关，但相关性均不显著（$P>0.05$）。土壤 TK 与＞5 mm 的团聚体呈极显著正相关，其相关系数为 0.52，而与 1～0.5 mm、0.5～0.25 mm 和＜0.25 mm 的团聚体呈极显著性负相关，相关系数分别为–0.41、–0.41 和–0.42。土壤 AN 与＞5 mm 团聚体呈显著性正相关，相关系数为 0.36，但与 0.5～0.25 mm 、1～0.5 mm 和＜0.25 mm 的团聚体分别呈显著性和极显著性负相关，相关系数为–0.35、–0.39 和–0.42。土壤 AP 与＞5 mm 的土壤团聚体呈显著性正相关，相关系数为 0.31，与＜5 mm 的各粒级团聚体呈负相关，但相关性不显著。土壤 AK 与＞5 mm 的土壤团聚体呈显著性正相关，其相关系数为 0.37，而与 1～0.5 mm、0.5～0.25 mm 和＜0.25 mm 的团聚体呈显著性负相关，相关系数分别为–0.32、–0.31、–0.32。土壤 SOC 与 5～0.25 mm 的各粒级团聚体的相关性均不显著，而与＜0.25 mm 的土壤团聚体呈显著性负相关，其相关系数为–0.32。

表 9-10　风干性土壤团聚体与土壤养分间的相关性

指标	TN	TP	TK	AN	AP	AK	SOC
＞5 mm	0.22	0.04	0.52**	0.36*	0.31*	0.37*	0.1
5～2 mm	0.38*	0.003	0.09	0.27	–0.04	0.13	0.21
2～1 mm	–0.24	0.06	–0.35*	–0.29	–0.21	–0.3	–0.03
1～0.5 mm	–0.28	0.02	–0.41**	–0.39**	–0.25	–0.32*	–0.09
0.5～0.25 mm	–0.36*	0.04	–0.41**	–0.35*	–0.1	–0.31*	–0.21
＜0.25 mm	–0.43**	–0.01	–0.42**	–0.42**	–0.18	–0.32*	–0.32*

*表示在 0.05 水平上显著（$P<0.05$）；**表示在 0.01 水平上显著（$P<0.01$），下同。

二、土壤水稳性团聚体与土壤养分的相关性

研究区各粒级水稳性土壤团聚体与土壤各养分之间的相关性见表 9-11。土壤 TN 与>2 mm 水稳性团聚体呈显著性正相关,其相关系数为 0.39,而与 0.5~0.25 mm 和<0.25 mm 的水稳性团聚体呈显著性负相关, 其相关系数分别为-0.33 和-0.32。土壤 TP 与各粒级的土壤水稳性团聚体的相关性均不显著,其中与>1 mm 的各粒级水稳性团聚体正相关, 与<1 mm 的各粒级水稳性团聚体呈负相关关系。土壤 TK 与>2 mm 的水稳性团聚体呈正相关,与<2 mm 的各粒级土壤水稳性团聚体均呈负相关,相关性均不显著。土壤 AN 与>2 mm 的水稳性团聚体呈显著性正相关,其相关系数为 0.39,与<1 mm 的各粒级水稳性团聚体均呈负相关,且与 0.5~0.25 mm 和<0.25 mm 的水稳性团聚体呈显著性负相关,其相关性系数为-0.32 和-0.38。土壤 AP 与>2 mm 的水稳性团聚体呈正相关,与 2 mm 以下的各粒级水稳性团聚体均呈负相关关系,但相关性均不显著。土壤 AK 与各粒级水稳性团聚体的相关性均不显著,其中与>2 mm 的团聚体呈正相关, 与 2 mm 以下的各粒级团聚体均呈负相关。土壤 SOC 与>2 mm 水稳性团聚体呈极显著性正相关,相关系数为 0.53,而与 1~0.5 mm 水稳性团聚体呈正相关,与 2~1 mm、0.5~0.25 mm 及<0.25 mm 各粒级水稳性团聚体呈负相关。

表 9-11　水稳性土壤团聚体与土壤养分间的相关性

指标	TN	TP	TK	AN	AP	AK	SOC
>2 mm	0.39*	0.002	0.28	0.39*	0.23	0.03	0.53**
2~1 mm	-0.2	0.1	-0.24	-0.25	-0.2	-0.29	-0.03
1~0.5 mm	-0.18	-0.11	-0.21	-0.3	-0.15	-0.2	0.05
0.5~0.25 mm	-0.33*	-0.1	-0.15	-0.32*	-0.19	-0.24	-0.12
<0.25 mm	-0.32*	-0.03	-0.24	-0.38*	-0.18	-0.19	-0.14

三、土壤团聚体稳定性参数与土壤养分的相关性

土壤团聚体稳定性参数与土壤各养分之间的相关性见表 9-12。土壤 TN 与干筛 MWD、干筛 GMD、湿筛 MWD 和湿筛 GMD 均呈显著正相关,其相关系数分别为 0.35、0.34、0.31 和 0.35,而土壤 TN 与干筛 D 和湿筛 D 呈极显著性负相关,相关系数分别为-0.55 和-0.51。土壤 TP 与干筛 MWD、干筛 GMD 和湿筛 D 呈负相关关系, 与干筛 D、湿筛 MWD 和湿筛 GMD 呈正相关关系,且它们之间的相关性均不显著。土壤 TK 与干筛 MWD 和干筛 GMD 呈极显著性正相关,其相关系数分别为 0.49 和 0.5,与干筛 D 呈显著性负相关,相关系数为-0.38,而与湿筛

MWD、湿筛 GMD 和湿筛 D 相关关系不显著。土壤 AN 与干筛 MWD 和干筛 GMD
呈极显著性正相关，其相关系数分别为 0.42 和 0.43，与湿筛 MWD 和湿筛 GMD
呈显著性正相关，相关系数均为 0.39，而与干筛 D 和湿筛 D 分别呈极显著和显著
性负相关，相关系数分别为 -0.43 和 -0.35。土壤 AP 与土壤团聚体各稳定性参数均
无显著相关性，其中与干筛 D 和湿筛 D 呈负相关，与其他稳定性参数呈正相关关
系。土壤 AK 与干筛 MWD 和干筛 GMD 均呈显著性正相关，相关系数分别为 0.37
和 0.36，与湿筛 MWD 和湿筛 GMD 呈不显著性正相关，与干筛 D 和湿筛 D 分别
呈负相关和极显著性负相关，相关系数分别为 -0.24 和 -0.42。土壤 SOC 与干筛 D
和湿筛 D 均呈极显著性负相关关系，相关系数分别为 -0.48 和 -0.54，与其他稳定
性参数均呈显著性正相关。

表 9-12　土壤团聚体稳定性参数与土壤养分之间的相关性

稳定性参数	TN	TP	TK	AN	AP	AK	SOC
干筛 MWD	0.35*	-0.03	0.49**	0.42**	0.26	0.37*	0.38*
干筛 GMD	0.34*	-0.04	0.50**	0.43**	0.28	0.36*	0.32*
干筛 D	-0.55**	0.04	-0.38*	-0.43**	-0.25	-0.24	-0.48**
湿筛 MWD	0.31*	0.02	0.25	0.39*	0.22	0.27	0.36*
湿筛 GMD	0.35*	0.02	0.25	0.39*	0.23	0.28	0.31*
湿筛 D	-0.51**	-0.07	-0.27	-0.35*	-0.13	-0.42**	-0.54**

四、土壤颗粒组成与土壤养分的相关性

　　研究区土壤颗粒组成与土壤各养分之间的相关性见表 9-13。土壤 TN 与黏粒
含量和土壤颗粒分形维数 D 均呈极显著性正相关，相关系数为 0.48 和 0.53，与粉
粒呈显著性正相关，与砂粒呈极显著性负相关，其相关系数为 -0.42。土壤 TP 与
粉粒呈极显著性正相关，相关系数为 0.41，土壤颗粒分形 D 与黏粒呈正相关，与
砂粒呈负相关，但相关性均不显著。土壤 TK 与粉粒和土壤颗粒分形 D 呈极显著
性正相关，其相关系数都是 0.46，与砂粒呈极显著性负相关，相关性系数为 -0.39，
与黏粒呈极显著性正相关，相关系数为 0.34。土壤 AN 与黏粒和土壤颗粒分形维数
D 均呈极显著性正相关，其相关系数分别为 0.39 和 0.56，与粉粒和砂粒分别呈显
著性正相关和显著性负相关，相关系数为 0.35 和 -0.33。土壤 AP 和土壤 TP 的规
律相似，均与粉粒呈显著性正相关关系，相关系数为 0.3，而与黏粒、砂粒和土壤
颗粒分形 D 的相关性均不显著，且与黏粒和土壤颗粒分形 D 呈正相关，与砂粒呈
负相关关系。土壤 AK 与黏粒、粉粒和土壤颗粒分形维数 D 呈显著性正相关，相
关系数分别为 0.37、0.35 和 0.35，与砂粒呈极显著性负相关，相关系数为 -0.42。

土壤 SOC 与黏粒和土壤颗粒分形维数 D 均呈极显著性正相关，相关系数分别为 0.49 和 0.58，与粉粒含量呈显著性正相关，相关系数为 0.39，与砂粒含量呈极显著性负相关，相关系数为–0.48。土壤颗粒分形维数 D 与黏粒和砂粒含量分别呈极显著性正相关和负相关关系，相关系数分别为 0.58 和–0.57，与粉粒含量呈显著性正相关，相关系数为 0.36。

表 9-13　土壤颗粒组成与土壤养分之间的相关性

粒级	TN	TP	TK	AN	AP	AK	SOC	D
黏粒	0.48**	0.14	0.34*	0.39**	0.16	0.37*	0.49**	0.58**
粉粒	0.34*	0.41**	0.46**	0.35*	0.30*	0.35*	0.39**	0.36*
砂粒	–0.42**	–0.29	–0.39**	–0.33*	–0.26	–0.42**	–0.48**	–0.57**
D	0.53**	0.26	0.46**	0.56**	0.1	0.35*	0.58**	1

土壤各粒级颗粒在保持植物营养元素方面表现出不同的能力。其中，较细颗粒中含有较多的植物营养元素，而分形维数与细粒物质有显著的正相关关系，同时土壤颗粒分形维数与土壤养分也存在显著性关系（表 9-13）。

五、小结

相关性分析表明，土壤团聚体稳定性参数、土壤颗粒组成与土壤养分的关系密切。土壤团聚体稳定性参数与土壤养分呈显著性或极显著性相关关系，即土壤团聚体 MWD 和 GMD 越大，分形维数 D 越小，土壤结构稳定性越好，土壤养分含量越高。这是因为具有良好结构的土壤能增加土壤抗蚀能力，协调土壤水、热、气和养分，提高土壤保水保肥性能（Six et al.，2000）。李阳兵等（2006）在岩溶山区植被破坏前后土壤团聚体分形特征研究中发现，土壤团聚体分形维数与土壤有机质、全氮、碱解氮含量呈极显著负相关。Liu 等（2013）对高寒草地土壤团聚体分形维数的研究中提出土壤肥力可以用土壤团聚体分形维数来评价。通过土壤颗粒分形维数 D 与土壤颗粒的相关性分析，黏粒含量越高分维数越高，砂粒含量越高分维数越低，这与张秦岭等（2013）研究结果较为一致。土壤颗粒分形维数 D 与土壤全氮、有机质等土壤养分含量均有较高的正相关性，这与周先容等（2006）研究结果较为类似，这是因为土壤各粒级颗粒对植物营养元素的保持能力不同。随着分形维数的增大，土壤黏粒等细颗粒物质含量越来越高，而土壤细颗粒的组成中包含较多营养元素且黏粒的比表面积大，具有很强的黏结性和黏着性，使得养分更易于积累，因此对养分的吸收和固定作用更强（王贤等，2011）。然而，这个结果与程先富等（2003）的研究有所不同，他发现土壤颗粒分形维数与土壤有机质和全氮含量呈负相关关系。

第七节 结论与建议

一、结论

（1）3 个样地的土壤团聚体数量和大小分布，在干筛处理下，样地 I 中＞5 mm 的风干性团聚体含量显著低于其他样地，且其各粒级团聚体的数量较均匀。湿筛处理下，三样地中均以＞2 mm 的水稳性团聚体含量最高，且样地 I 显著低于样地 II 和 III，样地 I 中＞0.25 mm 的水稳性团聚体含量明显低于样地 II 和 III。

（2）干筛 MWD 和 GMD 与湿筛 MWD 和 GMD 的变化顺序均为 I＜II＜III，且样地 I 与样地 II 和 III 差异显著。样地 I 中干筛团聚体 D 值显著大于样地 II 和 III，湿筛 D 值的变化顺序为 I＞II＞III。样地 I 的各团聚体稳定性参数值（除团聚体 D 值）均大致表现为随海拔升高而增大的规律，而其他样地的稳定性参数值随海拔升高无明显规律。湿筛 MWD 为中等强度空间自相关，其他各团聚体稳定性参数都表现为强烈空间自相关性。由空间分布图可知，土壤团聚体 MWD 和 GMD 值的高值区主要位于研究区右侧和中下侧，低值区主要分布在左侧，而 D 值与此呈相反分布规律。综上所述，土壤结构稳定性顺序应为样地 I＜II＜III。

（3）3 个样地均以砂粒含量最高，砂粒含量变化顺序为 I＞II＞III，且砂粒含量显著高于黏粒和粉粒含量，表明研究区土壤为砂质土壤。黏粒表现为中等空间自相关性，粉粒和砂粒则具有强烈的空间自相关性。土壤颗粒组成分形维数 D 值与砂粒含量呈极显著性负相关关系，与黏粒和粉粒含量均呈极显著性正相关关系，其中与粉粒含量的相关性相对较弱。

（4）研究区土壤养分除土壤 TP 外，其他各土壤养分含量从样地 I 至样地 III 均表现为递增趋势，但随海拔变化无明显规律。土壤养分含量整体水平较低，变异程度较大，土壤 AP 为高强度变异，其余养分都为中等强度变异。土壤 TN 和 TK 含量在样地 I，样地 II 和样地 III 之间均有差异性显著，且样地 I 的 TN 和 TK 值显著小于样地 II 和 III。土壤 TP 含量在各样地之间则均无显著性差异。样地 I 和 II 之间的土壤 AN、AP、AK 和 SOC 含量不存在显著性差异，但均显著小于样地 III 相应的土壤养分含量。所有土壤养分含量均值在各海拔段之间差异均不显著。土壤 AP 和 SOC 表现为中等强度空间自相关，其他养分均属于强烈空间自相关。

（5）土壤养分含量与＞5 mm 的风干性土壤团聚体呈正相关，与＜0.25 mm 风干性团聚体呈负相关；土壤养分含量与＞2 mm 的水稳性团聚体呈正相关，与＜0.25 mm 的水稳性团聚体呈负相关。团聚体各稳定性参数与土壤 TP 和 AP 之间无显著相关性，但与其他土壤养分间存在显著性相关关系。各土壤养分基本与黏粒和粉粒含量呈显著或极显著正相关，与砂粒含量呈显著性或极显著性负相关关系。土壤颗粒分形维数 D 与土壤 TP 和 AP 的相关性不显著，与其他土壤养分均呈显著性或极显著性正相关关系。

二、建议

（1）滑坡区岩石破碎，植被稀疏，土壤团聚体稳定性差，土壤养分含量低，而目前的治理措施简单粗放，主要有人工石笼、沙石袋护坡和栽植刺槐幼苗，生态恢复效果较差。建议根据当地生态环境，结合有效的植物措施和工程措施改善局部生境，为植被生长创造有利条件。例如，播撒适宜的草种、增施有机肥、铺植生态毯，可有效固定地震滑坡区的石砾和土壤颗粒，改善土壤通气透水性，增强土壤微生物和植被根系活性，从而增加土壤养分含量和提高土壤团聚体稳定性。另外，可在滑坡区种植经济价值较高的水土保持树种，一是增加当地农民的收入，调动农民参与的积极性；二是宣传造林护林的重要性，加快该区生态环境修复。

（2）充分认识震后滑坡体土壤理化性质特征是加快灾后生态植被恢复的前提。此外，本次汶川大地震受损区域也是长江上游重要的水源涵养区，震后滑坡体坡面水文效应非常重要。建议以后在滑坡体土壤理化性质研究基础上，加强对滑坡体土壤侵蚀、生态水文等方面的研究。

参 考 文 献

白红英, 唐克丽, 陈文亮, 等. 1991. 坡地土壤侵蚀与养分流失过程的研究. 水土保持通报, 11(3): 14-19.

鲍士旦. 2000. 土壤农化分析第 3 版. 北京: 中国农业出版社.

鲍文, 包维楷, 丁德蓉, 等. 2004. 岷江上游人工油松林凋落量及其持水特征. 西南农业大学学报, 26(5): 567-569.

蔡崇法, 丁树文, 史志华, 等. 2001. GIS 支持下三峡库区典型小流域土壤养分流失量预测. 水土保持学报, 15(1): 9-12.

蔡强国, 刘纪根. 2003. 关于我国土壤侵蚀模型研究进展. 地理科学进展, 22(3): 242-250.

蔡强国, 王贵平, 陈永宗. 1998. 黄土高原小流域侵蚀产沙过程与模拟. 北京: 科学出版社.

蔡玉林, 李飞, 李家永, 等. 2003. 红壤丘陵区人工林降水化学研究. 自然资源学报, 18(1): 99-104.

曹群根. 1991. 毛竹林冠层对降水的截留作用. 福建林学院学报, 11(1): 37-43.

常福宣, 丁晶, 姚健. 2002. 降雨随历时变化标度性质的探讨. 长江流域资源与环境, 11(1): 79-83.

常志勇, 包维楷, 何丙辉, 等. 2006. 岷江上游油松与华山松人工混交林对降雨的截留分配效应. 水土保持学报, 20(1): 37-40.

陈步峰, 林明献, 邱坚锐, 等. 1999. 热带山地雨林生态系统对降雨水质的影响. 林业科学研究, 12(4): 333-338.

陈步峰, 曾庆波, 黄全, 等. 1998. 热带山地雨林生态系统的水分生态效应——冠层淋溶、水化学贮滤. 生态学报, 18(4): 364-370.

陈光升, 胡庭兴, 黄立华, 等. 2008. 华西雨屏区人工苦竹林凋落物及表层土壤水源涵养功能研究. 水土保持学报, 22(1): 159-162.

陈国潮, 何振立. 1998. 红壤不同利用方式下的微生物量研究. 土壤通报, 29(6): 276-278.

陈俊华, 龚固堂, 朱志芳, 等. 2012. 小流域防护林体系的空间对位配置. 林业科学, 48(2): 38-47.

陈开伍. 2000. 杉木毛竹混交林水源涵养功能的研究. 福建林学院学报, 20(3): 258-261.

陈丽华. 1995. 黄土地区水土保持林地土壤入渗规律的研究. 北京林业大学学报, 17(3): 51-55.

陈灵芝. 1997. 暖温带森林生态系统结构与功能的研究. 北京: 科学出版社.

陈明. 2001. 优质牧草高产栽培与利用. 北京: 中国农业出版社.

陈明华, 聂碧娟. 1995. 土壤侵蚀转折坡度的研究. 福建水土保持, 3: 35-38.

陈奇伯. 1997. 花岗岩坡面降雨、产流、产沙相互关联的研究. 水土保持科技情报, (4): 34-36.

陈世超, 林剑辉, 孙宇瑞, 等. 2013. 基于土壤表面粗糙度预测降雨影响下的表层土壤孔隙度. 北京林业大学学报, 35(2): 69-74.

陈书军, 田大伦, 康文星, 等. 2004. 樟树人工林降水化学性质. 中南林学院学报, 24(4): 6-10.

陈祥伟, 王庆成. 1994. 红松人工林水文效应的初步研究. 东北林业大学学报, 22(1): 24-30.

陈小红, 胡庭兴, 李贤伟, 等. 2000. 四川省巨桉生长状况调查与发展前景分析. 四川林业科技, 21(4): 23-26.

陈欣, 王兆骞, 杨武德, 等. 2000. 红壤小流域坡地不同利用方式对土壤磷素流失的影响. 生态学报, 20(3): 374-377.

陈永瑞, 刘允芬, 林耀明, 等. 2004. 江西千烟洲试验区大气降雨及人工林树干茎流特征. 江西农业大学学报, 26(4): 522-526.

陈云明, 刘国彬, 徐炳成. 2005. 黄土丘陵区人工沙棘林水土保持作用机理及效益. 应用生态学报, 16(4): 595-99.

谌芸, 何丙辉, 向明辉, 等. 2013. 紫色土坡耕地植物篱的水土保持效应研究. 水土保持学报, 27(2): 47-52.

程根伟, 余新晓, 赵玉涛. 2004. 山地森林生态系统水文循环与数学模拟. 北京: 科学出版社.

程金花, 张洪江, 张东升, 等. 2002. 贡嘎山冷杉纯林地被物及土壤持水特性. 北京林业大学学报, 24(3): 45-49.

程先富, 史学正, 王洪杰. 2003. 红壤丘陵区耕层土壤颗粒的分形特征. 地理科学, 23(5): 617-621.

慈恩, 杨林章, 程月琴, 等. 2009. 不同耕作年限水稻土土壤颗粒的体积分形特征研究. 土壤, 41(3): 396-401.

崔建国, 谭娟. 2008. 辽西油松蒙古栎林下凋落物现存量及持水能力研究. 水土保持研究, 15(2): 154-155.

崔晓阳, 孙向阳, 陈金林. 2004. 土壤学. 北京: 中国林业出版社.

党亚爱, 李世清, 王国栋, 等. 2009. 黄土高原典型土壤剖面土壤颗粒组成分形特征. 农业工程学报, 25(9): 74-78.

邓珺丽, 张永芳, 王安志, 等. 2011. 1967~2006 年太子河流域径流系数的变化特征. 应用生态学报, 22(6): 1559-1565.

邓世宗, 韦炳贰. 1990. 不同森林类型林冠对大气降雨量再分配研究. 林业科学, 6(3): 271-276.

邓艳, 蒋忠诚, 覃星铭, 等. 2009. 岩溶生态系统中不同植被枯落物对土壤理化性质的影响及岩溶效应. 生态学报, 29(6): 3307-3315.

丁文峰, 丁登山. 2002. 黄土高原植被破坏前后土壤团粒结构分形特征. 地理研究, 21(6): 700-706.

董慧霞, 李贤伟, 张健, 等. 2005. 不同草本层三倍体毛白杨林地土壤抗蚀性研究. 水土保持学报, 19(3): 70-74.

董世仁, 郭景唐, 满荣洲. 1987. 华北油松人工的透流、干流与树冠截留. 北京林业大学学报, 9(1): 58-67.

董雪, 王春燕, 黄丽, 等. 2013. 侵蚀程度对不同粒径团聚体中养分含量和红壤有机质稳定性的影响. 土壤学报, 50(3): 525-533.

段文标, 刘少冲. 2006. 莲花湖库区水源涵养林林地产流产沙分析. 水土保持学报, 20(5): 12-15.

段文霞, 朱波, 刘锐, 等. 2007. 人工柳杉林生物量及其土壤碳动态分析. 北京林业大学学报, 29(2): 55-59.

樊后保. 1995. 森林截留降水酸度及其对林下土壤的影响. 福建林学院学报, 15(1): 1-6.

樊后保. 1998. 杉木人工林对降水的截留作用. 福建林学院学报, 18(1): 92-95.

樊后保, 刘文飞, 徐雷, 等. 2008. 氮沉降下杉木人工林凋落叶分解过程中 C、N 元素动态变化. 生态学报, 28(6): 2546-2553.

樊后保, 马壮, 梁一池. 1996. 福建南平杉木人工林截留降水化学性质的变化. 福建林学院学报, 16(2): 101-104.

樊杰. 2009. 资源环境承载力评价. 北京: 科学出版社.

范川, 李贤伟, 张健, 等. 2013. 柏木低效林不同改造模式土壤抗冲性能. 水土保持学报, 27(1): 76-81.

范世香, 蒋德明, 阿拉木萨, 等. 2003. 林内穿透雨量模型研究. 生态学报, 23(7): 1403-1407.

范世香, 裴铁凡, 迟振文. 1992. 树干茎流及林冠截留规律分析. 辽宁林业科技, 1: 54-57.

方向京, 孟广涛, 郎南军, 等. 2001. 滇中高原山地人工群落径流规律的研究. 水土保持学报, 15(1): 66-68, 84.

方正三. 1958. 黄河中游黄土高原梯田的调查研究. 北京: 科学出版社.

冯茂松, 张健, 钟宇. 2006. 巨桉短周期工业原料林养分平衡的矢量诊断. 林业科学, 42(2): 56-62.

冯佐乾, 李双元. 2006. 六盘山北坡华北落叶松人工林的水文生态效应研究. 现代农业科学, 11: 6-7.

付智勇, 李朝霞, 蔡崇法, 等. 2011. 三峡库区不同厚度紫色土坡耕地产流机制分析. 水科学进展, 22(5): 680-688.

傅涛, 倪九派, 魏朝富, 等. 2002. 雨强对三峡库区黄色石灰土养分流失的影响. 水土保持学报, 16(2): 33-35.

傅涛, 倪九派, 魏朝富, 等. 2003. 不同雨强和坡度条件下紫色土养分流失规律研究. 植物营养与肥料学报, 9(1): 71-74.

高国雄, 李文忠, 周心澄, 等. 2006. 北川河流域退耕还林不同配置模式的水文效应. 水土保持学报, 20(4): 11-15.

高甲荣, 王敏, 毕利东, 等. 2003. 贡嘎山不同年龄结构峨眉冷杉林粗木质残体的贮存量及其特征. 中国水土保持科学, 1(2): 47-51.

高志勤, 傅懋毅. 2005. 毛竹林等不同森林类型枯落物水文特性的研究. 林业科学研究, 18(3): 274-279.

宫渊波, 陈林武, 罗承德, 等. 2007. 嘉陵江上游严重退化地 5 种森林植被类型枯落物的持水功能比较. 林业科学, 43(Sp. 1): 12-16.

龚伟, 胡庭兴, 王景燕, 等. 2006. 川南天然常绿阔叶林人工更新后枯落物层持水性研究. 水土保持学报, 20(3): 51-55.

巩合德, 王开运, 杨万勤. 2004. 川西亚高山白桦林穿透雨和茎流特征观测研究. 生态学杂志, 23(4): 17-20.

巩合德, 王开运, 杨万勤. 2005a. 川西亚高山 3 中森林群路穿透雨和茎流养分特征研究. 林业科学, 41(5): 14-20.

巩合德, 王开运, 杨万勤, 等. 2005b. 川西亚高山原始云杉林内降雨分配研究. 林业科学, 41(1): 198-201.

顾慰祖. 1996. 论流量过程线划分的环境同位素方法. 水科学进展, 7(2): 105-111.

顾慰祖, 尚熳廷, 翟劭燚, 等. 2010. 天然实验流域降雨径流现象发生的悖论. 水科学进展, 21(4): 471-478.

郭华, 苏布达, 王艳君, 等. 2007. 鄱阳湖流域 1955~2002 年径流系数变化趋势及其与气候因子的关系. 湖泊科学, 19(2): 163-169.

郭景唐, 刘曙光. 1988. 华北油松人工林树枝特征函数对干流量影响的研究. 北京林业大学学报, 10(4): 11-16.

郭天雷, 史东梅, 胡雪琴, 等. 2015. 三峡库区消落带不同高程桑树林地土壤抗蚀性及影响因素. 中国生态农业学报, 23(2): 191-198.

郭甜, 何丙辉, 蒋先军, 等. 2011. 紫色土区植物篱对坡面土壤微生物特性的影响. 水土保持学报, 25(5): 31-34.

郭晓敏, 牛德奎, 郭熙, 等. 2006. 奉新毛竹林土壤养分空间变异性研究. 植物营养与肥料学报, 12(3): 420-425.

郭旭东, 傅伯杰, 马克明, 等. 2000. 基于 GIS 和地统计学的土壤养分空间变异特征研究——以河北省遵化市为例. 应用生态学报, 11(04): 101-557.

国家环境保护总局. 2002. 水和废水监测分析方法. 北京: 中国环境科学出版社.

国家自然科学基金委员会. 1996. 土壤学. 北京: 科学出版社.

郝党论. 2012. 谈山区公路滑坡的成因及防治措施. 山西建筑, 38(6): 157-158.

何丙辉, 刘立志. 2007. 遂宁组紫色页岩崩解过程及坡积物特征研究. 西南大学学报(自然科学版), 29(1): 48-52.

何常清, 于澎涛, 管伟, 等. 2006. 华北落叶松枯落物覆盖对地表径流的拦阻效应. 林业科学研究, 19(5): 595-599

何东宁. 1991. 青海乐都地区森林涵养水源效能研究. 植物生态学报与地植物学学报, 15(1): 71-78.

何建林, 何丙辉, 马云, 等. 2010. 植物篱对紫色土区坡地土壤养分分布特征的影响. 水土保持学报, 24(6): 65-70.

何腾兵. 1995. 贵州山区土壤物理性质对土壤侵蚀影响的研究. 土壤侵蚀与水土保持学报, 1(1): 85-95.

何毓蓉. 2003. 中国紫色土(下篇). 北京: 科学出版社.

何园球, 王兴祥, 胡锋, 等. 2002. 红壤丘岗区人工林土壤水分、养分流失动态研究. 水土保持学报, 16(4): 91-94.

侯秀丽, 吴晓妮, 王定康. 2015. 滇中不同群落的土壤侵蚀及土壤肥力对比研究. 江苏农业科学, 43(12): 331-335.

胡彩虹, 管新建, 吴泽宁, 等. 2011. 水土保持措施和气候变化对汾河水库入库径流贡献定量分析. 水土保持学报, 25(5): 12-16.

胡建忠. 1992. 陇东黄土高原沟壑区沙棘根系的研究. 沙棘, 5(1): 21-26.

胡天宇, 李臣坤. 1999. 巨桉种源引种选择研究. 四川农业大学学报, 17(1): 45-49.

胡远安, 程声通, 贾海峰. 2004. 芦溪流域非点源污染物流失的一般规律. 环境科学, 25(6): 108-112.

黄秉维. 1983. 谈黄河中游土壤保持问题. 中国水土保持, 1: 8-13.

黄承标, 韦炳二, 黎洁娟. 1991. 广西不同植被类型地表径流的研究. 林业科学, 27(5): 490-497.

黄建辉, 李海涛, 韩兴国, 等. 2000. 暖温带两种针叶林生态系统中茎流和穿透雨的养分特征研究. 植物生态学报, 24(2): 248-251.

黄乐艳, 闫文德, 田大伦. 2007. 长沙市城市森林中湿地松的降水化学性质. 中南林业科技大学学报, 27(2): 22-26.

黄丽, 丁树文, 董舟, 等. 1998. 三峡库区紫色土养分流失的试验研究. 土壤侵蚀与水土保持学报, 4(1): 8-13.

黄巍, 何丙辉, 马云, 等. 2012. 植物篱对紫色土区坡地土壤可蚀性变化影响. 亚热带水土保持, 24(1): 7-12, 25.

黄志刚, 曹云, 欧阳志云, 等. 2008. 南方红壤丘陵区杜仲人工林产流产沙与降雨特征关系. 生态学杂志, 27(3): 311-316.

黄忠良, 孔国辉, 余清发, 等. 2000. 南亚热带季风常绿阔叶林水文功能及其养分动态的研究. 植物生态学报, 24(2): 157-161.

姬慧娟, 徐国栋, 张利, 等. 2014. 地震滑坡区覆盖生态毯对土壤湿度和养分的影响. 四川林业科技, 35(6): 47-50.

贾国栋, 余新晓, 邓文平, 等. 2013. 北京山区典型树种土壤水分利用特征. 应用基础与工程科学学报, 21(3): 403-411.

江厚龙, 王新中, 刘国顺, 等. 2012. 豫西典型烟田土壤颗粒组成的空间变异性分析. 中国烟草科学, 33(2): 62-67.

江青龙, 谢永生, 赵婷, 等. 2011. 冀北山区不同土地利用类型的坡面产流产沙与降雨的关系研究. 干旱地区农业研究, 29(6): 202-207.

姜灿烂. 2009. 长期不同施肥制度下红壤旱地团聚体特性及其无机磷分级研究. 南京: 南京农业大学硕士学位论文.

姜培坤, 俞益武, 徐秋芳. 2002. 商品林地土壤物理性质演变与抗蚀性能的评价. 水土保持学报, 16(1): 112-115.

姜萍, 郭芳, 罗跃初, 等. 2007. 辽西半干旱区典型人工林生态系统的水土保持功能. 应用生态学报, 18(12): 2905-2909.

蒋定生. 1997. 黄土高原水土流失与治理模式. 北京: 中国水利水电出版社.

蒋定生, 黄国俊. 1986. 黄土高原土壤入渗速率的研究. 土壤学报, 23(4): 299-304.

蒋定生, 李新华, 范兴科, 等. 1996. 论晋陕蒙接壤地区土壤的抗冲性与水土保持措施体系的配置. 水土保持学报, 9(1): 1-7.

蒋光毅, 史东梅, 卢喜平, 等. 2004. 紫色土坡地不同种植模式下径流及养分流失研究. 水土保持学报, 18(5): 54-59.

蒋有绪. 1996. 中国森林生态系统结构与功能规律研究. 北京: 中国林业出版社.

景可, 王万忠, 郑粉莉. 2005. 中国土壤侵蚀与环境. 北京: 科学出版社.

巨莉. 2013. 三峡库区小流域侵蚀产沙对土地利用变化的响应. 北京: 中国科学院研究生院博士学位论文.

康文星, 邓湘雯, 赵仲辉. 2007. 林冠截留在杉木林生态系统能量转换过程中的作用. 林业科学, 43(2): 15-20.

兰景涛, 范昊明, 柴宇, 等. 2009. 辽西土石质低山区不同土地利用类型土壤侵蚀特征研究. 中国水土保持, (8): 8-10.

雷志栋, 杨诗秀, 许志荣, 等. 1985. 土壤特性空间变异性初步研究. 水利学报, 9(9): 10-21.

李德利, 王瑄, 邱野. 2011. 天然降雨条件下裸坡、植被坡的产流产沙过程分析. 安徽农业科学, 39(35): 21971-21974.

李德生, 刘文彬, 许慕农, 等. 1993. 石灰岩山地植被水土保持效益的研究. 水土保持学报, 7(2): 57-62.

李光录, 吴发启, 刘秉正, 等. 1997. 黄土区侵蚀对土壤内在性质的影响. 干旱区资源与环境, 11(1): 46-53.

李贵才, 韩兴国, 黄建辉, 等. 2001. 森林生态系统土壤氮矿化影响因素研究进展. 生态学报, 21(7): 1187-1392.

李贵祥, 孟广涛, 方向京, 等. 2006. 珠江源头区几种主要林分类型下土壤的水分涵养功能研究. 水土保持学报, 20(6): 34-40.

李海涛. 1995. 植物种群分布格局研究概况. 植物学通报, 12(2): 1674-3466.

李纪元, 肖青, 李辛雷, 等. 2008. 不同套种模式油茶幼林水土流失及养分损耗. 林业科学, 44(4): 167-172.

李静苑, 蒲晓君, 郑江坤, 等. 2015. 整地与植被调整对紫色土区坡面产流产沙的影响. 水土保持学报, 29(3): 81-85.

李君剑, 石福臣, 柴田英昭, 等. 2007. 东北地区三种典型次生林土壤有机碳、总氮及微生物特征的比较研究. 南开大学学报(自然科学版), 40(3): 84-91.

李凌浩, 林鹏, 何建源, 等. 1994. 森林降水化学研究综述. 水土保持学报, 8(1): 84-96.

李凌浩, 林鹏, 王其兵, 等. 1997. 武夷山甜槠林水文学效应的研究. 植物生态学报, 21(5): 393-402.

李凌洁, 林鹏, 王奇兵, 等. 1997. 武夷山甜槠林水文效应研究. 植物生态学报, 21(5): 393-402.

李娜, 韩晓增, 尤孟阳, 等. 2013. 土壤团聚体与微生物相互作用研究. 生态环境学报, 22(9): 1625-1632.

李强, 张一扬, 陈丽鹏, 等. 2015. 植烟土壤颗粒分形特征及与主要养分的关系. 烟草科技, 48(4): 13-18.

李仁洪. 2009. 华西雨屏区慈竹林凋落物分解、养分释放及其对模拟氮沉降的响应. 雅安: 四川农业大学硕士学位论文.

李伟. 2005. 川西低山区几种林(竹)+草复合经营模式的产流产沙特征及养分流失研究. 雅安: 四川农业大学硕士学位论文.

李阳兵, 魏朝富, 谢德体, 等. 2006. 岩溶山区植被破坏前后土壤团聚体分形特征研究. 土壤通报, 37(1): 51-55.

李勇, 吴钦孝, 朱显谟, 等. 1990. 黄土高原植物根系强化土壤抗冲性能的研究. 水土保持学报, 4(1): 1-5.

李勇, 武淑霞, 夏侯国风. 1998. 紫色土区刺槐林根系对土壤结构的稳定作用. 水土保持学报, 4(2): 1-7.

李裕元, 邵明安, 张兴昌. 2001. 侵蚀条件下坡地土壤水分与有效磷的空间分布特征. 水土保持学报, 15(2): 41-44.

李振新, 郑华, 欧阳志云, 等. 2004. 岷江冷杉针叶林下穿透雨空间分布特征. 生态学报, 24(5): 1015-1021.

李正才, 徐德应, 傅懋毅, 等. 2007. 北亚热带土地利用变化对土壤有机碳垂直分布特征及储量的影响. 林业科学研究, 20(6): 744-749.

李仲明, 张先婉, 唐时嘉, 等. 1991. 中国紫色土(上篇). 北京: 科学出版社.

李紫燕, 李世清. 李生秀. 2008. 黄土高原典型土壤有机氮矿化过程. 生态学报, 28(10): 4940-4949.

梁斐斐. 2013. 微域尺度土壤团聚体的空间异质性对酸性土壤中自养硝化作用的影响. 重庆: 西南大学博士学位论文.

廖晓勇, 罗承德, 陈治谏, 等. 2006. 三峡库区植物篱技术对坡耕地土壤肥力的影响. 水土保持通报, 26(6): 1-3.

林波, 刘庆, 吴彦, 等. 2002. 川西亚高山人工针叶林枯枝落叶及苔藓层的持水性能. 应用与环境生物学报, 8(3): 234-238.

林超文, 涂仕华, 黄晶晶, 等. 2007. 植物篱对紫色土区坡耕地水土流失及土壤肥力的影响. 生态学报, 27(6): 2191-2198.

林大仪. 2004. 土壤学实验指导. 北京: 林业出版社.

林德喜, 樊后保, 苏兵强, 等. 2004. 马尾松林下套种阔叶树土壤理化性质的研究. 土壤学报, 41(4): 655-659.

林光辉. 2013. 稳定同位素生态学. 北京: 高等教育出版社.

蔺鹏飞, 张晓萍, 刘二佳, 等. 2015. 黄土高原典型流域水沙关系对退耕还林(草)的响应. 水土保持学报, 29(1): 1-6.

刘秉正, 李光录. 1995. 黄土高原南部土壤养分流失规律. 水土保持学报, 9(2): 77-86.

刘丛强. 2009. 生物地球化学过程与地表物质循环. 北京: 科学出版社.

刘国顺, 常栋, 叶协锋, 等. 2013. 基于 GIS 的缓坡烟田土壤养分空间变异研究. 生态学报, 33(8): 2586-2595.

刘鸿雁, 黄建国. 2005. 缙云山森林群落次生演替中土壤理化性质的动态变化. 应用生态学报, 16(11): 2041-2046.

刘家冈, 万国良, 张学培, 等. 2000. 林冠对降雨截留的半理论模型. 林业科学, 36(2): 2-5.

刘建军. 1998. 林木根系生态研究综述. 西北林学院学报, 13(3): 74-78.

刘建立. 2009. 密云水库主要水源保护林的水源涵养能力比较. 北京水务, (2): 75-77.

刘菊秀, 温达志, 周国逸. 2000. 广东鹤山酸雨地区针叶林与阔叶林降水化学特征. 中国环境科学, 20(3): 198-202.

刘菊秀, 张德强, 周国逸, 等. 2003. 鼎湖山酸沉降背景下主要森林类型水化学特征初步研究. 应用生态学报, 14(8): 1223-1228.

刘璐, 曾馥平, 宋同清, 等. 2010. 喀斯特木论自然保护区土壤养分的空间变异特征. 应用生态学报, 21(7): 1667-1673.

刘梦云, 常庆瑞, 岳庆玲, 等. 2007. 宁南山区不同利用方式土壤颗粒分形特征. 干旱地区农业研究, 25(6): 201-206.

刘世海, 余新晓, 胡春宏, 等. 2002. 密云水库北京集水区人工水源保护林降水化学性质研究. 水土保持学报, 16(1): 100-103.

刘世海, 余新晓, 于志民. 2001. 北京密云水库集水区板栗林水化学元素性质研究. 北京林业大学学报, 23(2): 12-15.

刘世荣, 孙鹏森, 温远光. 2003. 中国主要森林生态系统水文功能的比较研究. 植物生态学报, 27(1): 16-22.

刘世荣, 温远光, 王兵, 等. 1996. 中国森林生态系统水文生态功能规律. 北京: 中国林业出版社.

刘贤赵, 康绍忠. 1998. 林冠截留模型综述. 西北林学院学报, 13(1): 26-30.

刘贤赵, 康绍忠. 1999. 降雨入渗和产流问题研究的若干进展及评述. 水土保持通报, 19(2): 57-62.

刘向东, 吴钦孝, 赵鸿雁, 等. 1993. 油松人工林林冠对降水再分配的研究. 陕西林业科技, 1: 9-13.

刘向东, 吴钦孝, 赵鸿雁. 1994. 森林植被垂直截留作用与水土保持. 水土保持研究, 1(3): 8-13.

刘晓利, 何园球, 李成亮, 等. 2009. 不同利用方式旱地红壤水稳性团聚体及其碳、氮、磷分布特征. 土壤学报, 46(2): 255-262.

刘欣, 陶建平, 黄茹, 等. 2008. 重庆石灰岩地区 3 种林分林下枯落物持水能力比较. 中国生态农业学报, 16(3): 712-717.

刘杏兰, 高宗, 刘存寿, 等. 1996. 有机—无机肥配施的增产效应及对土壤肥力影响的定位研究. 土壤学报, 33(2): 138-147.

刘煊章. 1993. 森林生态系统定位研究. 北京: 中国林业出版社.

刘艳丽, 李成亮, 高明秀, 等. 2015. 不同土地利用方式对黄河三角洲土壤物理特性的影响. 生态学报, 35(15): 5183-5190.

刘勇, 李国雷. 2008. 不同林龄油松人工林叶凋落物分解特性. 林业科学研究, 21(4): 500-505.

刘玉民, 龙伟, 刘亚敏, 等. 2005. 不同种植模式下紫色土养分流失影响因子研究. 水土保持学报, 19(5): 81-84.

刘芝芹, 郎南军, 彭明俊, 等. 2013. 云南高原金沙江流域森林枯落物层和土壤层水文效应研究. 水土保持学报, 27(3): 165-169.

卢金伟. 2002. 土壤团聚体水稳定性及其与土壤可蚀性之间关系研究. 咸阳: 西北农林科技大学硕士学位论文.

卢俊培, 刘其汉. 1984. 海南岛尖峰岭半落叶季雨林生态效应的研究 II——径流水的化学特征. 热带林业科技, 3: 1-9.

卢俊培. 1982. 海南岛森林水文效应的初步探讨. 热带林业科技, 1: 13-20.

卢俊培. 1993. 海南岛尖峰岭热带林生态系统的地球化学特征. 林业科学研究, 6(1): 1-5.

卢秀琴, 解云杰, 曹树森. 2000. 植被是防治水土流失的"保护伞". 黑龙江水利科技, 3: 116-117.

鲁杰, 向先超. 2014. 库水位和降雨作用下三舟溪 II 号滑坡稳定性研究. 自然灾害学报, (3): 237-242.

鲁如坤, 史陶均. 1979. 金华地区降雨中养分含量的初步研究. 土壤学报, 16(1): 81-84.

逯军峰, 王辉, 曹靖, 等. 2007. 油松人工林凋落物对土壤理化性质的影响. 西北林学院学报, 22(3): 25-28.

路安民. 1999. 种子植物科属地理. 北京: 科学出版社.

吕圣桥, 高鹏, 耿广坡, 等. 2011. 黄河三角洲滩地土壤颗粒分形特征及其与土壤有机质的关系. 水土保持学报, 25(6): 134-138.

吕文星, 张洪江, 程金花, 等. 2011. 三峡库区植物篱对土壤理化性质及抗蚀性的影响. 水土保持学报, 25(4): 69-73.

吕旭晨, 赵大为, 张冬保, 等. 2004. 重庆市铁山坪针叶林和观音桥阔叶林的降水化学特征. 西南师范大学学报, 29(6): 1019-1022.

吕永华, 詹寿, 马武军, 等. 2004. 广东主要植烟土壤养分特征及施肥模式研究. 中国农业科学,

37(2): 49-56.

罗春燕, 涂仕华, 庞良玉. 2009. 降雨强度对紫色土坡耕地养分流失的影响. 水土保持学报, 23(4): 24-27.

罗天祥. 1995. 龙胜里骆杉木人工林群落的降水截留和养分淋溶归还. 资源科学, 17(6): 44-50.

罗伟祥, 白立强, 宋西德, 等. 1990. 不同覆盖度林地和草地的径流量与冲刷量. 水土保持学报, 4(1): 30-35.

罗艳, 周国逸, 张德强, 等. 2004. 鼎湖山三种主要林型水文过程中总有机碳浓度对比. 生态学报, 24(12): 2973-2978.

骆东奇, 侯春霞, 魏朝富, 等. 2003. 紫色土团聚体抗蚀特征研究. 水土保持学报, 17(2): 20-22.

骆宗诗, 向成华, 慕长龙. 2007. 绵阳官司河流域主要森林类型凋落物含量及动态变化. 生态学报, 27(5): 1772-1781.

马琨, 陈欣, 王兆骞. 2004. 模拟暴雨下红壤坡面产流产沙及养分流失特征研究. 宁夏农学院学报, 25(1): 1-4.

马琨, 王兆骞, 陈欣, 等. 2002. 不同雨强条件下红壤坡地养分流失特征研究. 水土保持学报, 16(3): 16-19.

马宁, 张兴昌, 高照良. 2009. 黄土高原水土流失因素及生态建设的基本思路分析. 产业与科技论坛, 8(4): 129-133.

马廷, 周成虎, 蔡强国. 2006. 不同植物篱坡面的土壤侵蚀过程 CA 模拟. 地理研究, 25(6): 959-966.

马西军, 程金花, 张洪江, 等. 2012. 山西中阳 5 种人工林地土壤的抗蚀性研究. 西北农林科技大学学报: 自然科学版, 40(7): 113-119.

马祥庆, 林景露. 2000. 整地方式对杉木人工林生态系统的影响. 山地学报, 18(3): 237-243.

马雪华, 杨茂瑞, 王建军, 等. 1994. 亚热带杉木、马尾松人工林水文功能的研究. 见: 周晓峰. 中国森林生态系统定位研究. 哈尔滨: 东北林业大学出版社, 346-353.

马雪华. 1987. 四川米亚罗地区高山冷杉林水文作用的研究. 林业科学, 23(3): 253-265.

马雪华. 1993. 森林水文学. 北京: 中国林业出版社.

马云, 何丙辉, 何建林, 等. 2010. 植物篱对紫色土区坡地不同土层土壤物理性质的影响. 水土保持学报, 24(6): 60-64.

麦积山, 赵廷宁, 郑江坤, 等. 2015. 北川震后滑坡体表层土壤养分的空间变化. 应用生态学报, 26(12): 3588-3597.

孟盈, 薛敬意, 沙丽清, 等. 2011. 西双版纳不同热带森林下土壤铵态氮和硝态氮动态研究. 植物生态学报, 25(1): 99-104.

聂雪花, 车克钧, 刘贤德, 等. 2009. 祁连山西水林区主要森林类型土壤水文功能研究. 安徽农业科学, 37(15): 7269-7272.

聂云鹏, 陈洪松, 王克林. 2011. 石灰岩地区连片出露石丛生境植物水分来源的季节性差异. 植物生态学报, 35(10): 1029-1037.

宁丽丹, 石辉, 周海军, 等. 2005. 岷江上游不同植被下土壤团聚体特征分析. 应用生态学报, 16(8): 1405-1410.

欧阳惠. 2001. 森林林冠截留效益计量的研究. 科技通报, 17(4): 25-31.

潘维俦, 谌小勇. 1989. 森林水文学研究中的生态系统概念. 中南林学院学报, 9: 23-28.

潘维侍, 田大伦. 1989. 亚热带杉木人工林生态系统中的水文学过程和养分初动态. 中南林学院学报, 9: 1-10.

庞学勇, 包维楷, 吴宁. 2009. 森林生态系统土壤可溶性有机质影响因素研究进展. 应用与环境生物学报, 15(3): 390-398.

庞学勇, 包维楷, 张咏梅. 2005. 岷江上游中山区低效林改造对枯落物水文作用的影响. 水土保持学报, 19(4): 119-123.

裴铁璠, 刘家冈, 韩绍文, 等. 1990. 树干茎流模型. 应用生态学报, 1(4): 294-300.

裴铁璠, 郑远长. 1996. 林冠分配降雨过程模型Ⅰ常雨强下穿透降雨、树干茎流和林冠截留模型. 林业科学, 32(1): 1-10.

彭熙, 李安定, 李苇洁, 等. 2009. 不同植物篱模式下土壤物理变化及其减流减沙效应研究. 土壤, 41(1): 107-111.

彭祥林. 1997. 黄土高原草地土壤生态. 西安: 世界图书出版社西安公司.

彭怡, 王玉宽, 傅斌, 等. 2010. 紫色土流失土壤的颗粒特征及影响因素. 水土保持通报, 30(2): 142-144.

蒲玉琳, 林超文, 谢德体, 等. 2013. 植物篱-农作坡地土壤团聚体组成和稳定性特征. 应用生态学报, 24(1): 122-128.

蒲玉琳, 谢德体, 倪九派, 等. 2014. 紫色土区植物篱模式对坡耕地土壤抗剪强度与抗冲性的影响. 中国农业科学, 47(5): 934-945.

祁迎春, 王益权, 刘军, 等. 2011. 不同土地利用方式土壤团聚体组成及几种团聚体稳定性指标的比较. 农业工程学报, 27(1): 340-347.

齐永青. 2006. 小流域侵蚀泥沙的 ^{137}Cs 法研究——以三峡库区开县春秋小流域为例. 成都: 中国科学院水利部成都山地灾害与环境研究所.

秦凤, 郑子成, 何淑勤, 等. 2013. 降雨类型对地表微地形空间变化及产流、产沙的影响. 水土保持学报, 27(4): 17-22.

饶良懿, 王玉杰, 朱金兆, 等. 2008. 森林植被变化(采伐)对小流域水文化学循环过程的影响. 生态学报, 28(8): 3981-3990.

芮孝芳. 1996. 关于降雨产流机制的几个问题的讨论. 水利学报, 9: 22-26.

沈冰, 王全九, 立怀恩, 等. 1995. 土壤中农用化合物随地表径流迁移研究述评. 水土保持通报, 5(3): 1-7.

沈慧, 姜凤岐, 杜晓军, 等. 2000. 水土保持林土壤抗蚀性能评价研究. 应用生态学报, 11(3): 345-348.

师长兴. 2010. 长江上游输沙模数分布图的制作及其空间分异特征初步分析. 长江流域资源与环境, 19(11): 1322-1326.

石占飞, 王力, 王建国. 2011. 陕北神木矿区土壤颗粒体积分形特征及意义. 干旱区研究, 28(3): 394-400.

时忠杰, 王彦辉, 徐丽宏, 等. 2009. 六盘山华山松林降雨在分配及其空间变异特征. 生态学报, 29(1): 76-85.

时忠杰, 王彦辉, 于澎涛, 等. 2005. 宁夏六盘山林区几种主要森林植被生态水文功能研究. 水土保持学报, 19(3): 134-138.

史东梅, 陈正发, 蒋光毅, 等. 2012. 紫色丘陵区几种土壤可蚀性 k 值估算方法的比较. 北京林业大学学报, 34(1): 32-35.

史冬梅. 2005. 泥浆流变模型的判别方法. 西部探矿工程, 17(9): 141-142.

史敏华, 王棣, 李任敏. 1994. 石灰岩区封山后山地植被水土保持功能的研究. 山西林业科技, (3): 11-14.

史奕, 陈欣, 沈善敏. 2002. 有机胶结形成土壤团聚体的机理及理论模型. 应用生态学报, 13(11): 1495-1498.

史奕, 陈欣, 闻大中. 2005. 东北黑土团聚体水稳定性研究进展. 中国生态农业学报, 13(4): 95-98.

水利部. 2009. 水土保持综合治理效益计算方法(GB/T 15774—2008). 北京: 中国标准出版社.

司友斌, 王慎强, 陈怀满. 2000. 农田氮、磷的流失与水体富营养化. 土壤, 32(4): 188-193.

宋献方, 刘相超, 夏军, 等. 2007. 基于环境同位素技术的怀沙河流域地表水和地下水转化关系研究. 中国科学(D 辑): 地球科学, 37(1): 102-110.

宋献方, 夏军, 于静洁, 等. 2002. 应用环境同位素技术研究华北典型流域水循环机理的展望. 地理科学进展, 21(6): 527-537.

宋孝玉, 李亚娟, 李怀有, 等. 2009. 不同地貌类型及土地利用方式下土壤粒径的分形特征. 西北农林科技大学学报: 自然科学版, (9): 155-160.

宋轩, 李树人, 姜凤岐. 2001. 长江中游栓皮栎林水文生态效益研究. 水土保持学报, 15(2): 76-79.

宋玉芝, 秦伯强, 杨龙元, 等. 2005. 太湖北部典型乔木冠层对酸性降雨的中和作用. 湖泊科学, 17(2): 157-161.

宋玥, 张忠学. 2011. 不同耕作措施对黑土坡耕地土壤侵蚀的影响. 水土保持研究, 18(2): 14-16, 25.

苏波, 韩兴国, 渠春梅, 等. 2002. 森林土壤氮素可利用性的影响因素研究综述. 生态学杂志, 21(2): 40-46.

苏开君, 王光, 马红岩, 等. 2007. 流溪河小流域针阔混交林林冠降雨截留模型研究. 中南林业科技大学学报, 27(1): 60-63.

苏松锦, 刘金福, 何中声, 等. 2012. 格氏栲天然林土壤养分空间异质性. 生态学报, 32(18): 5673-5682.

孙阁. 1989. 林地地表径流的研究. 水土保持学报, 39(2): 52-55.

孙立达, 等. 1995. 水土保持林体系综合效益研究与评价. 北京: 中国林业出版社.

谭芳林, 雷瑞德, 王志洁. 1999. 锐齿栎林生态系统对水质影响的研究. 福建林业科技, 26(2): 1-5.

谭秋锦, 宋同清, 彭晚霞, 等. 2014. 峡谷型喀斯特不同生态系统土壤团聚体稳定性及有机碳特征. 应用生态学报, 25(3): 671-678.

汤文光, 肖小平, 唐海明, 等. 2015. 长期不同耕作与秸秆还田对土壤养分库容及重金属Cd的影响. 应用生态学报, 26(1): 168-176.

唐建维, 张建候, 宋启示, 等. 2003. 西双版纳热带雨林生物量及净第一性生产力的研究. 应用生态学报, 14(1): 1-6.

唐政洪, 蔡强国, 许峰, 等. 2001. 半干旱区植物篱侵蚀及养分控制过程的试验研究. 地理研究, 20(5): 593-600.

陶豫萍, 吴宁, 罗鹏, 等. 2007. 森林植被截留对大气污染物湿沉降的影响. 中国生态农业学报, 15(4): 9-12.

田大伦, 向文化, 康文星. 2001. 湖南第 2 代杉木幼林的水文学过程及养分动态研究. 林业科学, 37(3): 64-71.

田大伦, 向文化, 杨晓华. 2002. 第 2 代杉木幼林生态系统水化学特征. 生态学报, 22(6): 859-865.

田野宏, 屈远强, 满秀玲, 等. 2011. 水土保持措施对黑土流失区土壤理化性质的影响. 东北林业大学学报, 39(11): 84-88.

涂安国, 杨洁, 李英, 等. 2013. 人类活动对赣江入湖泥沙量的影响. 水土保持学报, 27(2): 76-79.

涂利华, 胡庭兴, 黄立华, 等. 2009. 华西雨屏区苦竹林土壤呼吸对模拟氮沉降的响应. 植物生态学报, 33(4): 728-738.

涂利华, 谢财永, 胡庭兴, 等. 2005. 华西雨屏区几种牧草的水土保持能力研究. 水土保持学报, 19(5): 35-38, 51.

涂仕华, 陈一兵, 朱青, 等. 2005. 经济植物篱在防治长江上游坡耕地水土流失中作用及效果. 水土保持学报, 19(6): 1-6.

汪阳春, 张信宝, 李少龙, 等. 1991. 黄土崩坡侵蚀的 ^{137}Cs 法研究. 水土保持通报, 11(3): 34-37.

汪有科. 1991. 林地凋落物抗冲实验研究. 中国科学院水利部水土保持研究所集刊, 14: 89-94.

汪有科, 吴钦孝. 1993. 林地枯落物抗冲机理研究. 水土保持学报, 7(1): 75-80.

王百群, 刘国彬. 1999. 黄土丘陵区地形对坡地土壤养分流失的影响. 土壤侵蚀与水土保持学报, 5(2): 18-22.

王波, 张洪江, 杜士才, 等. 2009. 三峡库区天然次生林凋落物森林水文效应研究. 水土保持通报, 29(3): 83-87.

王波, 张洪江, 徐丽君, 等. 2008. 四面山不同人工林枯落物储量及其持水特性研究. 水土保持学报, 22(4): 90-94, 99.

王丹丹, 张建军, 茹豪, 等. 2013. 晋西黄土高原不同地类土壤抗冲性研究. 水土保持学报, 27(3): 28-32, 38.

王德, 傅伯杰, 陈利顶, 等. 2007. 不同土地利用类型下土壤粒径分形分析——以黄土丘陵沟壑区为例. 生态学报, 27(7): 3081-3089.

王登芝, 聂立水, 李吉跃. 2006. 北京西山地区油松林水文过程中营养元素迁移特征. 生态学报, 26(7): 2101-2107.

王登芝. 2005. 北京西山不同人工林水文特征和降水化学研究. 北京林业大学硕士学位论文.

王洪杰, 李宪文, 史学正, 等. 2002. 四川紫色土区小流域土壤养分流失初步研究. 土壤通报, 33(6): 441-444.

王洪杰, 李宪文, 史学正, 等. 2003. 不同土地利用方式下土壤养分的分布及其与土壤颗粒组成关系. 水土保持学报, 17(2): 44-46.

王继红, 等. 2004. 氮磷肥对黑土玉米农田生态系统土壤微生物量碳氮的影响. 水土保持学报, 18(1): 35-38.

王建勋. 2006. 棉田主要农业气象因子的观测方法. 中国棉花, 33(11): 27-27.

王剑敏, 沈烈英, 赵广琦. 2011. 中亚热带优势灌木根系对土壤抗剪切力的影响. 南京林业大学学报, 35(2): 47-50.

王金牛, 孙庚, 石福孙, 等. 2013. 汶川地震对典型亚热带森林地表径流和土壤侵蚀的影响. 应用与环境生物学报, 19(5): 766-773.

王金叶, 于澎涛, 王彦辉, 等. 2008. 森林生态水文过程研究. 北京: 科学出版社.

王晶, 包维楷, 丁德蓉. 2005. 九寨沟林下地表径流及其与地表和土壤状况的关系. 水土保持学报, 19(3): 93-96.

王景升, 任青山, 兰小中. 2002. 急尖长苞冷杉原始森林降水分配格局. 林业科技, 27(6): 7-10.

王景燕, 龚伟, 胡庭兴, 等. 2007. 川南天然常绿阔叶林人工更新后的土壤水源涵养功能. 浙江林学院学报, 24(5): 567-574.

王军, 傅伯杰, 邱扬, 等. 2002. 黄土高原小流域土壤养分的空间异质性. 生态学报, 22(8): 1173-1178.

王礼先. 1995. 水土保持学. 北京: 中国林业出版社.

王其兵, 李凌浩, 白永飞, 等. 2000. 模拟气候变化对 3 种草原植物群落混合凋落物分解的影响. 植物生态学报, 24(6): 674-679.

王青春, 邓红兵, 王庆礼, 等. 2000. 山峡库区柏木林降雨的再分配及养分循环研究. 长江流域资源与环境, 9(4): 451-457.

王全九, 沈晋, 王文焰, 等. 1993. 降雨条件下黄土坡面溶质随地表径流迁移实验研究. 水土保持学报, 7(1): 11-17.

王尚义, 石瑛, 牛俊杰, 等. 2013. 煤矸石山不同植被恢复模式对土壤养分的影响——以山西省河东矿区 1 号煤矸石山为例. 地理学报, 68(3): 372-379.

王仕琴, 宋献方, 肖国强. 2009. 基于氢氧同位素的华北平原降水入渗过程. 水科学进展 20(4): 495-501.

王树会, 赵宪凤, 刘卫群. 2012. 植烟土壤对云南滇中烤烟氮代谢及其代谢产物动态变化的影响. 西南师范大学学报(自然科学版), 37(12): 62-66.

王树力, 袁伟斌, 杨振. 2007. 镜泊湖区 4 种主要森林类型的土壤养分状况和微生物特征. 水土保持学报, 21(5): 50-54.

王贤, 张洪江, 程金花, 等. 2011. 重庆四面山几种林地土壤颗粒分形特征及其影响因素. 水土保持学报, 25(3): 154-159.

王晓燕. 2003. 非点源污染及其管理. 北京: 海洋出版社.

王彦辉, 刘永敏. 1994. 毛竹人工林水文作用的研究. 见周晓峰. 中国森林生态系统定位研究. 哈尔滨: 东北林业大学出版社, 354-363.

王彦辉, 于澎涛, 徐德应, 等. 1998. 林冠截留降雨模型转化和参数规律的初步研究. 北京林业大学学报, 20(6): 25-30.

王艳红, 宋维峰, 李财金. 2009. 不同竹林枯落物层水文生态效应研究. 陕西农业科技, 55(1): 31-34.

王勇, 乔永, 孙向阳. 2010. 鹫峰国家森林公园土壤系统分类研究. 北京林业大学学报, 32(3): 217-220.

王佑民. 2000. 我国林冠降水再分配研究综述. 西北林学院学报, 15(3): 1-7.

王佑民, 刘秉正. 1994. 黄土高原防护林生态特征. 北京: 中国林业出版社.

王云琦, 王玉杰, 张洪江. 2004. 重庆缙云山几种典型植被枯落物水文特性研究. 水土保持学报,

18(3): 41-44.

王政权, 王庆成. 2000. 森林土壤物理性质的空间异质性研究. 生态学报, 20(6): 945-950.

韦红波, 李锐, 杨勤科. 2002. 我国植被水土保持功能研究进展. 植物生态学报, 26(2): 489-496.

韦红波, 任红玉, 杨勤科. 2003. 中国多年平均输沙模数的研究. 泥沙研究, 2(1): 39-44.

卫正新, 李树怀. 1997. 不同林地林冠截留降雨特征的研究. 中国水土保持, (5): 19-21.

魏晓华, 王虹, 朱春全. 1990. 蒙古栎生态系统的养分分析. 吉林林学院学报, 6(1): 31-36.

魏晓华, 周晓峰. 1989. 三种阔叶次生林茎流研究. 生态学报, 9(4): 325-329.

文安邦, 齐永青, 汪阳春, 等. 2005. 三峡库区侵蚀泥沙的 ^{137}Cs 法研究. 水土保持学报, 19(2): 33-36.

文海燕, 傅华, 赵哈林. 2006. 退化沙质草地开垦和围封过程中的土壤颗粒分形特征. 应用生态学报, 17(1): 55-59.

吴聪, 王金牛, 卢涛, 等. 2012. 汶川地震对龙门山地区山地土壤理化性质的影响. 应用与环境生物学报, 18(6): 911-916.

吴发启, 范文波. 2005. 土壤结皮对降雨入渗和产流产沙的影响. 中国水土保持科学, 3(2): 97-101.

吴昊. 2015. 秦岭山地松栎混交林土壤养分空间变异及其与地形因子的关系. 自然资源学报, 30(5): 858-869.

吴普特, 周佩华. 1992. 雨滴击溅在薄层水流侵蚀中的作用. 水土保持通报, 12(4): 19-27.

吴钦孝. 2005. 森林保持水土机理及功能调控技术. 北京: 科学出版社.

吴钦孝, 赵鸿雁. 2000. 黄土高原森林水文生态效应和林草适宜覆盖指标. 水土保持通报, 20(5): 32-34.

吴万奎, 魏玉广, 李文采, 等, 1996. 广元市元坝区主要森林类型生物生产力及水源涵养能力的研究. 四川林业科技, 17(2): 55-61.

吴希媛, 张丽萍. 2006. 坡地水土流失对水体富营养化贡献的研究进展. 水土保持研究, 13(5): 296-298.

吴彦, 刘世全, 付秀琴, 等. 1997. 植物根系提高土壤水稳性团粒含量的研究. 水土保持学报, 3(1): 45-49.

吴永波, 郝奇林, 薛建辉, 等. 2009. 岷江上游主要森林群落枯落物量及其持水特性. 中国水土保持科学, 7(3): 67-72.

吴中能, 付军, 庄家尧. 2003. 毛竹等森林类型水文·水保生态效益的研究. 安徽农业科学, 31(2): 200-202.

伍钧, 李廷轩, 漆辉, 等. 2002. 雅安雨城区中药产业化基地的生态环境与土壤条件. 四川农业大学学报, 202(2): 113-116.

武卫国, 胡庭兴, 唐天云, 等. 2007. 华西雨屏区 5 种坡地利用方式产流产沙与养分流失特征. 水土保持学报, 21(4): 38-42.

郗瑞卿, 孙彦君, 王继红, 等. 2006. 不同利用方式及施肥对黑土地表磷素养分流失的影响. 土壤通报, 37(4): 701-705.

夏冰, 邓飞, 贺善安. 1997. 林窗研究进展. 植物资源与环境学报, 6(4): 50-57.

夏汉平, 敖惠修, 刘世忠, 等. 1997. 香根草——优良的水土保持植物. 生态科学, 16(1): 77-84.

鲜骏仁, 黄从德, 胡庭兴, 等. 2005. 我国巨桉引种及经营技术研究进展. 四川林业科技, 26(1): 43-48.

向师庆, 王保平. 1991. 凋落物层对渗入底土水分数量影响的研究. 北京林业大学学报, 13(4): 53-56.

谢财永. 2010. 华西雨屏区不同植被覆盖模式水土保持效益研究. 雅安: 四川农业大学硕士学位论文.

谢锦升, 杨玉盛, 郭剑芬, 等. 2002. 侵蚀红壤人工恢复的马尾松林水源涵养功能研究. 北京林业大学学报, 24(2): 48-51.

谢贤健, 张继. 2012. 巨桉人工林下土壤团聚体稳定性及分形特征. 水土保持学报, 26(6): 175-179.

谢小立, 尹春梅, 陈洪松, 等. 2012. 基于环境同位素的红壤坡地水分运移研究. 水土保持通报, 32(3): 1-6.

解明曙. 1990. 林木根系固坡力学机制研究. 水土保持学报, 4(3): 7-14.

徐庆, 安树青, 刘世荣, 等. 2008. 环境同位素在森林生态系统水循环研究中的应用. 世界林业研究, 21(3): 11-15.

徐绍辉, 张佳宝. 1999. 土壤中优势流的几个基本问题研究. 土壤侵蚀与水土保持学报, 5(4): 85-91.

徐燕, 龙健. 2005. 贵州喀斯特山区土壤物理性质对土壤侵蚀的影响. 水土保持学报, 19(1): 157-160.

徐义刚, 周光益, 骆土寿, 等. 2001. 广州市森林土壤水化学和元素收支平衡研究. 生态学报, 21(10): 1672-1683.

许冲, 戴福初, 徐锡伟. 2010. 汶川地震滑坡灾害研究综述. 地质论评, 56(6): 860-874.

许峰, 蔡强国. 2002. 等高植物篱控制紫色土坡耕地侵蚀的特点. 土壤学报, 39(1): 71-80.

许峰, 蔡强国, 吴淑安, 等. 2000a. 三峡库区坡地生态工程控制土壤养分流失研究——以等高植物篱为例. 地理研究, 19(3): 303-310.

许峰, 蔡强国, 吴淑安, 等. 2000b. 香根草植物篱控制坡地侵蚀与养分流失研究. 山地农业生物学报, 19(2): 75-82.

许峰, 蔡强国, 吴淑安, 等. 2002. 等高植物篱控制紫色土坡耕地侵蚀的特点. 土壤学报, 39(1): 71-80.

许炯心. 2010. 黄河中游多沙粗沙区 1997-2007 年的水沙变化趋势及其成因. 水土保持学报, 24(1): 1-7.

许向宁, 李胜伟, 王小群, 等. 2013. 安县大光包滑坡形成机制与运动学特征讨论. 工程地质学报, 21(2): 269-281.

薛涛. 2010. 小流域土壤团聚体稳定性及空间变异特征研究. 长沙: 湖南农业大学硕士学位论文.

闫晗, 葛蕊, 潘胜凯, 等. 2014. 恢复措施对排土场土壤酶活性和微生物量的影响. 环境化学, 33(2): 327-333.

闫俊华. 1999. 森林水文学研究进展. 热带亚热带植物学报, 7(4): 347-356.

闫文德, 陈书军, 田大伦, 等. 2005. 樟树人工林冠层对大气降水再分配规律的研究影响. 水土保持通报, 25(6): 10-13.

阎顺国. 1989. 桥山区油松林水源涵养功能的探讨. 水土保持学报, 3(2): 57-64.

颜明娟, 章明清, 陈子聪, 等. 2007. 菜园土壤无机氮解吸特性对硝态氮流失潜能的影响. 应用生态学报, 18(1): 94-100.

阳含熙, 陈钟镇, 张淑荣, 等. 1962. 杉木速生丰产规律与栽培技术的研究. 林业科学, (1): 1-10.

杨澄, 刘建军. 1997. 桥山油松天然林水文效应的研究. 西北林学院学报, 12(1): 29-33.

杨海龙, 朱金兆, 毕利东. 2003. 三峡库区森林流域生态系统土壤渗透性能的研究. 水土保持学报, 17(3): 54-57.

杨浩, 杜明远, 赵其国, 等. 2000. 利用 ^{137}Cs 示踪农业耕作土壤侵蚀速率的定量模型. 土壤学报, 37(3): 296-304.

杨立文, 石清峰. 1997. 太行山主要植被枯枝落叶层的水文作用. 林业科学研究, 10(3): 283-288.

杨令宾, 栾晓红, 孙丽华. 1993. 长白山地区森林的水文效应. 地理科学, 13(4): 375-381.

杨培岭, 罗远培. 1993. 用粒径的重量分布表征的土壤分形特征. 科学通报, 28(20): 1896-1899.

杨青森. 2011. 黑土区坡耕地土壤侵蚀与养分流失过程的试验研究. 西北农林科技大学硕士学位论文.

杨万勤, 王开运. 2004. 森林土壤酶的研究进展. 林业科学, 40(2): 152-159.

杨文利, 樊后保. 2008. 小流域森林植被冠层对降雨侵蚀力减缓研究. 亚热带水土保持, 20(2): 1-4.

杨永川, 袁兴中, 李百战, 等. 2007. 重庆都市残存常绿阔叶林的群落特征及其意义. 生物多样性, 15(3): 247-256.

杨玉玲, 文启凯, 田长彦, 等. 2001. 土壤空间变异研究现状及展望. 干旱区研究, 18(2): 50-55.

杨玉盛, 陈光水, 谢锦升. 2000. 南方林业经营措施与土壤侵蚀. 水土保持通报, 20(6): 55-59.

杨远东. 1983. 年径流不均匀系数的分析与计算. 资源科学, 5(3): 76-81.

杨曾奖, 徐大平, 彭耀强, 等. 2001. 东江中上游紫色红壤水土保持林树种选择试验. 广东林业科技, 17(2): 20-24.

姚文艺, 汤立群. 2001. 水力侵蚀产沙过程及模拟. 郑州: 黄河水利出版社.

姚贤良, 许绣云, 于德芬. 1990. 不同利用方式下红壤结构的形成. 土壤学报, 27(1): 25-33.

尹迪信, 唐华彬, 朱青, 等. 2001. 植物篱逐步梯化技术试验研究. 水土保持学报, 15(2): 84-87.

于小军, 汪思龙, 邓仕坚, 等. 2003. 亚热带常绿阔叶林和杉木人工林茎流与穿透雨点养分特征. 生态学杂志, 22(6): 7-11.

余曙光, 余亮, 艾尼瓦尔. 吐米尔. 2007. 乌鲁木齐南郊土壤动物群落物结构的初步研究. 新疆大学学报(自然科学版), 24(2): 211-216.

余新晓. 2013. 森林生态水文研究进展与发展趋势. 应用基础与工程科学学报, 21(3): 391-402.

余新晓, 张晓明, 武思宏, 等. 2006. 黄土区林草植被与降水对坡面径流和侵蚀产沙的影响. 山地学报, 4(1): 19-26.

余新晓, 张志强, 陈丽华, 等. 2004. 森林生态水文. 北京: 中国林业出版社.

余新晓, 赵玉涛, 张志强, 等. 2003. 长江上游亚高山暗针叶林土壤水分入渗特征研究. 应用生态学报, 14(1): 15-19.

袁春明, 郎南军, 孟广涛. 2002. 长江上游云南松林水土保持生态效益的研究. 水土保持学报, 16(2): 87-90.

袁建平, 蒋定生, 甘淑. 1999. 影响坡地降雨产流历时的因子分析. 山地学报, 17(3): 259-264.

袁久芹, 梁音, 曹龙熹. 2014. 红壤坡地香根草植物篱产流产沙过程模拟. 中国水土保持科学, 12(4): 14-20.

曾德慧, 范志平. 1996. 樟子松林冠截留模拟实验研究. 应用生态学报, 7(2): 134-138.

曾庆波. 1994. 海南岛尖峰岭热带林生态系统的水分循环研究. 见: 周晓峰. 中国森林生态系统定位研究. 哈尔滨: 东北林业大学出版社, 413-429.

曾庆波, 李意德, 陈步峰, 等. 1996. 热带森林生态系统研究与管理. 北京: 中国林业出版社.

曾思齐, 佘济云, 肖育檀, 等. 1996. 马尾松水土保持林水文功能计量研究——Ⅰ. 林冠截留与土壤贮水能力. 中南林学院学报, 3: 1-8.

张川, 陈洪松, 张伟, 等. 2014. 喀斯特坡面表层土壤含水量、容重和饱和导水率的空间变异特征. 应用生态学报, 25(6): 1585-1591.

张德罡. 2002. 砍伐与滑坡对东祁连山杜鹃灌丛草地土壤肥力的影响. 草业学报, 11(3): 72-75.

张光灿, 刘霞, 赵玫. 2000. 树冠截留降雨模型研究进展及其述评. 南京林业大学学报, 24(1): 64-68.

张光辉, 卫海燕, 刘宝元. 2001. 坡面流水动力学特性研究. 水土保持学报, 15(1): 59-61.

张桂玲. 2011. 秸秆和生草覆盖对桃园土壤养分含量、微生物数量及土壤酶活性的影响. 植物生态学报, 35(12): 1236-1244.

张洪江, 北原曜, 远藤泰造. 1994. 几种林木枯落物对糙率系数 n 值的影响. 水土保持学报, 8(4): 4-10.

张洪江, 北原曜, 远藤泰造. 1995. 晋西不同林地状况对糙率系数 n 值影响的研究. 水土保持通报, 15(2): 10-21.

张洪江, 程云, 史玉虎, 等. 2003. 长江三峡花岗岩坡面林地土管特性及其对管流的影响. 长江流域资源与环境, 12(1): 55-60.

张季如, 朱瑞赓, 祝文化. 2004. 用粒径的数量分布表征的土壤分形特征. 水利学报, 35(4): 67-71.

张建华, 王丽, 黄岩, 等. 2006. 冀北山地华北落叶松人工林对降水截留效应的初步研究. 内蒙古林业科技, (2): 25-27.

张建云, 王国庆. 2007. 气候变化对水文水资源影响研究. 北京: 科学出版社.

张金池, 康立新, 卢义山, 等. 1994. 苏北海堤林带树木根系固土功能研究. 水土保持学报, 8(2): 43-48.

张宽地, 王光谦, 孙晓敏, 等. 2014. 坡面薄层水流水动力学特性试验. 农业工程学报, 30(15): 182-189.

张丽娟, 毕淑芹, 袁丽金, 等. 2007. 不同土地利用方式土壤侵蚀与养分流失的模拟试验. 林业科学, 43(Sp. 1): 17-21.

张丽萍, 王小云, 张赫斯. 2011. 沙盖黄土丘陵坡地土壤理化特性随地形变化规律研究. 地理科学, 31(2): 178-183.

张鹏, 贾志宽, 王维, 等. 2012. 秸秆还田对宁南半干旱地区土壤团聚体特征的影响. 中国农业科学, 45(8): 1513-1520.

张秦岭, 李占斌, 徐国策, 等. 2013. 丹江鹦鹉沟小流域不同土地利用类型的粒径特征及土壤颗粒分形维数. 水土保持学报, 27(2): 244-249.

张晴雯, 雷廷武, 高佩玲, 等. 2004. 黄土区细沟侵蚀过程中输沙能力确定的解析法. 中国农业科学, 37(5): 699-703.

张淑娟, 何勇, 方慧. 2003. 基于 GPS 和 GIS 的田间土壤特性空间变异性的研究. 农业工程学报, 19(2): 39-44.

张淑兰, 王彦辉, 于澎涛, 等. 2010. 定量区分人类活动和降水量变化对泾河上游径流变化的影响. 水土保持学报, 24(4): 53-58.

张亭亭, 张建军, 郭敏杰, 等. 2014. 北洛河流域不同地貌和植被类型区径流演变特征及控制因素. 水土保持学报, 28(4): 78-84.

张伟, 陈洪松, 王克林, 等. 2008. 典型喀斯特峰丛洼地坡面土壤养分空间变异性研究. 农业工程学报, 24(1): 68-73.

张伟, 刘淑娟, 叶莹莹, 等. 2013. 典型喀斯特林地土壤养分空间变异的影响因素. 农业工程学报, 29(1): 93-101.

张卫强, 李召青, 周平, 等. 2010. 东江中上游主要森林类型枯落物的持水特性. 水土保持学报, 24(5): 130-134.

张文太, 于东升, 史学正, 等. 2009. 中国亚热带土壤可蚀性 K 值预测的不确定性研究. 土壤学报, 46(2): 185-192.

张希彪, 上官周平. 2006. 人为干扰对黄土高原子午岭油松人工林土壤物理性质的影响. 生态学报, 26(11): 3685-3695.

张先仪. 1986. 整地方式对水土保持及杉木幼林生长的影响研究. 林业科学, 22(3): 225-231.

张先仪. 1992. 山区不同整地方式水土保持效益与杉木幼林生长效果. 人工林地力衰退研究.

张兴昌, 邵明安. 2000a. 黄土丘陵区小流域土壤氮素流失规律. 地理学报, 55(5): 617-626.

张兴昌, 邵明安. 2000b. 坡地土壤氮素与降雨、径流的相互作用机理及模型. 地理科学进展, 19(2): 128-135.

张学培, 郭冬青, 王本楠. 1997. 林冠截留模型的应用. 北京林业大学学报, 19(2): 30-34.

张学权, 胡庭兴, 李伟, 等. 2004. 华西雨屏区退耕地不同植被经营模式坡面径流和产沙特征分析. 水土保持学报, 18(6): 27-29, 33.

张学权, 胡庭兴, 李伟, 等. 2005. 林(竹)+草植被恢复初期地表径流及其养分流失特征. 中国水土保持, 10: 25-27.

张学权. 2005. 华西雨屏区林(竹)+草植被恢复生态功能及冠层适宜郁闭度的研究. 雅安: 四川农业大学硕士学位论文.

张亚丽, 李怀恩, 张兴昌, 等. 2006. 牧草覆盖对坡面土壤矿质氮素流失的影响. 应用生态学报, 17(12): 2297-2301.

张艺, 史宇, 余新晓, 等. 2012. 北京山区典型森林生态系统土壤水文特征研究. 水土保持通报, 32(3): 62-67.

张志达, 李世东, 陈英发. 2000. 林业生态工程建设与水资源开发利用. 防护林科技, 42(1): 351-356.

张志强, 余新晓, 赵玉涛, 等. 2003. 森林对水文过程影响研究进展. 应用生态学报, 14(1): 113-116.

张卓文, 廖纯燕, 邓先珍, 等. 2004. 森林水文学研究现状及发展趋势. 湖北林业科技, 3: 34-37.

赵鸿雁, 吴钦孝, 刘国彬. 2001. 黄土高原森林植被水土保持机理研究. 林业科学, 37(5): 140-144.

赵鸿雁, 吴钦孝, 刘国彬. 2003a. 黄土高原人工油松林枯枝落叶层的水土保持功能研究. 林业科学, 39(1): 168-172.

赵鸿雁, 吴钦孝, 刘国彬. 2003b. 黄土高原人工油松林水文生态效应. 生态学报, 23(2): 376-379.

赵鸿雁, 吴钦孝, 刘向东. 1994. 山杨枯枝落叶层的水文水保作用研究. 林业科学, 30(2): 176-180.

赵鸿雁等. 1991. 油松人工林和天然山杨林林内降雨动能的初步研究. 水土保持研究, 2: 44-50.

赵护兵, 刘国彬, 曹清玉, 等. 2006. 黄土丘陵区不同土地利用方式水土流失及养分保蓄效应研究. 水土保持学报, 20(1): 20-24, 54.

赵金荣, 孙立达, 朱金兆. 1994. 黄土高原灌木. 北京: 中国林业出版社.

赵世伟, 苏静, 杨永辉, 等. 2005. 宁南黄土丘陵区植被恢复对土壤团聚体稳定性的影响. 水土保持研究, 12(3): 27-28.

赵西宁, 吴发启. 2004. 土壤水分入渗的研究进展和评述. 西北林学院学报, 19(1): 42-45.

赵秀海. 1995. 森林生态采伐研究. 哈尔滨: 黑龙江科学技术出版社.

赵一鹤, 杨时宇, 周祥, 等. 2012. 巨尾桉工业原料林地与不同土地利用类型坡面产流产沙特征对比分析. 水土保持通报, 32(1): 77-81, 88.

赵跃中, 穆兴民, 严宝文, 等. 2014. 延河流域植被恢复对径流泥沙的影响. 泥沙研究, 4: 67-73.

郑粉莉, 白红英, 安韶山, 等. 2005. 草被地上和地下部分拦蓄径流和减少泥沙的效益分析. 水土保持研究, 12(5): 86-87, 111.

郑江坤, 李静苑, 秦伟, 等. 2017. 川北紫色土小流域植被建设的水土保持效应. 农业工程学报, 33(2): 141-147.

郑江坤, 王婷婷, 付万全, 等. 2014. 川中丘陵区典型林分枯落物层蓄积量及持水特性. 水土保持学报, 28(3): 87-91, 118.

郑良飞, 叶万军, 折学森. 2007. 铜黄公路某滑坡安全监测及预测研究. 工程地质学报, 15(5): 684-688.

郑明国, 蔡强国, 程琴娟. 2007. 一种新的流域水沙关系模型及其在年际时间尺度的应用. 地理研究, 26(4): 745-754.

郑郁善, 陈卓梅, 邱尔发, 等. 2003. 不同经营措施笋用麻竹人工林的地表径流研究. 生态学报, 2(11): 2387-2395.

郑远长, 裘铁镛. 1996. 林冠分配降雨过程模拟与模型. Ⅱ模型扩展与参数确定. 林业科学, 32(2): 97-102.

郑子成, 李廷轩, 张锡洲, 等. 2009. 不同土地利用方式下土壤团聚体的组成及稳定性研究. 水土保持学报, 23(5): 228-231.

周才平, 欧阳华. 2001. 长白山两种主要林型下土壤氮矿化速率与温度的关系. 生态学报, 21(9): 1469-1473.

周光益, 田大伦, 邱治军, 等. 2009. 广州流溪河针阔混交林林冠层对穿透水离子浓度的影响. 中南林业科技大学学报, 29(5): 32-38.

周光益, 曾庆波, 黄全, 等. 1995. 热带山地雨林林冠对降雨的影响分析. 植物生态学报, 19(3): 201-207.

周国逸. 1997. 生态系统水热原理及其应用. 北京: 气象出版社.

周虎, 吕贻忠, 杨志臣, 等. 2007. 保护性耕作对华北平原土壤团聚体特征的影响. 中国农业科学, 40(9): 1973-1979.

周慧珍, 龚子同, Lamp J. 1996. 土壤空间变异性研究. 土壤学报, 33(3): 232-241.

周俊, 朱江, 蔡俊. 2000. 合肥近郊旱地土肥流失与降雨强度的关系. 水土保持学报, 14(3):

92-95.

周礼恺, 张志明, 曹承绵. 1983. 土壤酶活性的总体在评价土壤肥力水平中的作用. 土壤学报, 20(4): 413-418.

周利军, 齐实, 王云琦, 等. 2006. 三峡库区典型林分林地土壤抗蚀抗冲性研究. 水土保持研究, 13(1): 186-188, 216.

周梅, 余新晓. 2003. 兴安落叶松林原始林区降水化学输入的特性研究. 中国生态农业学报, 11(2): 119-121.

周先容, 陈劲松. 2006. 川西亚高山针叶林土壤颗粒的分形特征. 生态学杂志, 25(8): 891-894.

周晓峰. 1994. 帽儿山、凉水森林水分循环的研究. 周晓峰主编. 中国森林生态系统定位研究. 哈尔滨: 东北林业大学出版社, 213-222.

周跃. 1999. Case Study on Effect of Yunnan Pine Forest on Erosion control. 成都: 西南交通大学出版社.

周跃, 李宏伟, 徐强. 1999. 云南松林. 的林冠对土壤侵蚀的影响. 山地学报, 7(4): 324-328.

周择福, 张光灿, 刘霞, 等. 2004. 树干茎流研究方法及其述评. 水土保持学报, 18(3): 137-145.

朱冰冰, 李鹏, 李占斌, 等. 2008. 子午岭林区土地退化/恢复过程中土壤水稳性团聚体的动态变化. 西北农林科技大学学报: 自然科学版, 36(3): 124-128.

朱远达, 蔡强国, 张光远, 等. 2003. 植物篱对土壤养分流失的控制机理研究. 长江流域资源与环境, 12(4): 345-350.

祝志永, 季勇华. 2001. 我国森林水文研究现状及发展趋势概述. 江苏林业科技, 28(2): 42-45.

庄淑莺. 2007. 耕层土壤颗粒表面的分形特征研究. 土壤通报, 38(3): 439-442.

Aber J D, Nadelhoffer K J, Steudler P, et al. 1989. Nitrogen saturation in northern forest ecosystems. Bioscience, 39(6): 378-286.

Abrahams A D, Li G, Parsons A J. 1996. Rill hydraulics on a semiarid hillslope, Southern Arizona. Earth Surface Processes and Landforms, 21(1): 35-47.

Abtew W. 1996. Evapotranspiration measurement and modeling for three wetland systems in South Florida. Water Resources Bulletin, 32(3): 465-473.

Alemi M H, Azari A S, Nielsen D R. 1998. Kriging and univariate modeling of a spatially correlated data. Soil Technology, 1(2): 133-147.

Allen R G, Pereira L S, Raes D, et al. 1998. Crop evapotranspiration: Guidelines for computing crop water requirements. FAO Irrigation and Drainage Paper 56. Food and Agriculture of the United Nations, Rome.

Arya L M, Paris J F, Arya L M, et al. 1981. A physicoempirical model to predict the soil moisture characteristic from particle-size distribution and bulk density. Soil Science Society of America Journal, 45(6): 1023-1030.

Azooz R, Arshad M. 1996. Soil infiltration and hydraulic conductivity under long-term no-tillage and conventional tillage systems. Canadian Journal of Soil Science, 76(2): 143-152.

Bates J D, Svejcar T S, Miller R F. 2007. Litter decomposition in cut and uncut western juniper woodlands. Journal of arid environments, 70(2): 222-236.

Bathurst J C, Iroumé A, Cisneros F, et al. 2011. Forest impact on floods due to extreme rainfall and snowmelt in four Latin American environments I: Field data analysis. Journal of Hydrology, 400(3-4): 281-291.

Baudry J, Bunce R G H, Burel F. 2000. Hedgerows: An international perspective on their origin, function and management. Journal of Environmental Management, 60(2): 7-22.

Bauhus J, Pare D, Cote L. 1998. Effects of tree species stand age and soil type on soil microbial biomass and its activity in a southern boreal forest. Soil Boil Biochem, 30: 1077-1089.

Beckers J, Alila Y. 2004. A model of rapid preferential hillslope runoff contributions to peak flow generation in a temperate rain forest watershed. Water Resources Research, 40(3): 114-125.

Bernard B, Eric R. 2002. Aggregate stability as an indicator of soil susceptibility to runoff and erosion: Validation at several Levels. Catena, 47(2): 133-149.

Beven K, Germann P. 1981. Water flow in soil macropores. II. : A combined flow model. J Soil Sci, 32(1): 15-29.

Bissonnais Y L, Arrouays D. 1997. Aggregate stability and assessment of soil crustability and erodibility: 2. Application tohumic loamy soils with various organic carbon contents. Eur. J. Soil Sci, 48(1): 39-48.

Black P E. 1998. Resesrch issues in the forest hydrology. J. Amer. Water Resource, 34(4): 98-115.

Blaney H F, Criddle W D. 1950. Determining water requirements in irrigated area from climatological irrigation data. US Department of Agriculture, Soil Conservation Service, Tech, 96: 48.

Bloeschl G, Grayson R B, Sivapalan M. 1995. On the representative elementary area(REA)concept and its utility for distributed rainfall-runoff modeling. Hydrol Process, 9(3-4): 313-330.

Blume T, Zehe E, Bronstert A. 2007. Rainfall-runoff response, event-based runoff coefficients and hydrograph separation. Hydrological Sciences Journal, 52(5): 843-862.

Bodman G B, Colman E A. 1994. Moisture and energy condition during downward entry of water into soil. Soil Science Society of America Journal, 8(2): 166-182.

Boerner R E J, Scherzer A J, Brinkman J A, et al. 1998. Spatial patterns of inorganic N, P availability, and organic C in relation to soil disturbance: A chronosequence analysis. Applied Soil Ecology, 7(2): 159-177.

Bonell M. 1993. Progress in the understanding of runoff generation dynamics in forests. J Hydrol, 150(2-4): 217-275.

Bonell M. 1998. Selected challenges in runoff generation research in forests from the hillslope to headwater drainage basin scale. J Ameri Water Resource Assoc, 34(4): 765-785.

Boyce R L, Friedland A J, Chamberlain C P, et al. 1996. Direct canopy nitrogen uptake from 15N-labeled wet deposition by mature red spruce. Canadian Journal of Forest Research, 26(9): 1539-1547.

Brooks J R, Holly R B, Rob C. et al. 2010. Ecohydrologic separation of water between trees and streams in a Mediterranean climate. Nature Geoscience, 3(2): 100-104.

Burgess T M, Webster R. 1980. Optimal interpolation and isarithmic mapping of soil properties. II. Block kriging. European Journal of Soil Science, 31(2): 333-341.

Burt T P, Swank W T. 1992. Flow frequency responses to hardwood-to-grass conversion and subsequent succession. Hydrol Process, 6(2): 179-188.

Burwell R, Timmons D, Holt R. 1975. Nutrient transport in surface runoff as influenced by soil cover and seasonal periods. Soil Sci Soc, 39(3): 523-528.

Butler T J, Likens G E. 1995. A direct comparison of throughfall plus stemflow to estimates of dry and total deposition for sulfur and nitrogen. Atmos Environ, 29(11): 1253-1265.

Cambardella C A, Moorman T B, Novak J M, et al. 1994. Field-scale variability of soil properties in central Iowa soils. Soil Science Society of America Journal, 58(5): 1501-1511.

Carey S K, Woo M. 2001. Slope runoff processes and flow generation in a subarctic, subalpine catchment. Journal of Hydrology, 253(1): 110-129.

Cerdà A. 2000. Aggregate stability against water forces under different climates on agriculture land and scrubland in southern Bolivia. Soil & Tillage Research, 57(3): 159-166.

Chang M. 2006. Forest hydrology: An introduction to water and forests. Boca Raton, USA: CRC press.

Chaves J, Neill C, Germer S, et al. 2009. Nitrogen transformations in flowpaths leading from soils to streams in Amazon forest and pasture. Ecosystems, 12(6): 961-972.

Chen D, Gao G, Xu C Y, et al. 2005. Comparison of Thornthwaite method and Pan data with the standard Penman-Monteith estimates of potential evapotranspiration for China. Climate Research, 28(2): 123-132.

Chen H, Wu N, Yuan X, et al. 2009. Aftermath of the Wenchuan earthquake. Frontiers in Ecology & the Environment, 7(2): 72.

Chen X Y, Mulder J. 2007. Atmospheric deposition of nitrogen at five subtropical forested sites in South China. Sci Total Environ, 378(3): 317-330.

Cheng F S, Zeng D H, Sing Anand Narain, et al. 2005. Effects of soil moisture and soil depth on nitrogen mineralization process under Mongolian pine plantations in Zhanggutai sandy land, P. R. China. Journal of Forestry Research, 16(2): 101-104.

Cheng J D, Lin L L, Lu H S. 2002. Influences of forests on water flows from headwater watersheds in Taiwan. Forest Ecology and Management, 165(1-3): 11-28.

Cheng S, Yang G, Yu H, et al. 2012. Impacts of Wenchuan Earthquake-induced landslides on soil physical properties and tree growth. Ecological Indicators, 15(1): 263-270.

Chuyong G B, Newbery D M, Songwe N C. 2004. Rainfall input, throughfall and stemflow of nutrients in a central African rain forest dominated by ectomycorrhizal trees. Biogeochemistry, 67(1): 73-91.

Clark M. 1998. Putting water in its place: A perspective on GIS in hydrology and water management. Hydrol Process, 12(6): 823-834.

Cole D W, Gessel S P. 1968. Symposium on Primary Productivity. Mineral Cycling in Natural Ecosystems. In: Youmg H E. Orono: Univ Maine Press.

Cooper A B. 1990. Nitrate depletion in the riparian zone and stream channel of a small headwater catchment. Hydrobiologia, 202(1): 13-26.

Correll L C. 1998. The role of phosphorus in the eutrophication of receiveing water: A review. Environ Qual, 27(2): 261-266.

Covers G, Rauws G. 1986. Transporting capacity of overland flow on plane and on irregular beds. Earth Surface Processes Landforms, 11(5): 515-524.

Czarnowski M S, lszewski J L. 1968. Rainfall interception by a forest canopy. Oikos, 19(2): 345-350.

Dabney S M, Meyer L D, Harmon W C, et al. 1995. Depositional patter ns of sediment trapped by grass hedges. Tractions of t he ASAE, 38(6): 1719-1729.

Daniel T C, Sharpely A, Lemunyon J L. 1998. Agricultural phosphorus and eutrophication: A symposium overview. Environ Qual, 27(2): 251-257.

Davis S H. 1999. The sensitivity of a catchment model to soil hydraulic properties obtained by using different measurement techniques. Hydrol Process, 13(5): 677-688.

Deuchras S A, Townend J, Aitkenhead M J, et al. 1999. Changes in soil structure and hydraulic properties in regenerating rain forest. Soil Use and Management, 15(3): 183-187.

Dezzeo N, Chacó n N. 2006. Nutrient fluxes in incident rainfall, throughfall, and stemflow in adjacent primary and secondary forests of the Gran Sabana, southern Venezuela. Forest Ecol Manag, 234(1-3): 218-226.

Doorenbos J, Pruitt W O. 1977. Crop Water Requirements. FAO Irrigation and Drainage Paper 24, Land and Water Development Division, FAO. Rome.

Doran J W, Coleman D C, Bezdicek D F, et al. 1994. Defining soil quality for a sustainable environment, Soil Science Society of America. 159(1): 1-21.

Draaijers G P J, Erisman J W, Spranger T, et al. 1996. The application of throughfall measurements for atmospheric deposition monitoring. Atmospheric Environment, 30(19): 3349-3361.

Duiker S W, Rhoton F E, Torrent J, et al. 2003. Iron (Hydr) Oxide crystallinity effects on soil aggregation. Soil Science Society of America Journal, 67(2): 606-611.

Dunkerley D L, Domelow P, Tooth D. 2001. Frictional retardation of laminar flow by plant litter and surface stones on dry land surfaces: a laboratory study. Water Resources Research, 37(5): 1417-1424.

Dunkerleyc D L. 2000. Measuring interception loss and canopy atorage in dryland vegetation: A brief review and evaluation of available research strategies. Hydrol Process, 14(14): 669-678.

Dunne T. 1978. Field studies of hillslope flow processes. Hillslope Hydrology, 227-294.

Dymess C T. 1969. Hydrologic properties of soils on three small watersheds in the western Cascades of Oregon. USDA For. Ser. Res. Note. Pacific Northwest For. and Range Exp. Stn. PNW-111, 17.

Dyrness C T. 1969. Hydrologic properties of soils on three small watersheds in the western cascades of Oregon. USDA For. Ser. Res. Note. Pacific Northwest For. and Range Exp. Stn. PNW-111, 17.

Eagleson. 2008. 生态水文学. 杨大文, 丛振涛译. 北京: 中国水利水电出版社.

Edwards A P, Bremner J M. 1967. Dispersion of soil particles by sonic vibration. Journal of Soil Science, 18(1): 47-63.

Elliot W. 1999. The effects of forest management on erosion and soil productivity. In: Lai R. Soil Quality and Soil Erosion. New York.

Evaristo J, Jasechko S, Mcdonnell J J. 2015, Global separation of plant transpiration from groundwater and streamflow. Nature, 525(7567): 91-94.

Facchinelli A, Sacchi E, Mallen L. 2001. Multivariate statistical and GIS-based approach to identify heavy metal sources in soils. Environmental Pollution, 114(3): 313-324.

Fernandez D P, Neff J C, Reynolds R L. 2008. Biogeochemical and ecological impacts of livestock grazing in semi-arid southeastern Utah, USA. Journal of Arid Environments, 72(5): 777-791.

Fisher D W, Cambell A W, Likens G E, et al. 1968. Atmospheric contributions to water quality of streams in the hubbard brook experimental forest, New Hampshire. Water Resources Research, 4(5): 1115-1126.

Foster G R, Huggins L F, Meyer L D. 1984. A laboratory study of rill hydraulics: I. Velocity relationships. Trans. of the ASAE, 27(3): 790-796.

Foster G R. 1982. Modeling the erosion process. Chapter 8. In: Haan C T. Hydrologic Modeling of Small Watersheds. ASAE Monograph No. 5. American Society of Agricultural Engineers, St. Joseph, MI. 297-360.

Fouli Y, Cade-Menun B J, Cutforth H W. 2013. Freeze-thaw cycles and soil water content effects on infiltration rate of three Saskatchewan soils. Canadian Journal of Soil Science, 93(4): 485-496.

Freppaz M, Said-Pullicino D, Filippa G, et al. 2014. Winter-spring transition induces changes in nutrients and microbial biomass in mid-alpine forest soils. Soil Biology and Biochemistry, 78: 54-57.

Friedland A J, Miller E K, Battles J J, et al. 1991. Nitrogen Deposition, distribution and cycling in a subalpine spruce-fir forest in the Adirondacks, New York, USA. Biogeochemistry, 14(1): 31-55.

Gash J H C. 1979. An Analytical model of rainfallinterception by forests. Quart J R Met Soc, 105(443): 43-55.

Gash J H C. 1980. Comparative estimates of interception loss from three coniferous forests in Great Britain. J Hydrol, 48(1): 89-105.

Gazis C, Feng X. 2004. A stable isotope study of soil water: evidence for mixing and preferential flow paths. Geoderma, 119(1): 97-111.

Gburek W J, Sharpley A N. 1998. Hydrologic controls on phosphorus loss from upland agriculture watersheds. Environ Qual, 27(2): 267-277.

Gehrels J C, Peeters J E M, Devries J J, et al. 1998. The mechanism of soil water movement as inferred from ^{18}O stable isotope studies. Hydrological Sciences Journal-Journal Des Sciences Hydrologiques, 43(4): 579-594.

Geoderma. 1976. Soil erosion on Alfisols in Western Nigeria- IV. Nutrient element losses in runoff and eroded sediments. Geoderma, 16(5): 403-417.

Goldsmith, Gregory R, Lyssette E Muñoz-Villers et al. 2012. Stable isotopes reveal linkages among ecohydrological processes in a seasonally dry tropical montane cloud forest. Ecohydrology, 5(6): 779-790.

Graf F, Frei M. 2013. Soil aggregate stability related to soil density, root length, and mycorrhiza using site-specific Alnus incana and Melanogaster variegatus. Ecological Engineering, 57(8): 314-323.

Green W H, Ampt G A. 1911. Studies on soil physics, flow of air and water t hrough soils. J Agr Sci, 76(4): 1-24.

Grosh J L, Jarrett A R. 1993. Interrill erosion and runoff on very steep slopes. Transactions of the ASAE, 37(4): 1127-1133.

Gundersen P, Emmett B A, Kjonaas O J, et al. 1998. Impact of nitrogen deposition on nitrogen cycling in forests: A synthesis of NITREX data. For Ecol Manage, 101(1-3): 37-55.

Gyssels G, Poesen J, Bochet E, et al. 2005. Impact of plant roots on the resistance of soils to erosion by water: A review. Progress in physical geography, 29(2): 189-217.

Hamon W R. 1961. Estimating potential evapotranspiration. Hydraul Div Proc Am Soc Civil Eng, 87: 107-120.

Hargreaves G H. 1975. Moisture availability and crop production. Transactions of the American Society of Agricultural Engineers ASAE, 18(5): 980-984.

Hayes J C, Bafield B J, Barnhisel R I. 1992. Performance of grassfilters under laboratory and field conditions. Trasctions of the ASAE, 27(5): 1321-1331.

He Z L. 1997. Soil microbial biomass and its significance in nutrient cycling and evaluation of environmental quality. Soil, 21(2): 61-69.

Helrey J D. 1971. A summary of rainfall interception by certain conifers North America Proceeding of the international symposium for hydrology professors biological effects of the hydrological cycle Purdue University. Lafayette, and Indiana, 103-113.

Herrick J E, Wander M M. 1997. Relationship between soil organic carbon and soil quality in croppedand rangeland soils: The importance of distribution, composition, and soil biological activity. In: Lal R. Soil Processes and the Carbon Cycle. Boca Raton: CRC Press, 405-420.

Hibbert A R. 1969. Water yield changes after converting a forested catchment to grass. Water Resour Res, 5(3): 634-640.

Hill A R. 1996. Nitrate removal in stream riparian zones. Journal of Environmental Quality, 25(4): 743-755.

Holtan H N. 1961. Concept for infiltration estimates in watershed engineering. Aiche Journal, 150(1): B16-B25.

Horton R E. 1935. Surface Runoff Phenomena. New York: Horton Hydrology Laboratory Publication.

Horton R E. 1940. An approach to ward a physical interpretation of in filt rationcapacity. Soil Sci Soc A M J, 5(3): 399-417.

Huang J, Wu P, Zhao X. 2013. Effects of rainfall intensity, underlying surface and slope gradient on soil infiltration under simulated rainfall experiments. Catena, 104(5): 93-102.

Hudson N W. 1971. Soil Conservation. London: Bats ford.

Huggett R J. 1998. Soil chronosequences, soil development, and soil evolution: A critical review. Catena, 32(3): 155-172.

Hümann M, Schüler G, Müller C, et al. 2011. Identification of runoff processes-The impact of different forest types and soil properties on runoff formation and floods. Journal of Hydrology, 409(3): 637-649.

Jackson I J. 1975. Relationship between rainfall parameter and interception by tropical plant forest. J. Hydrol, 24(3-4): 215-238.

Jensen M E, Haise H R. 1963. Estimation of evapotranspiration from solar radiation. Journal of Irrigation and Drainage Division, 89: 15-41.

Ju X S, Li S X. 1998. The effect of temperature and moisture on nitrogen mineralization in soils. Plant Nutrition and Fertilizer Science, 4(1): 37-42.

Julien P, Simons D. 1985. Sediment transport capacity of overland flow. Transactions of the ASAE, 28(3): 755-762.

Karlen D L, Rosek M J, Doran J C. 1999. Conservation reserve program effects on soil quality indicators. Journal of Soil and Water Conservation, 54(1): 439-444.

Kendall C, McDonnel J J. 1998. Isotope Tracers in Catchment Hydrology. Elsevier BV.

Kharrufa N S. 1985. Simplified equation for evapotranspiration in arid regions. Hydrologie Sonderheft, 5(1): 39-47.

Klaus J, Zehe E, Elsner M, et al. 2013. Macropore flow of old water revisted: experimental insights from a tile-drained hillslope. Hydrol Earth Syst Sci, 17(1): 103-118.

Koch J C, Ewing S A, Striegl R, et al. 2013. Rapid runoff via shallow through flow and deeper preferential flow in a boreal catchment underlain by frozen silt (Alaska, USA). Hydrogeology Journal, 21(1): 93-106.

Kravchenko A N, Hao X. 2008. Management practice effects on spatial variability characteristics of surface mineralizable C. Geoderma, 144(1): 387-394.

Lal R, Lal R, Blum W H, et al. 1997. Soil quality and sustainability. Methods for Assessment of Soil Degradation, 8(5): 58-66.

Lal R. 1989. Agro forestry systems and soil surface management o f a tropical alfisol: Water runoff, soil erosion and nutrient loss. Agro for entry Systems, 8(2): 97-111.

Lee E S, Krothe N C. 2001. A four-component mixing model for water in a karst terrain in south-central Indiana, USA. Using solute concentration and stable isotopes as tracers-Chemical Geology, 179(1): 129-143.

Leite J D O. 1985. Interflow, overland flow and leaching of natural nutrients on an Alfisol slope of southern Bahia, Brazil. Journal of Hydrology, 80(1-2): 77-92.

Linacre E T. 1977. A simple formula for estimating evaporation rates in various climates, using temperature data alone. Agricultural Meteorology, 18(6): 409-424.

Liu Y Y, Gong Y M, Wang X, et al. 2013. Volume fractal dimension of soil particles and relationships with soil physical-chemical properties and plant species diversity in an alpine grassland under different disturbance degrees. Journal of Arid Land, 5(4): 480-487.

Makkink G F. 1957. Testing the Penman Formula by means of lysimeters. J. Instit. Water Engineers, 11(3): 277-288.

Mandelbrot B B. 1982. The Fractal Geometry of Nature. Oxford: Freeman.

Mattsson T, Kortelainen P, Laubel A, et al. 2008. Export of dissolved organic matter in relation to land use along a European climatic gradient. Science of the total Environment, 407(6): 1967-1976.

McDonnell J J. 2013. Are all runoff processes the same. Hydrological Processes, 27(26): 4103-4111.

McDonnell J J. 2014. The two water worlds hypothesis: Ecohydrological separation of water between streams and trees. Wiley Interdisciplinary Reviews: Water, 1(4): 323-329.

Menzel R G. 1960. Transport of ^{90}Sr in runoff. Science, (131): 499-500.

Meriano M, Howard K W F, Eyles N. 2011. The role of midsummer urban aquifer recharge in stormflow generation using isotopic and chemical hydrograph separation techniques. Journal of Hydrology, 396(1): 82-93.

Messiga A J, Ziadi N, Bélanger G, et al. 2013. Soil nutrients and other major properties in grassland fertilized with Nitrogen and Phosphorus. Soil Science Society of America Journal, 77(4): 643-652.

Morris S J, Bohm S, Haile-Mariam S, et al. 2007. Evaluation of carbon accrual in afforested agricultural soils. Global Chang Biol, 13(6): 1145-1156.

Muñoz-Villers L E, McDonnell J J. 2012. Runoff generation in a steep, tropical montane cloud forest catchment on permeable volcanic substrate. Water Resources Research, 48(9): W09528.

Návar J, Bryanb R B. 1994. Fitting the analytical model of rainfall interception of Gash to individual shrubs of semi-arid vegetation in northeastern México. Agricultural & Forest Meteorology, 68(3-4): 133-143.

Nearing M A, Norton L D, Bulgakov D A, et al. 1997. Hydraulics and erosion in eroding rills. Water Resources, 33(4): 865-876.

Nelda D, Noemi C. 2006. Nutrient fluxes in incident rainfall, throughfall, and stemflow in adjacent primary and secondary forests of the Gran Sabana, Southern Venezuela. Forest Ecology and Management, 234(1-3): 218-226.

Nelson C J. 1999. Managing nutrients across regions of the United States. Anim Sci, 77(Sp. 2): 90-100.

Noguchi S, Nik A R, Kasran B, et al. 1997. Soil physical properties and preferential flow pathways in tropical rain forest, Bukit Tarek, Peninsular Malaysia. Journal of Forest Research, 2(2): 115-120.

Parker G G. 1983. Throughfall and stem-flow in the forest mutrient cycle. Advances in ecological research, 13(4): 57-113.

Parr J F, Papendick R I, Hornick S B, et al. 1992. Soil quality: Attributes and relationship to alternative and sustainable agriculture. American Journal of Alternative Agriculture, 7(1-2): 5-11.

Pattanayak S, Mercer D E. 1998. Valuing soil conservation benefits of agroforestry: Contour hedgerows in the Eastern Visayas, Philippines. Agricultural Economics, 18(2): 31-46.

Paul B K, Vanlauwe B, Ayuke F, et al. 2013. Medium-term impact of tillage and residue management on soil aggregate stability, soil carbon and crop productivity. Agriculture Ecosystems & Environment, 164(1): 14-22.

Pellek R. 1992. Contour hedgerows and other soil conservation interventions for hilly terrain. Agro forestry Systems, 17(2): 135-152.

Peng T, Wang S. 2012. Effects of land use, land cover and rainfall regimes on the surface runoff and soil loss on karst slopes in southwest China. Catena, 90(1): 53-62.

Penman H L. 1948. Natural evaporation from open water, bare soil and grass. Proc. Royal Soc. London, 193(1032): 120-145.

Philip J R. 1957. The theory of infiltration about sorptivity and algebraic infilt ration equations. Soil Sci, 84(4): 257-264.

Pinol J, Avila A, Roda F. 1992. Theseasonal variation of steamwater chemistry in three forested Mediterranean catchments. Journal of hydrology, 140(1-4): 119-141.

Potter C S, Ragsdale H L, Swank W T. 1991. Atmospheric deposition and foliar leaching in a regenerating southern Appalachian forest canopy. Journal of Ecology, 79(1): 97-115.

Prats S A, Martins M A, Malvar M C, et al. 2013. Polyacrylamide application versus forest residue mulching for reducing post-fire runoff and soil erosion. Science of the Total Environment, 468-469C: 464-474.

Priestley C H B, Taylor R J. 1972. On the assessment of the surface heat flux and evaporation using large-scale parameters. Monthly Weather Review, 100(2): 81-92.

Pupin B, Freddi O D S, Nahas E. 2009. Microbial alterations of the soil influenced by induced compaction. Revista Brasileira De Ciência Do Solo, 33(5): 1207-1213.

Putuhena W M, Cordery I. 2000. Some hydrological effects of changing forest cover from eucalypts to Pinus radiate. Agricultural and Forest Meteorology, 100(1): 59-72.

Putuhena W M, Cordery L. 1996. Estimation of interception capacity of the forest floor. J. Hydrol, 180(1-4): 283-229.

Rauws G. 1988. Laboratory experiments on resistance to overland flow due to composite roughness. Hydrology, 103(1-2): 37-52.

Reich P B, Davidf, Gdg M J. 1997. Nitrogen mineralization and productivity in 50 hardwood and conifer stands on diverse soil. Ecology, 78(2): 335-347.

Reid E H, Love L D. 1951. Range-watershed conditions and recommendations for management. Washington D C: U S A Forest Serv.

Reiners W A. 1972. Nutrient content of canopy throughfall in three Minnesota forests. Oikos, 23(1): 14-22.

Roberts G, Hudson J A, Blackie J R. 1984. Nutrient inputs and outputs in a forested and grassland catchment at Plynlimon, mid Wales. Agricultural Water Management, 9(3): 177-191.

Robertson J A, Gazis C A. 2006. An oxygen isotope study of seasonal trends in soil water fluxes at two sites along a climate gradient in Washington state (USA). Journal of Hydrology, 328(1-2): 375-387.

Rogowski A S, Tamura T. 1965. Movement of ^{137}Cs by runoff, erosion and infiltration on the alluvial Captina silt loam. Health Physics, 11(12): 1333-1340.

Rohwer C. 1931. Evaporation from free water surface. USDA Tech Null, 217: 1-96.

RutterA J. 1971. A predictive model of rainfall interception in forest. I: Deriation of the model from observation in a plantation of Corsican pine. AgrMest, 9(71): 367-384.

Schaap M G, Bouten W. 1997. Forest floor evaporation in a dense Douglas fir stand. Journal of Hydrology, 193(1-4): 97-113.

Schulze E D. 1989. Air pollution and forest decline in a spruce (Picea abies) forest. Science, 244(4906): 776-783.

Sharpley A N, Withers P J A. 1994. The environmentally-sound management of agricultural phosphorus. Fertilizer Research, 39(2): 133-146.

Sharpley A N. 1987. Environmental impact of agricultural nitrogen and phosphorus use. Agric Food Chem, 35(5): 812-817.

Six J, Elliott E T, Paustian K. 2000. Soil macroaggregate turnover and microaggregate formation: A mechanism for C sequestration under no-tillage agriculture. Soil Biology & Biochemistry, 32(14): 2099-2103.

Skidmore E L, Powers D H. 1982. Dry soil-aggregate stability: Energy-based index. Soil Science Society of America Journal, 46(6): 1274-1279.

Smith J L, Paul E A. 1991. The significance of soil microbial biomass estimated. In: Bollage J M, Stotzky G. Soil Biochemistry. New York: Marcel Dekker Inc.

Smith R E. 1972. The infiltration envelope results from a theoretical infilt rometer. Journal of Hyd rology, 17(1): 1-21.

Sparkling G P, Ross D J. 1993. Biochemical methods to estimate soil microbial biomass: Current developments and applications. In: Mulongoy K, Merckx. Soil Organic Matter Dynamics and Sustainability of Tropical Agriculture. Wiley-Cayce, Leuven Belgium, 17-21.

Srivastava S C, Singh J S, Microbial C. 1991. N and P in dry tropical soils: Effects of alternate land-uses and nutrient flux. Soil Biology & Biochemistry, 23(2): 117-124.

Stednick J D. 1996. Monitoring the effects of timber harvest on annual water yield. Journal of Hydrology, 176(1-4): 79-95.

Summers R N, Guise N R, Smirk D D. 1993. Bauxite residue (red mud) increases phosphorus retention in sandy soil catchments in Western Australia. Fertilizer Research, 34(1): 85-94.

Swank W T, Swift J L W, Douglass J E. 1988. Streamllow changes associated with forest cutting, species conversions, and natural disturbances. In: Swank W T, Crossley D A. Forest Hydrology and Ecology at Coweeta. Ecol. Stud. , 66: 297-312.

Tamm C O. 1951. Removal of plant nutrients from tree crowns by rain. Physiol Plant, 4(1): 184-188.

Tani M. 1997. Runoff generation processes estimated from hydrological observations on a steep forested hillslope with a thin soil layer. Journal of Hydrology, 200(1): 84-109.

Thomas R B. 1990. Problem in the determining the return of a watershed to pretreatment condition: Technique applied to a study at Caspar Creek, California. Water Resources Research, 26(9): 2079-2087.

Thornthwaite C, Riekerk H, Comerford N B. 1948. Modeling the forest hydrology of wetland-upland ecosystems in Florida. Journal of the American Water Resources Association, 34: 827-841.

Tietema A, Wessel W W. 1992. Gross nitrogen transformations in the organic layer of acid forest ecosystems subjected to increased atmospheric nitrogen input. Soil Biology and Biochemistry,

24(10): 943-950.

Tipping E, Woof C, Rigg E, et al. 1999. Climatic influences on the leaching of dissolved organic matter from upland UK moorland soils, investigated by a field manipulation experiment. Environ Int, 25(98): 83-95.

Trujillo W, Amezquita E, Fisher M J. 1997. Soil organic carbon dynamics and land use in the Colobian Savannas. I. Aggregate size distribution. In: Lal R. Soil Processes and the Carbon Cycle. Boca Raton: CRC Press.

Truman C C, Bradford H. 1990. Antecedent water content and rainfall energy influence on soil aggregate breakdown. Soil Science America Journal, 54(5): 1385-1392.

Tu L, Hu T, Zhang J, et al. 2011. Short-term simulated nitrogen deposition increases carbon sequestration in a Pleioblastus amarus plantation. Plant Soil, 340(1): 383-396.

Turc L. 1961. Estimation of irrigation water requirements, potential evaportranspiration: A simple climatic formula evolved up to date. Annals of Agronomy, 12(1): 13-49.

Tyler S W, Wheatcraft S W. 1992. Fractal scaling of soil particle-size distributions: Analysis and limitations. Soil Science Society of America Journal, 56(2): 362-369.

Uchida T, Meerveld T V, Mcdonnell J J. 2005. The role of lateral pipe flow in hillslope runoff response: An intercomparison of non-linear hillslope response. Journal of Hydrology, 311(1-4): 117-133.

Van G M, Ladd J N, Amato M. 1992. Microbial biomass responses to seasonal change and imposed drying regimes at increasing depths of undisturbed topsoil profiles. Soil Biology & Biochemistry, 24(2): 103-111.

Vogel T, Sanda M, Dusek J, et al. 2010. Using oxygen-18 to study the role of preferential flow in the formation of hillslope runoff. Vadose Zone Journal, 9(2): 252-259.

Vose J M, Sun G, Ford C R, et al. 2011. Forest ecohydrological research in the 21st century: What are the critical needs. Ecohydrology, 4(2): 146-158.

Walker L R, Shiels A B. 2008. Post-disturbance erosion impacts carbon fluxes and plant succession on recent tropical landslides. Plant & Soil, 313(1-2): 205-216.

Walker L R, Velázquez E, Shiels A B. 2009. Applying lessons from ecological succession to the restoration of landslides. Plant & Soil, 324(1): 157-168.

Walling D E, Collins A L, Sichingabula H M. 2003. Using unsupported lead-210 measurements to investigate soil erosion and sediment delivery in a small Zambian catchment. Geomorphology, 52(3-4): 193-213.

Wang Q J, Horton R, Shao M A. 2002. Effective kinetic energy influence on soil potassium transport into runoff. Soil Science, 167(6): 369-376.

Wang Y J, Zhou G Y, Fu H, et al. 2006. Development and advance of soil nitrogen mineralization. Chinese Agricultural Science Bulletin, 21(10): 203-208.

Wardle D A. 1992. A comparative assessment of factors which influence microbial biomass carbon and nitrogen levels in soil. Bio Rev, 67(3): 321-358.

Warkentin B P, Fletcher H F. 1977. Soil quality for intensive agriculture. Proceedings of the International Seminar on Soil Environment and Fertility Management in Intensive Agriculture.

Warkentin B P. 1995. The changing concept of soil quality. Journal of Soil & Water Conservation, 50(3): 226-228.

Wu J. 1991. The turnover of organic C in soil. U. K: University of Reeding.

Xu Q, Wang T, Cai C, et al. 2013. Responses of runoff and soil erosion to vegetation removal and tillage on steep lands. Pedosphere, 23(4): 532-541.

Zaman M, Di H J, Cameron K C, et al. 1999. Gross nitrogen mineralization and nitrification rates and their relationships to enzyme activities and the soil microbial biomass in soils treated with dairy shed effluent and ammonium fertilizer at different water potentials. Biol Fertil Soils, 29(2): 178-186.

Zhang X C, Norton L D, Hickman M. 1997. Rain pattern and soil moisture content effects on atrazine and metolachlor losses in runoff. Environ Qual, 26(6): 1539-1547.

Zhang X C, Shao M A. 2003. Effects of vegetation coverage and management practice on soil nitrogen loss by erosion in a hilly region of the loess plateau in China. Acta Botanica Sinica, 45(10): 1195-1203.

Zhang X, Higgitt D L, Walling D E. 1991. A preliminary assessment of the potential for using caesium-137 to estimate rates of soil erosion in the Loess Plateau of China. Hydrological Science Journal, 44(3): 161-163.

Zhang X, Li S, Wang C, et al. 1989. Use of caesium-137 measurements to investigate erosion and sediment sources within a small basin in the Loess Plateau of China. Hydrological Processes, 3(4): 317-323.

Zhang X, Walling D E, He Q. 1999. Simplified mass balance models for assessing soil erosion rates on cultivated land using caesium-137 measurements. Hydrological Sciences, 44(1): 33-45.

Zhao P, Tang X, Zhao P, et al. 2013a. Identifying the water source for subsurface flow with deuterium and oxygen-18 isotopes of soil water collected from tension lysimeters and cores. Journal of Hydrology, 503(2): 1-10.

Zhao P, Tang X, Zhao P, et al. 2013b. Tracing water flow from sloping farmland to streams using oxygen-18 isotope to study a small agricultural catchment in southwest China. Soil and Tillage Research, 134(8): 180-194.

Zheng J, Yu X, Deng W, et al. 2013. Sensitivity of land use change to streamflow in Chaobai River Basin. J Hydrol Eng, 18(4): 457-464.

Zhou J B, Li S X. 1998. Relationships between soil microbial biomass C and N and mineralizable nitrogen in some arable soils on Loess Plateau. Pedosphere, 8(4): 349-354.

Zuazo V H D. 2008. Soil-erosion and runoff prevention by plant covers. A review. Agronomy for Sustainable Development, 28(1): 65-86.

编　后　记

　　《博士后文库》（以下简称《文库》）是汇集自然科学领域博士后研究人员优秀学术成果的系列丛书。《文库》致力于打造专属于博士后学术创新的旗舰品牌，营造博士后百花齐放的学术氛围，提升博士后优秀成果的学术和社会影响力。

　　《文库》出版资助工作开展以来，得到了全国博士后管委会办公室、中国博士后科学基金会、中国科学院、科学出版社等有关单位领导的大力支持，众多热心博士后事业的专家学者给予积极的建议，工作人员做了大量艰苦细致的工作。在此，我们一并表示感谢！

《博士后文库》编委会